浙江省普通高校"十三五"新形态教材

网络工程与综合布线实用教程

主　编　徐　伟　赖其涛　侯科技

副主编　盛立军　陈兰生　孟东升

 ZHEJIANG UNIVERSITY PRESS
浙江大学出版社

图书在版编目（CIP）数据

网络工程与综合布线实用教程 / 徐伟，赖其涛，
侯科技主编. —杭州:浙江大学出版社，2017.8(2024.1重印)
ISBN 978-7-308-16974-5

Ⅰ.①网… Ⅱ.①徐…②赖…③侯… Ⅲ.①网络工
程－高等职业教育－教材 ②计算机网络－布线－高等职业
教育－教材 Ⅳ.①TP393

中国版本图书馆 CIP 数据核字（2017）第 126238 号

网络工程与综合布线实用教程

主编 徐 伟 赖其涛 侯科技

责任编辑	吴昌雷
责任校对	陈静毅 刘 郡
封面设计	春天书装
出版发行	浙江大学出版社
	（杭州市天目山路 148 号 邮政编码 310007）
	（网址:http://www.zjupress.com）
排 版	杭州青翊图文设计有限公司
印 刷	广东虎彩云印刷有限公司绍兴分公司
开 本	787mm×1092mm 1/16
印 张	21.75
字 数	553 千
版 印 次	2017 年 8 月第 1 版 2024 年 1 月第 4 次印刷
书 号	ISBN 978-7-308-16974-5
定 价	45.00 元

前　言

随着"互联网＋""大数据""云计算"时代的来临，人类社会从各行各业到日常生活都离不开计算机网络，网络平台建设是件重要且专业性很强的工作。本书内容主要包含网络硬件平台建设所需的知识和技能，重点介绍综合布线相关的内容。综合布线工程也是构建建筑物基础设施的一种工程，其任务是构建智能化建筑的神经系统，即建筑物内的信息传输通道。它将独立分散的传统弱电布线系统实施集成化的策略，并实施统一的系统规划、工程设计、技术工艺和工程管理，其中蕴含着与布线相关的标准、规范、技术、方法、策略、产品、工艺、管理等诸多方面内容。

本书依据国家标准 GB 50311－2016，基于工作过程开发，按照职业岗位进行能力分解，确定知识点，分析典型工作任务要求的综合能力、专业能力、社会能力、关键能力。按照工作过程的品性目标、理论知识、操作步骤、评价标准，规范出"教、学、做"三位一体的教学情境。无论是理论课堂还是实训课堂都采用任务驱动和项目导向的教学模式，学生以工作任务为载体学习相关知识和技能。本书还提供了网络综合布线工程的施工流程化框架，内含业界真实的工程设计与施工案例，以及工程相关文档，例如工程立项书、招标文件、投标文件、施工计划、竣工文档等等，从需求分析到设计、施工、检验、归档等有一个完整的工作行动线索。本书支持新颖的分组项目式的教学法开展协作式学习，通过自评和互评环节，让学生在教学过程各环节中都得到充分锻炼。

本书在浙江大学出版社"立方书"平台建立了基于"线上线下(O2O)、移动互联(App)和用户创造价值(UGC)"三位一体的课程教学平台，提供了 40 个高清微课程视频，51 个音频文件等教学资源，支持"小规模限制性在线课程(SPOC)＋翻转课堂"混合式教学模式的实际应用。本书附有大量习题便于学生课后自测，丰富的案例便于学生锻炼实际问题的解决能力，浓缩的实验内容全面帮助学生提高动手能力，教师可根据实际情况选用。

本书所选知识点均遵从网络工程技术的原理和规律，实现了"理论、应用、技术"三位一体的结合。全书共分 8 个项目：项目 1 介绍网络工程的基本概念；项目 2 介绍工程立项和需求分析等内容；项目 3 介绍工程招投标过程；项目 4 是本书的重点之一，要掌握一个小型局域网的设计以及与之相关施工技能；项目 5 也是本书的重点之一，要掌握一幢建筑物的综合布线设计及相关施工技能；项目 6 要懂得一个园区网的工程设计过程以及学会光纤施工技能；项目 7 要了解园区视频监控系统的设计过程；项目 8 要了解必要的工程管理和竣工验收知识；附录中提供了与本书相配套的课程设计要求及结构模板。

行业一线的专家参加了本书的编写工作，要特别感谢绍兴市信息中心高级工程师包自毅先生、中广有线绍兴分公司高级工程师蒋仲辉先生、绍兴黄酒集团高级工程师金伟永先生，他们参加了编写大纲的修订，提供了大量的技术资料，并提出了很多宝贵的意见。实习生陈火也参加了本书的题库整理及数字媒体制作工作,在此一并感谢。

由于编者水平有限,加之时间仓促,疏误之处在所难免,敬请同行及读者批评指正。联系邮箱:daiwell@qq.com。

编　者

2017 年 5 月 8 日

目　　录

认识网络工程

在本项目中,主要阐述网络工程的基本概念,理清网络工程、系统集成、综合布线之间的关系;了解网络工程项目的实施过程;了解网络工程项目所涉及的部门和岗位职责。

本项目学习的主要内容:

- 网络系统集成工程概念;
- 综合布线工程概念;
- 网络工程项目的要素;
- 网络工程的流程。

1.1 网络工程基本概念

本节任务:了解网络工程、系统集成、综合布线的基本概念;了解智能化建筑与综合布线系统的关系,以及在建筑工程施工时隐蔽工程与弱电工程的关系。

1.1.1 网络工程

20 世纪 70 年代以来,计算机网络技术得到了飞速发展,采用 TCP/IP 体系结构的 Internet 网络得到广泛使用,迎来了 21 世纪的信息化时代和电子商务时代。在这种时代背景下,要求计算机网络能够适应多种多样服务、带宽,具备可扩缩性以及可靠性。网络工程就是为了解决这些问题,包括网络的设计、实施和维护等一系列问题。

概括地说,网络工程是研究网络系统的规划、设计、施工与管理的工程学科,是网络建设过程中科学方法与规律的总结。网络工程包括需求分析、网络设备的选择、网络拓扑结构的设计、工程施工等内容。

网络工程也包括了系统集成工程和综合布线工程两类。系统集成工程主要针对计算机网络所使用的硬件系统(包括交换机、路由器、防火墙、服务器等等)与软件系统(包括网络操作系统、信息化服务软件、办公自动化软件等等)。综合布线工程是为了保证正常通信而使用传输介质(包括光缆、双绞线、同轴电缆等等)将网络设备连接起来。无论是网络系统集成工程还是综合布线工程,都具有网络工程的特征。

1. 网络工程的特点

(1) 网络工程要有明确的目标。

在工程开始之前就确定目标,在工程进行中不能轻易更改。这要求工程设计人员要全面了解计算机网络原理现状和发展趋势。

(2) 网络工程要有总体规划和详细实施方案。

这要求总体设计人员要熟练掌握网络规划与设计的步骤、要点、流程、案例、技术设备选型以及发展方向。

(3) 网络工程要有公认的规范或标准作为依据。

工程的依据包括:国际标准、国家标准、行业规范和地方规范等等。

(4) 网络工程要有完备的技术文档。

从工程项目提出、立项、审批、勘察设计、施工准备、施工、监理、验收等工程建设及工程管理过程形成并应归档保存的文字、表格、声像、图纸等各种载体材料。例如,可行性论证报告、总体技术方案、总体设计方案、实施方案以及各子系统(模块)的相关文档。

(5) 网络工程要有法定的或固定的责任人,并有完善的组织实施机构。

工程责任人包括建设方、业主方、承包方、施工方、监理方等单位的工程主管人员,一旦工程出问题就要追究相关的工程责任人的责任。工程主管人员一定要熟悉懂得网络工程的组织实施过程,能把握住网络工程的方案评审、监理、验收等关键环节。

(6) 网络工程要有客观的监理和验收标准。

工程在实施过程中工程建设人员必须按照标准进行。在竣工之后,网络管理人员能够使用网管工具对网络实施有效的管理维护,使网络发挥应有的效能。

2. 网络工程建设的原则

网络工程的原则是可以借鉴和套用的,归纳如下:

(1) 实用性原则。实用性原则是网络信息系统具备最大限度满足实际工作需要的性能。该性能是系统集成者从实用的角度,对用户的最基本的承诺,是最为重要的。

(2) 先进性原则。采用当今国内、国际上最先进和成熟的计算机软、硬件技术,使新建立的系统能够最大限度地适应今后技术发展变化和业务发展变化的需要。

(3) 可扩充、可维护性原则。根据工程的理论,系统维护在整个工程的生命周期中所占比重是最大的,因此提高系统的可扩充性和可维护性是提高管理信息系统性能的必备手段。

(4) 可靠性原则。可靠性是指当系统的某部分发生故障时,系统仍能以一定的服务水平提供服务的能力。

一个中大型计算机系统每天处理数据量一般都较大,系统每个时刻都要采集大量的数据,并进行处理,因此,任一时刻的系统故障都有可能给用户带来不可估量的损失,这就要求系统具有高度的可靠性。提高系统可靠性的方法很多,一般的做法如下:

①对数据进行备份。

②对设备进行备份(冗余),发现损坏设备时能有备件以及时进行更换。

③对关键设备应具有容错功能,选用双机备份或双机热备份技术、集群技术等。

④应用网络管理技术严格监控网络信息系统、设备和应用系统的运行和操作。

(5)经济性原则。在满足系统需求的前提下,应尽可能选用价格便宜的设备,以便节省投资,即选用性能价格比高的设备。总之,以最低成本来完成计算机网络的建设。

节省投资的做法有以下几点:

①在相同性能价格比的情况下,尽可能选用国际著名公司的品牌产品。

②对信息安全产品或有关国计民生的网络系统的关键设备,尽可能采用国产优秀品牌。

③实行应用软件先期开发;硬件先选型,使用时再购买的原则。

④购买软件和硬件设备应采用竞标或邀标的方式,遵循公开、公正和公平的原则。

(6)一把手负责原则。系统的设计、施工和应用不可避免地会使用户的既得利益与整体目标产生矛盾,人与机器产生矛盾,新人和旧人产生矛盾,同时它投资预算较大,建设周期较长,没有单位的一把手直接负责和管理,系统建设很难成功的。

3. 网络工程的生命周期

研究工程的生命周期,有助于规划工程的进程,做好工程施工计划,统筹安排各项工作。通常,小型的网络建设项目申报与建设只需要经历简单的过程,例如了解简单的需求、设计解决方案、施工及交付使用;复杂的工程则需要从项目申报到项目竣工的组成生命周期的全部过程,而失败的工程项目往往是由于计划不周造成的。因此,要做好工程生命周期的管理工作,把网络生命周期划分为若干阶段,并制订出相应的切实可行的计划,严格按照计划对开发和维护进行管理。

采用生命周期方法开发网络项目,是从对任务的抽象逻辑分析开始的,按序进行开发。前一个阶段任务的完成是后一个阶段工作的前提和基础,而后一阶段任务的完成通常是前一阶段提出的解法更进一步具体化,并加入了更多的实现细节。每一个阶段的开始和结束都有严格标准,对于任何两个相邻的阶段而言,前一阶段的结束标准就是后一阶段的开始标准。

通常,网络工程的生命周期至少包括网络系统的构思与规划阶段、分析与设计阶段、实施与构建阶段、运行和维护阶段等过程。

(1)构思与规划阶段的主要工作是明确网络设计或改造的需求,同时明确新网络的建设目标。

(2)分析与设计阶段的工作是获取各种需求,并根据需求形成设计方案。

(3)实施与构建阶段的工作是根据设计方案完成设备材料的购置、安装调试、测试验收等工作。

(4)运行与维护阶段的工作是提供网络服务,并实施网络管理与维护。

网络工程生命周期也可以分为需求分析、通信流量分析、逻辑网络设计、物理网络设计、实施与维护 5 个阶段。

1.1.2 系统集成

所谓系统集成(System Integration,SI),是在工程科学方法的指导下,根据用户需求,优选各种技术和产品,将各个分离的子系统连接成为一个完整、可靠、经济和有效的整体,使之能彼此协调工作,发挥整体效益。

系统集成是以用户的应用需要和投入资金的规模为出发点,综合应用各种计算机网络相关技术,适当选择各种软、硬件设备,经过相关人员的集成设计、安装调试、应用开发等大量技术性工作和相应的管理性及商务性工作,使集成后的系统具有良好的性能和适当的价格,能够满足用户对实际工作要求的计算机网络系统的全过程。

从广义角度看,系统集成包含人员的集成、企业内部组织的集成、各种管理上的集成、各种技术上的集成、计算机系统平台的集成等;从狭义角度看,系统集成主要包括技术集成、产品集成和应用集成。由此我们可以看到,网络系统集成可以包括综合布线项目。

系统集成有以下几个显著特点:

(1) 系统集成要以满足用户的需求为根本出发点。

(2) 系统集成不是选择最好的产品的简单行为,而是要选择最适合用户的需求和投资规模的产品和技术。

(3) 系统集成不是简单的设备供货,它更多体现的是设计、调试与开发,是技术含量很高的行为。

(4) 系统集成包含技术、管理和商务等方面,是一项综合性的系统工程。技术是系统集成工作的核心,管理和商务活动是系统集成项目成功实施的可靠保障。

(5) 性能价格比的高低是评价一个系统集成项目设计是否合理和实施成功的重要参考因素。

1.1.3　综合布线

综合布线是一种模块化的、灵活性极高的建筑物内或建筑群之间的信息传输通道的构建。通过它可使话音设备、数据设备、交换设备及各种控制设备与信息管理系统连接起来,同时也使这些设备与外部通信网络相连。它还包括建筑物外部网络或电信线路的连接点与应用系统设备之间的所有线缆及相关的连接部件。综合布线由不同系列和规格的部件组成,其中包括:传输介质、相关连接硬件(如配线架、连接器、插座、插头、适配器)以及电气保护设备等。这些部件可用来构建各种子系统,它们都有各自的具体用途,不仅易于实施,而且能随需求的变化而平稳升级。

20世纪50年代,在新建筑物中需要分别安装独立的传输线路,用来将分散设置在建筑内的各个设备相连,从而组成各自独立的集中监控系统。这种线路一般被称为专业布线系统。

20世纪80年代,局域网可以将计算机与服务器和外设连接在一起,或者为传感器、摄像机、监视器以及其他电子设备提供信号通道。将那些用于完成通信网络、计算网络、建筑物安全以及环境控制等任务的电子设备集成到一个布线系统中,使之产生更大的效益。当这些独立设备的数量增加时,这些设备协同工作的优点就会越发明显。这就是现在所说的综合布线系统。

综合布线的发展与建筑物自动化系统密切相关。传统布线如电话、计算机局域网都是各自独立的。各系统分别由不同的厂商设计和安装,采用不同的线缆和不同的终端插座;而且,连接这些不同布线的插头、插座及配线架均无法互相兼容。办公布局及环境改变的情况是经常发生的,如调整办公设备或随着新技术的发展,需要更换设备时,就必须更换布线。这样因增加新电缆而留下不用的旧电缆,天长日久,导致建筑物内线缆杂乱,造成很大的隐患;维护不便,改造也十分困难。随着全球社会信息化与经济国际化的深入发展,人们对信息共享的需求日趋迫切,就需要一个适合信息时代的布线方案。

1.1.4　智能化建筑

目前,智能化建筑的基本功能主要有大楼自动化(BA)、通信自动化(CA)、办公自动化(OA)、防火自动化(FA)、信息管理自动化(MA)和安保自动化(SA)。但从国际惯例来看,FA 和 SA 等均放在 BA 中,MA 已包含在 CA 内,因此常采用以 BA、CA 和 OA 为核心的"3A"智能化建筑提法。BA、CA 和 OA 是智能化建筑中最基本的,而且是必须具备的功能。

▶智能化建筑介绍

在信息社会中,一个现代化的大楼内除了具有电话、传真、空调、消防、动力电线、照明电线外,计算机网络线路也是不可缺少的。布线系统的对象是建筑物或楼宇内的传输网络,以使话音和数据通信设备、交换设备和其他信息管理系统彼此相连,并使这些设备与外部通信网络连接。它包含着建筑物内部和外部线路(网络线路、电话局线路)间的民用电缆及相关的设备连接措施。布线系统是由许多部件组成的,主要有传输介质、线路管理硬件、连接器、插座、插头、适配器、传输电子线路、电气保护设施等,并由这些部件来构造各种子系统。因此,综合布线系统和智能化建筑之间的关系都是极为密切的(图 1.1),具体表现有以下几点:

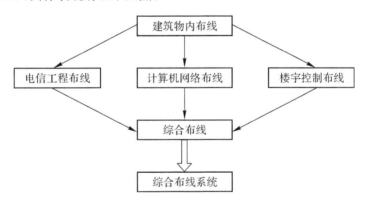

图 1.1　智能化建筑与综合布线系统的关系

1. 综合布线系统是衡量智能化建筑智能化程度的主要标志

主要是看综合布线系统配线能力。如设备配置是否成套、技术功能是否完善、网络分布是否合理、工程质量是否优良等,这些都是决定智能化建筑的智能化程度高低的重要因素。智能化建筑能否为用户更好地服务,综合布线系统对此具有决定性的作用。

2. 综合布线系统使智能化建筑充分发挥智能化效能,是智能化建筑中必备的基础设施

综合布线系统将智能化建筑内的通信、计算机和各种设备及设施相互连接形成完整配套的整体,以实现高度智能化的要求。只有在建筑物中配备了综合布线系统,建筑物才有实现智能化的可能性,这是智能化建筑工程中的关键内容。

3. 综合布线系统能适应今后智能化建筑和各种科学技术的发展需要

新建的高层建筑或重要的智能化建筑中,应根据建筑物的使用性质、今后发展等各种因

素,积极采用综合布线系统。对于近期不打算设置综合布线系统的建筑,应在工程中考虑今后设置综合布线系统的可能性,在主要部位、通道或路由等关键地方适当预留房间或空间、洞孔和线槽,以便今后安装综合布线系统时避免打洞穿孔或拆卸地板、吊顶等装置,从而有利于建筑物的扩建和改建。

综合布线系统将建筑物内各方面相同或类似的信息线缆、接续构件按一定的秩序和内部关系组合成整体,几乎可以为楼宇内部的所有弱电系统服务。这些子系统包括:

(1) 电话(音频信号);

(2) 计算机网络(数据信号);

(3) 有线电视(视频信号);

(4) 安防监控(视频信号);

(5) 建筑物自动化(低速监控数据信号);

(6) 音频广播(音频信号);

(7) 消防报警(低速监控数据信号)。

在建筑工程中,综合布线工程也可称之为弱电工程。

1.1.5 隐蔽工程与弱电工程

弱电工程是隐蔽工程的一部分。所谓"隐蔽工程",是指敷设在表面装饰内部的工程,即在装修后被隐蔽起来,表面上无法看到的施工项目。根据装修工序,这些"隐蔽工程"都会被后一道工序所覆盖,所以很难检查其材料是否符合规格、施工是否规范。

智能化建筑工程的隐蔽工程包括以下内容:

(1) 给排水工程;

(2) 电器管线工程;

(3) 地板基层;

(4) 护墙基层;

(5) 门窗套基层;

(6) 吊顶基层;

(7) 强电工程;

(8) 弱电工程。

综合布线系统与房屋建筑、计算机网络以及其他系统有着密切关系,它们存在于同一个整体内,既是相辅相成、彼此结合的统一体,也有各自的差异性。因此,在工程设计和安装施工时,必须与房屋建筑和其他设施的设计和施工单位配合协调,采取通盘考虑和妥善处理方式,及时解决问题,以保证达到正常使用的目的和要求。

由于综合布线系统所有缆线的敷设和设备的安装,需要专用房间(如设备间)、电缆竖井、暗敷管路和槽道、预留的线槽和洞孔等设施,它们都是与房屋建筑同时设计和施工的,即使有些内部装修部分可以与建筑不同步施工,但是它们都属于永久性的建筑设施。此外,在房屋建筑内尚有各种公用的管线系统。综合布线系统是依附在建筑物内进行建设的,所以在具体工程中应与房屋建筑和其他管线设施的主管单位紧密配合,互相协调,切不可彼此脱节和发生矛盾,尽量避免造成不应有的损失或遗留难以弥补的后遗症,这些都关系到房屋建筑的主体功能和综合布线系统的通信质量。

弱电工程的施工过程,往往与建筑工程土木工程、水电工程同步进行,在此期间要关注这些工程的施工进度和时间点,与建筑施工单位搞好关系,相互协调。

智能建筑中的弱电主要有两类:一类是国家规定的安全电压等级及控制电压等低电压电能,有交流与直流之分,交流 36V 以下,直流 24V 以下,如 24V 直流控制电源或应急照明灯备用电源;另一类是载有语音、图像、数据等信息的信息源,如电话、电视、计算机等信息源。

一般情况下,弱电工程主要包括:

(1)电视信号工程:如电视监控系统、有线电视。

(2)通信工程:如电话、计算机网络。

(3)智能消防工程:集高新技术于一体的智能消防报警网络。

(4)扩声与音响工程:如小区中的背景音乐广播,建筑物中的背景音乐。

1.2　分析网络系统集成项目案例

本节任务:以华为公司系统集成方案设计规范为例,初步了解网络系统集成项目的设计过程和设计内容。

华为公司系统集成方案设计规范

随着各行各业现代化建设的需要,越来越多的单位要求建立起一个先进的计算机信息系统。由于各个单位都有着自己的行业特点,因此所需的计算机系统千变万化。从工厂的生产治理系统到证券市场的证券治理系统,从政府的办公系统到医疗单位的治理系统,不同的系统之间区别很大。对不同单位不同应用的计算机系统都要做出一个具体的系统设计方案,这就是计算机系统集成方案。一般来说,计算机系统集成分成以下三个部分来进行。

一、系统方案设计要求

1.调查分析

对于一个单位的计算机系统建设,首先要进行具体的调查分析,以书面的形式列出系统需求,供该单位的有关人员讨论,然后才能确定系统的总体设计内容和目标。

2.设计目标

这是系统需要达到的性能,如系统的治理内容和规模,系统的正常运转要求,应达到的速度和处理的数据量等。

3.设计原则

这是我们设计时要考虑的总体原则,它必须满足设计目标中的要求,遵循系统整体性、先进性和可扩充性等原则,建立经济合理、资源优化的系统设计方案。下面我们逐个进行讨论:

(1)先进性原则。采用当今国内、国际上最先进和成熟的计算机软、硬件技术,使新建立的系统能够最大限度地适应今后技术发展变化和业务发展变化的需要。从目前国内发展来看,系统总体设计的先进性原则主要体现在以下几个方面:

①采用的系统结构应当是先进的、开放的体系结构;

②采用的计算机技术应当是先进的,如双机热备份技术、双机互为备份技术、共享阵列盘技术、容错技术、RAID 技术等集成技术、多媒体技术;

③采用先进的网络技术,如网络交换技术、网管技术,通过智能化的网络设备及网管软件实现对计算机网络系统的有效管理与控制,实时监控网络运行情况,及时排除网络故障,及时调整和平衡网上信息流量;

④先进的现代治理技术,以保证系统的科学性。

(2)实用性原则。实用性就是能够最大限度地满足实际工作要求,是每个信息系统在建设过程中所必须考虑的一种系统性能,它是自动化系统对用户最基本的承诺,所以,从实际应用的角度来看,这个性能更加重要。为了提高办公自动化和治理信息系统中系统的实用性,应该考虑如下几个方面:

①系统总体设计要充分考虑用户当前各业务层次、各环节治理中数据处理的便利性和可行性,把满足用户业务治理作为第一要素进行考虑;

②采取总体设计、分步实施的技术方案,在总体设计的前提下,系统实施中可首先进行业务处理层及治理中的低层治理,稳步向中高层治理及全面自动化过渡,这样做可以使系统始终与用户的实际需求紧密连在一起,不但增加了系统的实用性,而且可使系统建设保持很好的连贯性;

③全部人机操作设计均应充分考虑不同用户的实际需要;

④用户接口及界面设计将充分考虑人体结构特征及视觉特征进行优化设计,界面尽可能美观大方,操作简便实用。

(3)可扩充、可维护性原则。建议做法如下:

①以参数化方式设置系统治理硬件设备的配置、删减、扩充、端口设置等,系统地治理软件平台,系统地治理并配置应用软件;

②应用软件采用的结构和程序模块化构造,要充分考虑使之获得较好的可维护性和可移植性,即可以根据需要修改某个模块、增加新的功能以及重组系统的结构以达到程序可重用的目的;

③数据存储结构设计在充分考虑其合理、规范的基础上,同时具有可维护性,对数据库表的修改维护可以在很短的时间内完成;

④系统部分功能考虑采用参数定义及生成方式,以保证其具备普通适应性;

⑤部分功能采用多种处理选择模块,以适应治理模块的变更;

⑥系统提供通用报表及模块治理组装工具,以支持新的应用。

(4)可靠性原则。一个中大型计算机系统每天处理的数据量一般都较大,系统每个时刻都要采集大量的数据,并进行处理,因此,任一时刻的系统故障都有可能给用户带来不可估量的损失,这就要求系统具有高度的可靠性。提高系统可靠性的方法很多,一般的做法如下:

①采用具有容错功能的服务器及网络设备,选用双机备份、Cluster 技术的硬件设备配置方案,出现故障时能够迅速恢复并有适当的应急措施;

②每台设备均考虑可离线应急操作,设备间可相互替代;

③采用数据备份恢复、数据日志、故障处理等系统故障对策功能;

④采用网络治理、严格的系统运行控制等系统监控功能。

(5)安全保密原则。一个用户的数据相当一部分就是该用户的秘密,尤其是政府部门的一些机要文件、绝密文件等,是绝对重要的数据,因此安全保密性对办公自动化系统显得尤其重要,系统的总体设计必须充分考虑这一点。服务器操作系统平台最好基于 UNIX、NT、OS2 等,数据库可以选 Informix、Oracle、Sybase、DB2 等,这样可以使系统处于 C2 安全级基础之上。采用操作权限控制、设备钥匙、密码控制、系统日志监督、数据更新严格凭证等多种手段防止系统数据被窃取和篡改。

(6)经济性原则。在满足系统需求的前提下,应尽可能选用价格便宜的设备,以便节省投资,即选用性能价格比高的设备。总之,以最低成本来完成计算机网络的建设。

二、网络系统集成方案

1. 网络操作系统及数据库方案

(1)网络操作系统方案。网络操作系统的选用应该能够满足计算机网络系统的功能要求、性能要求,一般要做到网络维护简单,具有高级容错功能,轻易扩充和可靠,具有广泛的第三方厂商的产品支持,保密性好,费用低的网络操作系统。

(2)网络数据库方案。这包括两方面的内容:选用什么数据库系统和据此而建的本单位数据库。它们是信息系统的心脏,是信息资源开发和利用的基础。目前流行的主要数据库系统有 Oracle、Informix、Sybase、SQL Server、DB2 等,这些数据库基本上都能满足以上要求。根据经验,对于 UNIX 操作系统,在数据库的稳定性、可靠性、维护方便性、对系统资源的要求等方面,Informix 数据库总体性能比其他数据库系统好;而在 Windows NT 平台上,SQL Server 与系统的结合比较完美。而在建立数据库时,应尽量做到布局合理、数据层次性好,能分别满足不同层次的治理者的要求。同时数据存储应尽可能减少冗余度,理顺信息收集和处理的关系。不断完善治理,使其符合规范化、标准化和保密原则。

2. 网络服务器方案

网络服务器的选用主要应考虑速度、容量和可靠性三方面,它们应满足系统的设计要求。速度和容量比较直观,可靠性方面的内容较多,包括自动恢复、多级容错、环境监视等。同时应考虑网络服务器 UPS 的选用。

3. 网络工作站方案

网络工作站可以选用名牌机、品牌机和兼容机。目前名牌机和品牌机只有较高档次的品种,根据实用和经济的原则,也可以选用较低档次的兼容机,还可以选用无盘和有盘工作站,并考虑是否配备打印机等。总之,做到适当考虑长远发展而又经济实用。

4. 系统结构方案

这一部分是系统设计的中心环节,目前的结构基本上都是总线结构与星型结构结合起来的典型结构,可以归纳成如图 1.2 所示的拓扑结构。

这样的结构可以说是当前组网的通用形式,它具有结构简单、可靠性高、系统稳定性好的特点。从传输技术的角度讲,它实际上是采用了一种叫 MAC 对 MAC 的帧交换技术,充分利用大容量动态交换带宽。同时在多个节点间建立多个通信链路,最大限度地减少网络

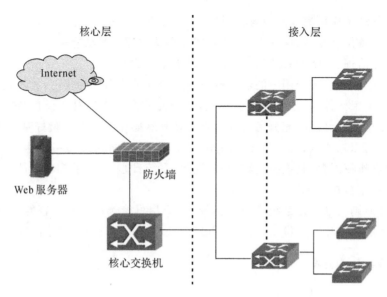

图 1.2　网络拓扑结构

数据的帧转发延迟。并利用虚拟网络技术动态调整网络结构,提高网络资源利用率。基于产品的专用网管系统更为网络系统的实时维护提供了强有力的工具。虽然系统结构简单,但是它却充分利用了交换式网络技术来解决通信阻塞的问题,从而避免了通信竞争问题。另外,由于建网以后整个网络的性能基本上归到服务器身上,所以在以后的网络升级中,增加服务器处理能力即可(包括服务器升级或增加服务器数量)。

　　5.中心网络设备方案

　　实际上,这里就是网络路由器、交换机、机柜、机架和配线架的选用过程,根据工作站的数量和速度的要求来确定交换机的档次和数量。

三、系统集成报价

　　根据系统集成方案确定的设备和材料,查阅产品资料,选定型号,形成报价单,样式如表 1.1 所示。

表 1.1　系统集成报价单样式

序号	名称	型号	配置说明	数量	单位	单价	金额
1	服务器						
2	工作站						
3	硬盘						
4	硬盘阵列						
5	UPS 电源						
6	核心交换机						
7	汇聚交换机						
8	接入交换机						

续表

序号	名称	型号	配置说明	数量	单位	单价	金额
9	光模块						
10	光纤收发器						
11	防火墙						
12	路由器						
13	双绞线						
14	RJ45 头						
15	机柜、机架和配线架						
16	操作系统软件						
17	Office 软件						
18	网管软件						
19	数据库软件						
20	OA 软件						
小计							
系统集成费		本区小计×5%					

注:"配置说明"用于进一步说明型号,如服务器的详细配置。"系统集成费"可以根据行情动态调整。

1.3   分析综合布线项目案例

本节任务:以西蒙公司综合布线方案设计规范为例,初步了解网络综合布线项目的设计过程和设计内容。

西蒙公司综合布线方案设计规范

本系统针对××大楼内信息流通的神经枢纽——综合布线系统的需求,通过对建筑布局结构、信息点分布、管理间分布、主干路由、招标图纸的参考分析,同时结合该建筑的工作性质,确定了具体适用的产品和完善的系统设计。

一、系统方案设计要求

1. 系统设计目标

本大楼旨在设计一套能符合现有国际、国内规范的,能满足目前以及将来各种应用,同时是灵活、安全的综合布线系统,并按照"统一设计、统一规划、统一施工、统一管理"的设计思路进行。

本综合布线系统不仅要在功能上满足网络、语音以及其他各类弱电系统的应用,同时应保证系统的安全性,并且在运行以后能便于管理,便于升级。

系统设计结构严格按照工作区子系统、水平区子系统、管理间子系统、主干区子系统、设备间子系统及管理子系统共六个子系统进行划分和组成。竣工后的综合布线系统应能为各种智能化应用提供开放式布线结构，系统配置灵活、易于扩充、易于管理、易于维护。建成后的系统应满足相关的国际标准和国家标准。

2.系统建设原则

(1)系统应采用模块化、开放式结构，在保证系统可靠性、先进性的同时，本着经济、实用、合理的原则，使系统具有良好的性能价格比，使系统的档次与整体建筑水平相匹配。

(2)选用优秀的技术解决方案，采用国内外成熟的先进技术和设备，确保系统的先进性和开放性、兼容性和扩展性、适应性和应变性、安全性和可靠性，以保证系统有长久的生命力。

(3)系统配置应采用有长期动态寿命的产品，不应采用过渡性的技术及产品。既能满足当前的要求，也能经得起科技进步与时间的考验。

(4)系统应做到布线系统的智能化管理，并充分考虑网络接入的安全性。

(5)具有鲜明的大楼智能系统专业性，区别一般的智能化系统，能为大楼智能管理的高效运作提供充分的条件和优越的环境。

(6)系统整体上应达到较高水准。

3.信息点分布说明

信息点布点原则：根据招标文件所提供的布点原则，进行相关信息点的设计和施工。信息点数量一般遵循偶数原则，根据房间功能，在所有办公区域布设网络，每个工作位最少2个信息点。开放式办公区域以及会议室等公共区域预设有无线AP接入点。在设计时同时考虑了门禁、BA等系统对于网络传输的需求，并预留了部分点位。

其中，内网数据信息点××个、外网数据信息点××个、光纤点××对，语音信息点××个，共计信息点××个。

二、网络综合布线方案

综合布线是一个模块化、灵活性极高的建筑物内或建筑群之间的信息传输通道，是智能建筑的"信息高速公路"。

它既能使语音、数据、图像设备和交换设备与其他信息管理系统彼此相连，也能使这些设备与外部通信网相连接。它包括建筑物外部网络或电信线路的连线点与应用系统设备之间的所有线缆及相关的连接部件。

综合布线由不同系列和规格的部件组成，其中包括：传输介质，相关连接硬件（如配线架、连接器、插座、插头、适配器）以及电气保护设备等。这些部件可用来构建各种子系统，它们都有各自的具体用途，不仅易于实施，而且能随需求的变化而平稳升级。

一个设计良好的综合布线系统对其服务的设备应具有一定的独立性，并能互连许多不同应用系统的设备，如模拟式或数字式机的公共系统设备，也应能支持图像（电视会议、监视电视）等设备。

××大楼综合布线系统按照国际标准的结构化综合布线方式，所有水平布线系统均采用六类非屏蔽的标准设计和施工，并能满足在水平链路应用上的语音与数据信息点之间可通过跳线实现互换，数据主干采用单模光缆。

根据标准架构,将××大楼整个综合布线系统分为以下几个组成部分:工作区子系统、水平区子系统、管理间子系统、主干区子系统、设备间子系统,如图1.3所示。

1. 工作区子系统

工作区从终端设备延伸到信息插座,是放置应用系统设备的地方,工作区终端设备通过跳线连接到信息插座。如图1.4所示,计算机终端通过RJ45跳线与数据信息插座连接,而电话机终端则通过RJ11跳线与语音信息插座连接。其中,数据和语音信息插座均采用相同标准的模块,插座底盒距离装修地面30cm。信息插座也可以接入无线网桥,提供无线接入。

为了提高整个系统的灵活性,工作区信息座统一选用六类非屏蔽模块化插座,实现语音端口和数据端口之间的方便转换。工作区数据端口采用六类RJ45模块化跳线,语音跳线采用RJ11跳线。

工作区安装结合平面布线路由图,在设计施工中分为墙面安装(距地面高度300mm),柜台安装,地插座上安装(领导房间及会议室),抗静电高架地板下安装(专用机房)。此外,在特殊的房

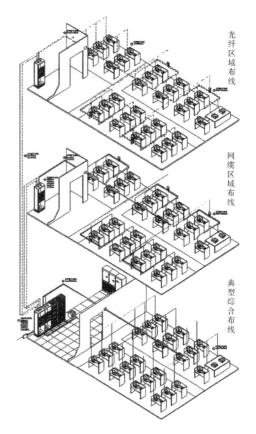

图 1.3　综合布线系统典型架构图

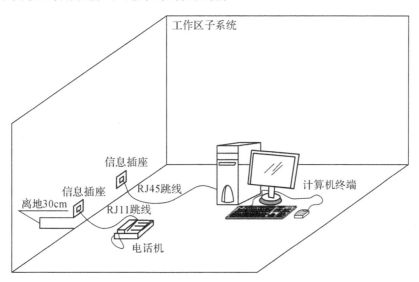

图 1.4　工作区子系统示意图

间,工作区信息点安装根据现场情况而定。

工作区子系统配置:数据用RJ45跳线按数据信息点数量的100%进行配置。

2. 水平区子系统

水平区子系统位于工作区信息插座与管理间的水平交连之间,负责将干线子系统经楼层配线间的管理区延伸到工作区的信息插座,如图 1.5 所示。

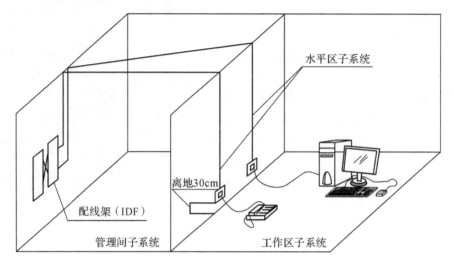

图 1.5 水平区子系统示意图

3. 管理间子系统

本大楼的设备全部采用互连的方式,管理干线子系统和配线子系统的线缆。管理区为连通各个子系统提供连接手段。所有的网络设备和通信设备都放置在各楼层的设备间内,水平区域信息点端口和网络通信设备的交接也在设备间内完成。

管理间数据配线架的跳线连接方式如图 1.6 所示。

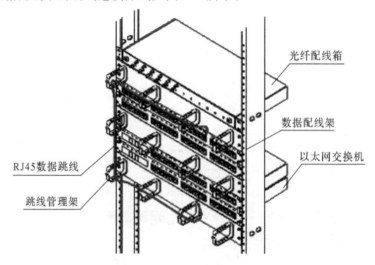

图 1.6 管理间子系统示意图

本大楼的楼层设备间分布情况如表 1.2 所示。

表 1.2 设备间分布情况

楼层	弱电间位置
9	
8	811 房间
7	
6	
5	611 房间
4	
3	411 房间
2	
1	211 房间

楼层设备间共计 4 间,其中 411 房间是数据核心机房设备间、网络中心。

设备间水平铜缆的配线架全部采用六类非屏蔽的 RJ45 模块化配线架;垂直主干数据配线架由 24 口机架式光纤配线箱组成,楼层主干光缆跳线采用 LC 接口;主干语音配线架采用语音 110 型 100 对机架式配线架。

为便于语音和数据的互换与扩展,所有接入楼层配线间的语音水平铜缆在配线间均须首先接入六类非屏蔽的 RJ45 模块化配线架后,再分别通过 RJ45-RJ45 或 RJ11-110 跳线连接至网络交换机或语音 110 主干配线架上。

管理间内数据配线架上的数据跳线,按照数据信息点满配;同样,语音 110 配线架上的语音跳线,按照语音信息点满配来跳转。从光分线盒至网络设备的光纤跳线,根据网络设备光纤口的数量和类型,按实际端口使用数量配备光纤跳线。

4. 主干区子系统

主干区子系统由设备间和管理间之间的楼层垂直主干线缆以及楼宇进线间之间的建筑群主干线缆组成。

其中语音主干部分采用三类大对数电缆,光缆主干采用千兆单模光缆,两端分别接在主机房和楼层设备间的配线架上,如图 1.7 所示。

楼层管理间至大楼网络中心机房各敷设一组 6 芯多模千兆光缆,垂直语音主干采用三类 25 对大对数电缆。

其中,垂直主干的光缆和电缆大对数的容量,可在现有实际需求的基础上,考虑预留作为后期的扩展和备份。

5. 设备间子系统

设备间是用来放置大楼综合布线线缆和相关连接硬件及其应用系统设备的场所。在设备间内,可把公共系统用的各种设备,如电信部门的中继线和公共系统设备(如 PBX),互连起来,如图 1.8 所示。设备间还包括建筑物入口区的设备或电气保护装置及其连接到符合要求的建筑物接地点。它相当于电话系统中站内的配线设备及电缆、导线连接部分。

设备间的综合布线产品具有与管理间类似的配置,但主要集中了对数据光纤主干和语音铜缆主干的连接,设备间内的网络和通信设备是整个建筑物的核心设备。

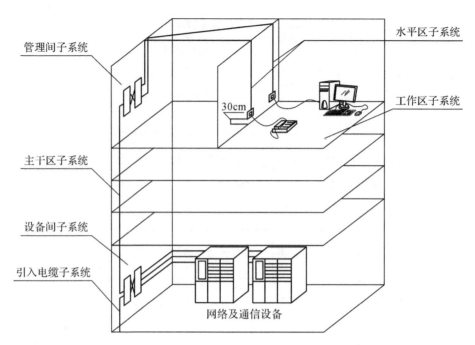

图 1.7　主干区子系统示意图

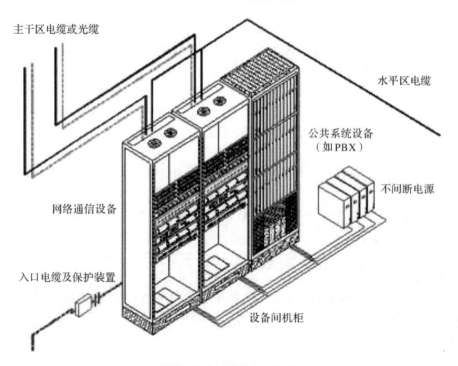

图 1.8　综合布线系统设备间架构示意图

　　大楼的主设备间位于大楼 X 层的网络信息中心机房。对管理间引入的主干线缆,信息点均在机房内采用标准 19 英寸机柜安装,机房内,均需设计并安装各机柜至垂直桥架的金属走线架。

　　网络信息中心机房也可以作为大楼的进线间,数据及语音电信运营商提供的设备及线缆交割机房。各电信运营商的入户线路均沿大楼预留的桥架引至引入间,综合布线系统在引入间内分别提供相应的立柜式 ODF 光纤配线架(含托盘、尾纤、光纤适配器)和立柜式语音 MDF 配线架(含防雷保护单元);从数据光纤配线架至网络设备的光纤跳线,根据网络设备光纤口的数量和类型,按实际情况配备。

三、综合布线工程建设材料成本

根据综合布线方案确定的设备和材料,查阅产品资料,选定型号,形成材料清单,如表 1.3 所示。

表 1.3 网络工程材料清单

序号	材料名称	单位	数量	单价/元	金额/元	备注
1	非屏蔽超五类双绞线	箱	95	650.00	61750.00	AVAYA
2	信息插座、面板	套	900	5.00	4500.00	AMP
3	超五类配线架	个	26	250.00	6500.00	AMP
4	五类配线架	个	20	200.00	4000.00	AMP
5	1.9m 机柜	台	1	1500.00	1500.00	电管
6	1.6m 机柜	台	4	1300.00	5200.00	电管
7	0.5m 机柜	台	1	600.00	600.00	电管
8	4 芯室外光纤	米	100	5.00	500.00	
9	ST 头	个	20	2.00	40.00	
10	ST 耦合器	个	20	2.00	40.00	
11	光纤接线盒	个	6	50.00	300.00	4 口
12	光纤接线盒	个	1	100.00	100.00	12 口
13	光纤跳线 ST-SC3M	根	12	12.00	144.00	
14	光纤制作配件	套	2	200.00	400.00	可租用
15	钢丝绳	米	500	2.00	1000.00	
16	桥架	米	250	75.00	18750.00	200×100
17	20mm PVC 管	米	10800	3.00	32400.00	
小计					137724.00	

【思考题】

系统集成项目与综合布线项目的主要差异有哪些?

⏺解释:两类项目的
　　　不同音频

1.4　工程造价

工程造价的含义就是工程的建造价格,具有专门的职业工作岗位。广义上工程造价涵盖建设工程造价,安装工程造价,市政工程造价,电力工程造价,水利工程造价,通信工程造价,航空航天工程造价等。工程造价是指进行某项工程建设所花费的全部费用,其核心内容是投资估算、设计概算、修正概算、施工图预算、工程结算、竣工决算等等。工程造价的任务:根据图纸、定额以及清单规范,计算出工程中所包含的直接费、间接费、利润及税金等等。因此,工程计价的三要素为量、价、费。

从事工程造价岗位的人员主要涉及的能力应包括:对工程具有较强的工程量计算能力,能编制施工图预结算、工程量清单、招标控制价、投标报价、工程结算,熟练应用造价软件,有一定的资料管理能力等等。

综合布线工程项目的造价由材料费、施工费、设计管理费等构成,可以由网络工程设计人员来兼任。施工费可以按施工材料的消耗情况来统计,如表 1.4 所示;也可以按每个信息点的单价来计算,这些单价是按照当地的劳动力成本确定的,因此相对比较稳定。

表 1.4　工程施工费计算

序号	分项工程名称	单位	数量	单价/元	金额/元	备注
1	PVC 槽敷设	米	10800	2.00	21600.00	
2	桥架敷设	米	250	50.00	12500.00	
3	跳线制作	条	1800	10.00	18000.00	
4	配线架安装	个	46	200.00	9200.00	
5	机柜安装	台	6	300.00	1800.00	
6	信息插座模块安装	个	900	5.00	4500.00	
7	竖井打洞	个	8	500.00	4000.00	
8	光纤敷设	米	100	10.00	1000.00	
9	光纤 ST 头制作	个	20	10.00	200.00	
小计					72800.00	

网络工程的设计费由设计部门收取,管理费由施工部门收取,测试费由第三方检测单位收取。根据造价的不同,中小工程的设计费取造价的 1.6%～4.5% 不等,造价越高,费率越低;中小工程的管理费一般为 25%;测试一般由质量技术检测中心来完成,检测费用要按照检测合同支付。利润比例视实际情况确定。计算方法如表 1.5 所示。

表1.5 网络工程设计、管理、测试费计算

序号	费用名称	计算方法	金额/元	备注
1	设计费	(施工费＋材料费)×3%	6315.72	
2	管理费	(施工费＋材料费)×25%	52631.00	
3	测试费	(施工费＋材料费)×5%	10526.20	
4	利润	(施工费＋材料费)×12%	25262.88	
合计			94735.80	

【思考题】

为什么工程造价可以由网络工程设计人员兼任？

1.5 分析网络工程项目的要素

◀解释:网络工程造价

1.5.1 业界对网络工程建设流程的理解

业界对网络工程建设流程主要有两种理解方式(摘自网络工程论坛)。

1. 专业人士的理解方式

专业人士认为网络工程建设的流程包括:

(1) 首先了解客户方需要实现哪些功能,就是要问清楚他们的网络需求。

(2) 根据他们的需求,制定合理的方案。不但要满足现有的需求,还要考虑以后可能需要扩展的需求。

(3) 对方案进行反复讨论,敲定最终方案。

(4) 计算设备、材料及施工费用,做好工程预算。

(5) 网络综合布线施工。

(6) 网络设备安装、调试,做好备份。

(7) 为业主方培训网络设备以及网络环境的使用与维护相关知识。

(8) 试运行一段时间,进行验收,项目竣工。

(9) 后期售后服务。

2. 通俗的理解方式

另一种通俗的说法认为网络工程分为3个阶段。

(1) 前期:

①要了解客户的需求,比如多少人、成本多少。

②根据网络需求制作出网络拓扑图、网络设备多少、网线多长等等,多做点网络规划出来,让客户选择。

③要确定网络机房的选址,因为涉及开工的问题:是否方便运输设备?网线是否能拉过去?网线怎么走?等等。

（2）实施：

①首先施工计划一定要详细。比如：给设备做标识，网线的裁距等等。

②其次就是人员分工。一定要分好工，分工一定要量才而用（当然都要懂得网络），比如力气大的就专门搬设备、心细的布置网线、技术好的配置网络设备等等（这里就需要主管或经理人员发挥作用了）。

③最后就是检查网络硬件清单等收尾工作。

（3）验收：

①测试网络是否达到预期的需求。比如哪些是通的，哪些是不通的？各个部门的网络是否区分开了？等等。

②给网络设备配置可远程管理的IP，这样方便你管理。

③检查网络设备拓扑是否是预期的设计。比如端口是否标记了？如果某一个PC不能上网，要去检查这个PC与交换机是否连接好了。

④给用户培训一些基本网络排错知识，并制作简要的说明书，这样即使发生小故障，用户也能自己解决了。

1.5.2   网络工程建设标准化流程

从网络工程学科的角度看，我们认为网络工程建设的标准化流程分为八个阶段，即立项与可行性论证、需求调查与需求分析、逻辑网络设计、物理网络设计、工程招投标、工程施工、竣工验收、网络运行和维护，如图1.9所示。

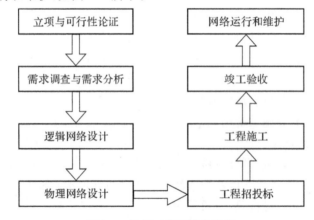

图 1.9   网络工程标准化流程

1. 立项与可行性论证

立项与可行性论证是问题提出和问题定义阶段，必须回答的关键问题是：要解决的问题是什么？怎样解决这个问题？如果不知道问题是什么就试图解决这个问题，显然是盲目的。尽管已经确切地定义问题，问题虽具有必要性，但是没有切实可行的解决方案，就会造成问题难以解决，项目破产。

在立项与可行性论证阶段，要提出关于问题性质、工程目标、建设的必要性和可行性的立项申请。必要性方面，重点介绍完成该项目所能带来的好处；可行性方面，重点介绍完成项目所需的资金、人员、技术、场地等条件是否成熟。

2. 需求调查与需求分析

用户虽然了解他们所面对的问题,知道工作是怎么做的,但用户通常不能完整地、准确地表达出他们的要求,更不知道怎样利用计算机与网络技术去解决他们碰到的问题;而网络设计人员知道怎样利用计算机与网络技术来实现他们的要求,这就是需求分析的关键点,网络设计人员通过开展需求调查和需求分析获悉网络工程建成后应该具有的功能。需求分析包括:业务需求、用户需求、应用需求、计算平台、网络本身和管理人员需求等等。

这一阶段网络设计者通常把需求调查记录在一份需求说明书中,描述出单位和个人对网络的需求,并分析归纳网络功能。在需求说明书完成后,业主方与网络设计者应该密切配合,充分交流,达成共识,业主方应在需求说明书上签字。如果今后需求发生变化,双方可另行协商。

3. 逻辑网络设计

逻辑网络设计要利用需求分析的结果来设计逻辑网络结构,得到满足用户需求的网络行为和性能的网络拓扑图,还要考虑 IP 分配策略、路由策略、安全策略等等,详细说明数据是如何在网络上传输的,但并不涉及网络元素的物理位置。这是网络规划中的关键阶段,如果逻辑设计有问题,那么以后的工程实施中问题将更严重。

在逻辑设计时,应该确定满足用户需求的服务、交换机、路由器、防火墙等网络设备、网络结构和寻址。这一阶段需要进行的工作相当多,包括物理层的考虑、网络设备的考虑、广域网性能优化的考虑(包括怎样解决 WAN 的网络瓶颈、链路状态路由协议等)、TCP/IP 寻址的考虑、网络安全的考虑、防火墙的考虑等等。在该阶段应该得到一份详细的逻辑网络设计文档,其中包括以下内容:

(1)逻辑网络图;

(2)寻址策略;

(3)安全措施;

(4)具体的软件、硬件、广域网连接设备和基本的服务;

(5)培训新网络用户的具体说明;

(6)对软件、硬件、服务、员工和培训的费用的初始估计。

4. 物理网络设计

物理网络设计体现如何实现逻辑网络设计,网络设计者必须要掌握综合布线技术,包括:双绞线和光纤的结构、类型和安装方法,综合布线系统图,施工图,机架图等等。一般包括如下内容:

(1)物理网络图和布线方案;

(2)设备和部件的详细清单;

(3)施工费用的估计;

(4)施工日程表,详细说明施工进度;

(5)竣工验收测试计划。

在物理设计阶段的输出文档要求非常详细,也就是说,任何人看了这个阶段的文档,都能很顺利地接着做下一阶段的工作。而如果输出的文档只有设计者自己看得懂,别人看不懂,是肯定不行的。

5. 工程招投标

工程招投标是指以工程项目作为商品进行交换的一种交易形式,它由唯一的买主设定标的,招请若干个卖主通过秘密报价进行竞争,买主从中选择优胜者并与之达成交易协议,随后按照协议实现。

工程招标制度也称为工程招标承包制,它是指在市场经济的条件下,采用招投标方式以实现工程承包的一种工程管理制度。

一般来说,招投标需经过招标、投标、开标、评标与定标等程序。工程招标是指建设业主就拟建的工程发布通告,用法定方式吸引承包单位参加竞争,进而通过法定程序从中选择条件优越者来完成工程建设任务的一种法律行为。工程投标是指经过特定审查而获得投标资格的建设项目承包单位,按照招标文件的要求,在规定的时间内向招标单位填报投标书,争取中标的法律行为。

6. 工程施工

工程施工是按照逻辑设计和物理设计的要求,完成工程项目任务的全过程。这一阶段关键要做好施工项目管理工作。施工项目管理是指施工单位在完成所承揽的工程建设施工项目的过程中,运用系统的观点和理论以及现代科学技术手段对施工项目进行计划、组织、安排、指挥、管理、监督、控制、协调等全过程的管理。

7. 竣工验收

竣工验收指建设工程项目竣工后开发建设单位会同设计、施工、设备供应单位及工程质量监督部门,对该项目是否符合规划设计要求以及建筑施工和设备安装质量进行全面检验,取得竣工合格资料、数据和凭证。

8. 网络运行和维护

网络运行和维护是对网络中的路由器、交换机、服务器、存储设备、防火墙等设备进行实时监测,保护所有设备正常运行,一旦出现故障,可在规定时间内排除故障,恢复运行。这一阶段往往是工程项目的延续,属于售后服务范畴。

1.5.3　网络工程项目涉及的组织与人员

1. 网络工程的组织机构

建设方:即业主,是投资方。

承建方:也叫总包单位。业主方把一个较大的工程交给一个总承包施工方来建设,而总承包施工方往往会找一些专业分包方来实际施工,这个总承包施工方就是承建方。

施工方:是指直接参加工程施工的单位。包括了总承包施工方的专业分包方,也有可能业主方直接找几个专业分包来施工。

劳务方:是指各施工方与劳务单位签劳务合同参加具体建设工作的工人。

监理方:是业主方请来管理监督整个工程的设计、施工的质量、进度等等,是为业主方服务的。

2. 网络工程实施的人员

工程管理人员:要懂得网络工程的组织实施过程,能把握住网络工程的方案评审、监理,验收等关键环节。

　　系统集成设计人员：要熟练掌握网络规划与设计的步骤、要点、流程、案例、技术设备选型以及发展方向。

　　综合布线设计人员：要全面了解计算机网络的原理、技术、系统、协议、安全、系统布线的基本知识，了解建筑布局结构。

　　技术支持人员：要熟练掌握计算机网络的原理、技术、系统、协议、安全、网络互联设备和网络服务器的配置技术。

　　综合布线施工人员：要了解综合布线或通信类电缆连接器等产品的相关标准；掌握综合布线施工技能。

1.6　项目总结

　　通过学习本项目，我们了解了网络工程的基本概念，理清了网络工程、系统集成、综合布线之间的关系；了解了网络工程项目的实施过程；懂得了网络工程项目所涉及的部门和岗位职责。通过学习，我们知道了网络工程是研究网络系统的规划、设计、施工与管理的工程学科，是网络建设过程中科学方法与规律的总结。网络工程包括了系统集成工程和综合布线工程两类。无论是网络系统集成工程还是综合布线工程，都具有网络工程的特征。网络工程的生命周期至少包括网络系统的构思与规划阶段、分析与设计阶段、实施与构建阶段、运行和维护阶段等过程；系统集成主要包括技术集成、产品集成和应用集成，而综合布线是一种模块化的、灵活性极高的建筑物内或建筑群之间的信息传输通道的构建。依靠综合布线系统，大楼自动化（BA）、通信自动化（CA）、办公自动化（OA）组成了"3A"智能化建筑。网络工程建设的标准化流程分为八个阶段，即立项与可行性论证、需求调查与需求分析、逻辑网络设计、物理网络设计、工程招投标、工程施工、竣工验收、网络运行和维护。

1.7　习题

1. 网络工程、系统集成、综合布线三者之间的关系是什么？
2. 隐蔽工程与弱电工程哪个范围大？
3. "3A"智能化建筑中的 3A 指的是什么？
4. 网络工程要经历哪些阶段？
5. 网络工程建设标准化流程是什么？
6. 网络综合布线项目方案主要包括哪些内容？
7. 建设方、承建方、施工方、劳务方、监理方的责权关系是什么？

网络工程项目立项

工程项目是怎么诞生的呢？答案是通过项目立项及评审机制获得批准。如果没有工程项目立项的过程，也就不会发生项目设计、招投标、工程施工、工程竣工等一系列工作，可见立项工作的重要性。在本项目中，我们要了解工程项目必须由发起人提出申请，经过项目实施组织决策者或政府有关部门的批准，并列入项目实施组织或者政府计划的过程。

本项目的学习重点：

- 立项的基本知识；
- 立项的流程；
- 可行性分析；
- 需求分析；
- 撰写立项申请书。

网络工程的立项要经历一个较长的准备过程。工程立项阶段主要工作包括起草立项报告、编制经费预算、工程进度、效益分析、经费筹措和建立组织班子。

立项报告的内容主要是向上级单位汇报所要解决的问题、必要性、建设周期、经费预算、经费的来源以及建好项目后的效益。立项报告经过上级单位和专家的充分论证后，可能还要做相应的改动后再论证，如此反复，形成最终决议，列入建设计划，再进入招投标流程。

2.1 如何撰写立项报告

本节任务：以一份简单的立项报告和两份立项报告模板为例，让读者去体会立项报告应该包含哪些重要内容，初步了解立项报告的各部分所要表达的内涵，领会起草立项报告的思路。

案例背景：某校计算机系新建一个网络安全实训室立项报告，希望得到上级部门以及相关职能处室的支持。因此计算机系网络技术专业相关教师撰写了一份立项报告，内容如下：

关于新建网络安全实训室的立项报告

由于计算机系已立项的省示范实训基地,省特色专业、市创新创业基地的建设要求,均涉及网络安全实训室建设的内容,而且建设时限即将到期。专业教师经过调查研究,对网络安全实训室建设已形成初步设想,望得到上级领导和相关职能处室的支持。

一、拟建项目的必要性

根据专业教学需要,结合省高职高专院校特色专业和省高职高专院校示范性实训基地建设计划,需在 2012 年完成本实训室建设。其建设的必要性如下:

(1)因实训场地限制,目前网络安全方面的实训教学内容借助计算中心公共机房来开展。普通机房开展网络安全实训是在虚拟机环境下完成的,每次实训环境的搭建与配置需花费较长的时间,挤占实际实训教学时间,效率偏低。

(2)由于网络安全实训具有特殊性,对计算机性能要求较高,必须运行多系统平台,同时很多实训项目具有破坏性、攻击性,容易导致机房系统崩溃,影响教学。另外,普通机房的实训环境不能完全满足课程要求,目前仅承担 12 个实训项目,只占教学安排 22 个实训项目的一半左右,教学内容也受到限制。

(3)该实训室主要用于网络安全项目实训,一些具有攻击性、破坏性的实训项目,可以利用专用设备来现实,可以有效避免由于破坏性实验带给的机房崩溃现象。

(4)该实训室通过安装硬盘保护卡、双网卡等技术措施也可作为普通机房使用,投入使用后也将缓解计算机各专业普通机房紧缺的现状。

(5)该实训室的投入使用将大大改善学生的网络安全方向课程的实训环境,使其与目前社会上的实际使用基本保持一致,更加贴近实际工作岗位的要求。

二、拟建项目的可行性

1. 场地问题

该实训室建于教学大楼 D 区 404 室,使用面积约 94m²,场地符合实训室建设要求。实训设备经计算机系实训中心、计算机网络技术教研室反复论证,满足计算机网络技术、计算机应用技术、计算机信息管理、软件技术等专业学生实训要求。

2. 资金问题

实训室建设总投资 42 万元。实训室所需电脑、桌椅等设施设备是常用设备,容易采购。网络安全专用设备已有同类院校投入使用,可供参考和比价。经费可由学院投资或省示范建设基地项目列支。

3. 使用问题

网络安全实训室主要面向计算机系的计算机网络技术、计算机应用技术、计算机信息管理、软件技术等专业,涉及课程有信息安全技术、网络安全系统集成、局域网管理与信息安全等。现有网络专业 4 个班,每班每周 4 课时,其他专业开展网络安全方面的实训内容平均每周 4 课时左右,每周共完成 20 课时左右的实训量。同时该实训室还将作为学生竞赛训练、网络工作室培训以及教师教科研的重要场所。初步预计该实训室投入使用后使用率将达90%以上。

三、主要仪器设备购置论证

网络安全实验的内容对电脑的运算能力、内存等部件性能有比较高的要求。在满足平台各项要求的条件下，根据性价比最高的原则，拟选购联想、惠普等品牌电脑。

通过对兄弟院校同类实训室的调研结果表明，××品牌设备档次较高，性能好，但价格较贵，最低配置的类似设备报价超过 100 万。拟选购品牌设备属于中端产品，报价远低于××品牌，性能已能满足教学要求，省内高校，如××警官职业学院、××职业技术学院已有应用实例。主要设备明细表如表 2.1 所示。

表 2.1　主要设备明细表

仪器名称	数量	参考单价/元	总价/元	技术规格要求	备注
电脑	56 套	4000	224000	(1)INTEL i3 530 或以上 (2)INTEL H57 芯片主板 (3)2G×2 内存(DDR3 1333MHz) (4)500 G 7200rpm SATA 硬盘 (5)19 英寸宽屏液晶或以上	参考品牌:联想、惠普
双人电脑桌	28 套	480	13440	高 75cm、宽 60cm、长 120cm	含凳子
主控中心平台	1 套	30000	30000	ExpNIS-MC	含应用服务系统
安全设备	9 套	10000	90000	ExpNIS-SC	
2m 机柜	3 个	3000	9000	600mm×800mm×2000mm	
网络设备布线系统(含辅料)	1 批	6000	6000		
电源、网络施工	1 批	8000	8000		
防盗门	2 个	1500	3000		
空调	2 台	6000	12000	美的 KFR-72LW/DY-GC(E1)	
窗帘	1 批		1100		
合计			396540		

【思考题】

阅读这个立项报告后，你认为立项报告中应该突出哪些内容？

🔊解释:立项报告的要点

网络建设工程业主方立项申请报告模板

1. 项目概述

总体说明要建设什么项目，简要说明项目背景。

2．建设意义和必要性

主要说明该项目是否与单位的总体规划相符，建成后能带来什么样的好处，如果不建设将产生什么样的影响。

3．现有建设基础

主要说明现有资源配置情况，比如现有几个计算机教室，运行情况如何，以往建设过程中积累了哪些经验，是否进行了相关调查。

4．建设目标、思路及主要建设内容

建设目标：详细阐述要建设的目标，要有项目总体目标，比较复杂的项目要有分阶段目标。

建设思路：用什么样的技术和方法来建设，先建设什么，后建设什么，在建设过程预期发生的问题将如何解决。

建设内容：具体描述所要建设的内容，如平面布局、综合布线设计、设施设备选型等等。

5．资金来源和年度资金安排

资金来源：年初总体建设预算有没有该项目，预算资金够不够用，如果不够要明确从哪个项目出资金，谁来出资金。

年度资金安排：项目预算。

6．建设具体实施计划

介绍项目的进程和实施计划，比如什么时候开工，实施过程中分哪些阶段，每阶段的任务是什么，每阶段起止时间是什么，什么时候整个项目可以竣工。

7．预期效益分析

详细分析该项目建成后可以带来什么样的效益，受益面怎样。

8．保障措施

组织机构保障：项目的成员有哪些，如何分工的，谁来负责。

建设资金保障：建设资金由谁来保证，资金到位的流程是怎样的。

制度保障：单位原有的管理制度中有没有相关的激励机制，也可以建立一套针对本项目的客观有效的奖惩措施。

【思考题】

请思考一下，哪些项目不需要立项，哪些项目需要立项？

◀)解释：立项范围

网络建设工程承建方立项申请报告模板

1　引言

1.1　目的

注意，这里的"目的"不是"项目目标"，而是为了说明本文档的目的与作用。"项目目标"在 2.1 中说明。

意义:使项目成员和项目干系人了解项目开发计划书的作用、希望达到的效果。开发计划书的作用一般都是"项目成员以及项目干系人之间的共识与约定,项目生命周期所有活动的行动基础,以便项目团队根据本计划书开展和检查项目工作"。

例如可以这么写:为了保证项目团队按时保质地完成项目目标,便于项目团队成员更好地了解项目情况,使项目工作开展的各个过程合理有序,因此以文件化的形式,把对于在项目生命周期内的工作任务范围、各项工作的任务分解、项目团队组织结构、各团队成员的工作责任、团队内外沟通协作方式、开发进度、经费预算、项目内外环境条件、风险对策等内容做出的安排以书面的方式,作为项目团队成员和项目干系人之间的共识与约定,项目生命周期内的所有项目活动的行动基础,以及项目团队开展和检查项目工作的依据。

1.2 背景

主要说明项目的来历,以及一些需要项目团队成员知道的相关情况。主要有以下内容:

项目的名称:×××

项目的委托单位:×××

项目的用户(单位):×××

项目的主要承担部门:×××

项目建设背景:从政治环境上、业务环境上说明项目建设背景,说明项目的大环境、来龙去脉,有利于项目成员更好地理解项目目标和各项任务。

1.3 定义

列出为正确理解本计划书所用到的专门术语的定义、外文缩写词的原词及中文解释。注意尽量不要对一些业界使用的通用术语进行另外的定义,使它的含义和通用术语的惯用含义不一致。

1.4 参考资料

列出本计划书中所引用的及相关的文件资料和标准的作者、标题、编号、发表日期和出版单位,必要时说明得到这些文件资料和标准的途径。本节与1.5的"标准、条约和约定"互为补充。注意,"参考资料"未必作为"标准、条约和约定",因为"参考"的不一定是"必须遵守"的。常用资料如:

本项目的合同、标书、上级机关有关通知、经过审批的项目任务书;

属于本项目的其他已经发表的文件;

本文档中各处引用的文件、资料,包括所要用到的软件开发标准。

1.5 标准、条约和约定

列出在本项目开发过程中必须遵守的标准、条约和约定,相应的技术规范等。

"参考资料"一般具有"物质"特性,一般要说明参照了什么,要说明在哪里可以获得;"标准、条约和约定"一般具有"精神"特性,一般是必须遵守的,不用说明在哪里可以获得。参考资料的内容应该涵盖"标准、条约和约定"。

2 项目概述

2.1 项目目标

项目目标可以进行横向分解,也可以进行纵向分解。横向分解一般按照功能或按照建设单位的不同业务要求,如分解为第一目标、第二目标等等;纵向分解一般是指按照阶段,如分解为第一阶段目标、第二阶段目标等等,或近期目标、中期目标、远期目标等等。阶段目标一般应当说明目标实现的较为明确的时间。一般要在说明了总目标的基础上再说明分解目标，可加上"为实现项目的总目标，必须实现以下三个阶段目标……"

2.2 规定与约束

对于项目必须遵守的各种约束（时间、人员、预算、设备等）进行说明。这些内容将设置你实现什么、怎样实现、什么时候实现、成本范围等种种制约条件。

规定是通过努力可以直接解决的问题，而这些问题一定要解决才能保证项目按计划完成。如："必须在3天内到位"或"必须在8月8日前对需求文档进行确认"。

约束一般是难以解决的问题，但可以通过其他途径回避或弥补、取舍，如人力资源的约束限制，就必须牺牲进度或质量等等。

假设与约束是针对预期必然会发生的情况。如果问题的出现具有不确定性，则应分析其出现的可能性（概率）、造成的影响、应当采取的相应措施。

2.3 项目工作范围

说明为能够按时保质实现项目的目标需要进行哪些工作。

2.4 应交付成果

2.4.1 需完成的项目建设

列出需要项目建设的内容等等。

2.4.2 需提交用户的文档

列出需要移交给用户的每种文档的名称、内容要点，如需求规格说明书、操作手册等。

2.4.3 须提交内部的文档

列出需要提交给公司内部包括公司领导、项目组成员、质量管理等的各种文档的名称、内容要点，如项目变更申请、项目进度报告等等。

2.4.4 应当提供的服务

根据合同或建设工作需要，列出将向用户提供的各种服务，例如培训、安装、维护和运行支持等。具体的工作计划如需要，可编制培训计划等。

2.5 项目验收方式

说明项目内部验收和用户验收的方式及验收依据。

3 项目团队组织

3.1 组织结构

说明项目团队的组织结构。项目的组织结构可以从所需角色和项目成员两个方面描述。所需角色主要说明为了完成本项目任务，项目团队需要哪些角色构成，如项目总负责人、项目经理、运维工程师、业务接口人、客服、产品等等。组织结构可以用图形来表示，同时说明团队成员来自于哪个部门。除了图形外，可以用文字简要说明各个角色应有的技术水平。

3.2 人员分工

确定项目团队的每个成员属于组织结构中的什么角色，他们的技术水平、项目中的分工与配置，可以用列表方式说明，具体编制时按照项目实际组织结构编写。

3.3 协作与沟通

项目的协作与沟通首先应当确定协作与沟通的对象，就是与谁协作、沟通。沟通对象应该包括所有项目干系人，而项目干系人包括了所有项目团队成员、项目接口人员、项目团队外部相关人员等等。

其次应当确定沟通方式与协作模式。沟通方式如会议、电话、QQ、内部邮件、外部邮件、聊天室等等。协作模式主要说明在出现一些状况的时候各个角色应当（主动）采取什么措施，包括沟通、如何互相配合来共同完成某项任务。定期的沟通一般要包括项目阶段报告、项目阶段计划、阶段会议等。

3.3.1　项目团队内部协作

说明在项目建设过程中团队内部的协作模式和沟通方式、频次、沟通成果记录办法等内容。

3.3.2　项目接口人员

应当说明接口工作的人员，即他们的职责、联系方式、沟通方式、协作模式，包括：

（1）负责本项目同用户的接口人员；

（2）负责本项目同公司内部的接口人员；

（3）负责本项目同支持方的接口人员。

3.3.3　项目团队外部沟通与协作模式

项目团队外部包括公司内部管理协助部门、支持方、客户等等。说明在项目开发过程中团队内部与接口人员、客户沟通的方式、频次、沟通成果记录办法等内容。明确最终用户、直接用户及其所在本企业/部门名称和联系电话。明确协作开发的有关部门的名称、经理姓名、承担的工作内容以及工作实施责任人的姓名、联系电话。确定有关的合作单位的名称、负责人姓名、承担的工作内容以及实施人的姓名、联系电话。

4　实施计划

4.1　风险评估及对策

识别或预估项目进行过程中可能出现的风险。

分析风险出现的可能性（概率）、造成的影响、根据影响应该采取的措施。

风险识别包括识别内在风险及外在风险。内在风险是指项目工作组能加以控制和影响的风险，如人事任免和成本估计等。外在风险指超出项目工作组等控制力和影响力之外的风险，如市场转向或政府行为等。

风险的对策包括以下内容：一是避免，即排除特定威胁，往往靠排除危险起源；二是减缓，即减少风险事件的预期资金投入来减低风险发生的概率，以及减少风险事件的风险系数；三是吸纳，即接受一切后果，可以是积极的（如制订预防性计划来防备风险事件的发生），也可以是消极的（如某些费用超支则接受低于预期的利润）。

网络建设项目常见的预估风险：

（1）工程/规模/进度上的风险：验收不能顺利地完成（或者出现了延迟）。

（2）技术上的风险：使用新的开发技术、新设备等，或是新的应用组合，没有经验；是新的行业或业务，没有经验；性能上的要求很严。

（3）用户方面的问题：功能会多次变更；与用户分担开发，造成工程拖延（或者出现了延迟）；用户或其他相关单位承担的工作有可能延误。

（4）其他：应该包含此处没有，但据推测有风险的项目。

4.2　工作流程

画出本项目采用的工作流程图及适当的文字说明。

4.3　总体进度计划

总体进度计划要依据确定的项目规模，列表项目阶段划分、阶段进度安排及每阶段应提交的阶段成果,在各阶段时间安排中要考虑项目阶段成果完成、提交评审、修改的时间。

对于项目计划、项目准备、需求调研、需求分析、构架设计或概要设计、编码实现、测试、移交、内部培训、用户培训、安装部署、试运行、验收等工作,给出每项工作任务的预定开始日期、完成日期及所需的资源,规定各项工作任务完成的先后顺序以及表征每项工作任务完成的标志性事件(里程碑)。

4.4　项目控制计划

4.4.1　质量保证计划

说明项目建设过程中,产品质量、建设质量、服务质量等等方面如何进行保证,制订计划。

记录的收集、维护和保存(指明需要保存的质量保证活动的记录,并指出用于汇总、保护和维护这些记录的方法和设施,并指明要保存的期限)。

4.4.2　进度控制计划

本项目的进度监控由项目过程控制部门或控制人员统一进行监控,并保留在监控过程中产生的日常检查记录。

4.4.3　预算监控计划

说明如何检查项目预算的使用情况,根据项目情况需要制订。

5　支持条件

说明为了支持本项目的完成所需要的各种条件和设施。

5.1　内部支持

逐项列出项目每阶段的支持需求(含人员、设备、软件、培训等)以及其时间要求和用途。

5.2　客户支持

需由客户承担的工作、完成期限和验收标准,包括需由客户提供的条件及提供时间。

5.3　外部支持

列出需由外部支持方承担的工作、完成时间,包括需要由外部支持方提供的条件和提供的时间。

6　预算

6.1　人员成本

列出产品/项目团队每一个人的预计工作月数。

列出完成本项目所需要的劳务(包括人员的数量和时间)。

6.2　设备成本

设备成本包括:原材料费,设备购置费及使用费。

列出拟购置的设备及其配置和所需的经费;

列出拟购置的软件及其版本和所需的经费;

列出可供使用的现有设备及其使用时间。

6.3　其他经费预算

列出完成本项目所需要的各项经费,包括:

(1) 差旅费(旅费、出租等)(含补贴);

(2) 资料费(图书费、资料费、复印费、出版费等);

(3) 通信费(市话长话费、移动通信费、上网费、邮资等);

(4) 会议费(鉴定费、评审会、研讨费、外事费等);

(5) 办公费(购买办公用品等);

(6) 协作费(业务协作招待费、项目团队加班伙食费等);

(7) 培训费(培训资料编写费、资料印刷费、产地费、设备费等);

(8) 其他(检测、维修费、消耗品等)。

6.4　项目合计经费预算

列出完成本项目需要的所有经费预算(上述各项费用之和)。

7　关键问题(可选)

逐项列出能够影响整个项目成败的关键问题、技术难点和风险,指出这些问题对项目成败的影响。

【思考题】

比较两个立项申请报告模板的不同,理解各自的侧重点。

◉解释:两类立项报告
的侧重点

2.2　可行性分析和需求分析

本节任务:搞清楚可行性分析和需求分析的联系与区别,了解可行性分析报告的主要内容,能够设计需求调查方案并实施一个需求调查项目。

简要地说,可行性分析是要决定"做还是不做",而需求分析是要决定"做什么,不做什么"。

2.2.1　可行性分析

可行性分析是在项目建设的前期对工程项目的一种考察和鉴定;可行性分析是在完成项目调研的基础上,根据建设单位实际需求与限制条件,针对项目立项中确定的长期目标和短期目标,对拟建的项目进行全面与综合的技术、经济能力调研,分别对计算机资源、技术能力及局限性、预期效果进行综合分析。可行性分析主要关注经济可行性、技术可行性、系统生存环境可行性、各种可选方案的对比等方面的内容,从而提出该项目是否值得投资和如何进行建设的咨询意见,为项目决策提供依据的一种综合性的系统分析方法。

可行性分析是建设项目立项决策阶段最重要的工作。可行性分析的过程是深入调查研究的过程,也是多方案比较选择的过程。

可行性分析必须回答下列问题:

(1) 在技术上是否可行?

(2) 在经济上是否可行?

(3) 在现有的社会因素条件下是否可行?

(4) 核心功能和性能是否能满足需求?

(5) 建设时间是否能满足需求?

大中型工程项目的可行性分析的最终结果应编写成可行性分析报告。

可行性分析报告模板

1. 项目的背景

(1) 网络系统项目的名称、建设单位、建设内容、任务提出者、建设者、用户；

(2) 网络系统与其他系统或其他机构的基本关系。

2. 可行性研究的前提

(1) 条件、假定和限制；

(2) 进行可行性研究的方法；

(3) 评价尺度。

3. 对现有系统的分析

(1) 处理流程；

(2) 工作负荷；

(3) 费用开支；

(4) 人员；

(5) 设备；

(6) 局限性。

4. 所建议的系统

(1) 对所建议系统的说明；

(2) 处理流程；

(3) 改进之处；

(4) 影响；

(5) 局限性；

(6) 技术条件方面的可行性。

5. 可选择的其他系统方案

说明曾考虑的每一种可选择的系统方案，包括需开发的和直接购买的，如果没有供选择的系统方案可考虑，也需明确说明。

6. 投资及效益分析

投资效益评价，就是对投资项目的经济效益和社会效益进行分析，并在此基础上，对投资项目的技术可行性、经济赢利性以及进行此项投资的必要性做出相应的结论，作为投资决策的依据。

7. 社会因素方面的可行性

(1) 法律方面的可行性；

(2) 使用方面的可行性；

(3) 从用户单位的行政管理、工作制度等方面来看，是否能够使用该系统；

(4) 从用户单位的工作人员的素质来看，是否能满足使用该系统的要求等。

8. 结论

在进行可行性研究报告的编制时，必须有一个研究的结论。结论可以是：

(1) 可以立即开始进行；

(2) 需要推迟到某些条件(如资金、人力、设备等)落实之后才能开始进行；

（3）需要对开发目标进行某些修改之后才能开始进行；

（4）不能进行或不必行（如因技术不成熟、经济上不合算等）。

2.2.2　需求分析

需求分析是指在创建一个新的或改变一个现存的系统或产品时,确定新系统的目的、范围、定义和功能时所要做的所有工作。在这个过程中,设计人员要调查用户方对新系统的各种要求,只有在确定了这些需要后才能够分析和寻求新系统的解决方法。需求分析实质就是要解决"做什么"问题。

需求分析是任何一种工程实施的第一个环节,也是关系工程项目成功与否最重要的因素。如果网络应用需求分析做得透,网络工程方案的设计就会赢得用户方青睐。

需求分析可分为立项前的需求分析和立项后的需求分析。两者的侧重点不同,前者由项目发起方组织,后者由项目承建方组织。立项前需求分析其实就属于可行性分析的范畴;而立项后的需求分析主要是侧重系统功能方面的需求,包括业务需求、用户需求、应用需求、计算机平台需求、网络需求等。

1. 业务需求

业务需求分析的目标是明确企业的业务类型,应用系统软件种类,以及它们对网络功能指标(如带宽、服务质量 QoS)的要求。业务需求是企业建网中首要的环节,是进行网络规划与设计的基本依据。哪种业务就建哪种网络,缺乏企业业务需求分析的网络规划是盲目的,会为网络建设埋下各种隐患。

业务需求分析的主要内容包括:

（1）主要相关人员；

（2）主要转折点；

（3）公司投资规模；

（4）业务活动的类型；

（5）预测增长率；

（6）可靠性和有效性；

（7）安全性；

（8）Web 站点和 Internet 连接性；

（9）远程访问。

2. 用户需求

为了设计出符合用户需求的网络,我们必须找出哪些服务或功能对用户的工作是重要的。这些服务可能需要网络,也可能只需要本地计算机,有些服务由本机的应用程序提供,只需用到用户自己的计算机和外围设备。在很多情况下,用户需要的服务可以有多种来源。

用户需求分析的主要内容包括:

（1）用户人数；

（2）平均使用频率；

（3）（每天、每周、每月或每年的)使用高峰期；

（4）平均访问时间长度；

(5) 每次传输的平均数据流量(粗略估计);

(6) 影响定向性流量特征的活动。

3. 应用需求

每种软件的应用对网络服务都有其自身的需求。通过收集应用需求,了解用户要在网上做什么,网络是否需要常见的办公活动,是否需要排版或图像处理,是否需要支持声频和视频应用,是否有工程和建筑设计方面的应用,有没有软件开发工作,有没有制造和工业过程。因为每种工作都有其自身对应用、计算机平台和网络通信的特定需求。

收集应用需求应该考虑如下因素:

(1) 应用的类型和地点;

(2) 应用的使用方法;

(3) 需求增长;

(4) 可靠性和有效性;

(5) 网络相应需求。

4. 计算机平台需求

网络中的计算机平台分为个人计算机、工作站、中型机、大型机。因为每种计算机的硬件和软件的特性都会影响网络,所以需求收集工作应该是收集连接到网上的每台计算机的详细信息。用户常常抱怨网速过慢,但是网络的性能肯定要受到计算机的处理器、内存、硬盘和输入/输出设备的限制。组件的不足也会影响网络服务器的性能,网络性能的瓶颈常常是由于服务器负担太重造成的。当重新设计网络时,已经安装的硬件基础设施可能在很大程度上牵制对服务器和桌面系统的升级,因此对原有计算机平台的了解也是很重要的。

5. 网络需求

在这里我们要考虑网络本身和网络管理的需求,包括物理拓扑、联网软件、网络互联设备、广域网链路等等。在收集网络需求阶段,我们要详细了解当前网络的拓扑结构、性能和软件,也要考虑其他应该反映在新网络设计中的广泛需求。网络的管理是企业建网不可或缺的方面,网络是否按照设计目标提供稳定的服务主要依靠有效的网络管理。

网络需求应该考虑如下因素:

(1) 局域网功能;

(2) 物理拓扑结构;

(3) 性能;

(4) 网络软件;

(5) 安全性;

(6) 经济和费用控制;

(7) 城域网/广域网选择。

2.2.3 需求分析参考模板

1. 了解现有网络的现状

要了解现有网络的如下现状:

(1) 现有网络的类型和结构;

（2）IP 地址的配置方案；

（3）网络综合布线；

（4）网络安全体系；

（5）网络服务和应用系统；

（6）网络设备配置；

（7）网络的运行状况；

（8）网络管理。

2. 网络系统需求分析

网络系统需求分析主要是对新建网络系统如下需求进行分析：

（1）网络目标；

（2）网络规模；

（3）网络环境；

（4）与外部网络互连的方式；

（5）网络扩展性；

（6）网络设备。

3. 网络中心机房需求分析

网络中心机房是网络系统中信息的交换中枢，其需求分析的主要内容如下：

（1）机房环境；

（2）机房供电系统；

（3）机房防雷与接地保护系统；

（4）机房消防系统。

4. 综合布线需求分析

综合布线需求分析要明确以下内容：

（1）用户建网区域的范围与地理环境，建筑物的地理布局，各建筑物的具体结构；

（2）网络中心机房的位置，各建筑物内设备间的位置；

（3）信息点的数量和分布位置，网络连接的转接点分布位置；

（4）网络中各种线路连接的距离与要求；

（5）其他结构化综合布线系统中的基本指标。

5. 网络安全与管理需求分析

（1）网络安全性需求分析的主要内容如下：

①用户的敏感性数据及其分布情况；

②网络要遵循的安全规范，要达到的安全级别；

③网络用户的安全等级划分；

④可能存在的安全漏洞；

⑤网络设备的安全功能要求；

⑥网络系统软件、应用系统、安全软件系统的安全要求；

⑦防火墙系统、入侵检测系统、上网行为管理系统、防止拒绝服务攻击系统等配置方案。

（2）网络管理的需求分析如下：

①是否需要对网络进行远程管理，谁来负责网络管理，需要哪些管理功能；

②选择哪个供应商的网管软件,网管软件的功能是否满足实际需要;

③选择哪个供应商的网络设备,是否支持网管功能;

④怎样跟踪和分析处理网管信息,如何制定和更新网管策略。

6. 网络服务与应用需求分析

(1)网络建成后需要提供哪些服务功能(如电子邮件服务与 Web 服务)。

(2)有哪些业务需要应用到网络上。

7. 非功能性需求分析

(1)政策约束:政策约束的来源包括法律、法规、行业规定、业务规范、技术规范等。

(2)预算约束:对于预算不能满足用户网络需求的情况,应在统筹规划的基础上,将网络建设目标分解为多个阶段性目标,当前的预算仅完成当前阶段的建设目标。通过各个阶段性目标的实现,最终达到满足用户全部需求的目的。

(3)时间约束:预测能否在规定时间内完成相应的网络建设工作。

2.3　需求调查实训

▶需求调查实训指导

【实训任务】

某校计划建设一个计算机教室,计算机教室需要配备 50 台计算机、网络环境,以及相关课桌椅,主要用于图形设计课程的上机教学,主要课程包括"三维动画""平面设计""AutoCAD 设计"等,也要满足普通课程的教学功能。请你对该机房建设做一个需求调查,要求:

(1)根据实训内容中提供的企业需求调查模板填写需求调查表(表 2.1～表 2.6);

(2)调查对象是老师和同学;

(3)调查表要反映机房建设的真实需求。

【实训内容】

需求调查就是调查和研究客户的想法。要做好调查工作,我们需要去思考下列问题:

(1)客户都有哪些类型? 不同类型的客户关注的问题是否相同?

(2)客户的想法是否需要进行分类? 如何进行分类? 分类有什么作用?

(3)如何去调查和研究不同类型的客户的不同类型的想法?

需求调查前的准备工作:

(1)做好调查前使用资料的准备,如需求调查模板、各种调查表单以及需求调查问题列表等。

(2)制订好需求调查的计划,对需求调查中可能用到的资源进行一定的分配。

(3)准备好需求调查中所要使用到的工具。

需求调查方法:

(1)会谈、询问:围绕建设项目提出具体问题。

(2)调查表:经过仔细考虑的书面回答可能比会谈中的回答更加准确。

（3）收集、分析客户使用的各种表格、有关工作责任、工作流程、工作规范等文字资料。

（4）收集同类建设项目的方案，可做参考分析。

（5）情景分析：利用情景描述当前一项业务怎么做，也可以描述设想的系统中此项业务怎么做。

（6）可视化方法：结合情景分析，利用网络拓扑图、综合布线设计图、业务流程图、功能结构图等图形与客户进行讨论。

◀解释：业务需求
　包含的内容

2.3.1　需求调查表参考模板

1. 业务需求调查

业务需求调查表如表 2.1 所示。

表 2.1　业务需求调查表

调查项目	调查结果
企业组织结构（主要相关人员）	
企业与行业特点（如：业务活动类型）	
预测增长率（未来 3～5 年内）	
网络系统地理位置分布（包括各主要部分面积）	
现有可用资源（包括设备资源和数据资源两部分）	
关键时间点（项目的起止时间点）	
Web 服务与外网连接（外网连接类型和方式）	
网络的安全性	
远程访问需求	

◀解释：用户需求
　包含的内容

2. 用户需求调查

用户需求调查表如表 2.2 所示，信息点需求统计表如表 2.3 所示。

表 2.2　用户需求调查表

部门	岗位	调查项目	需求描述
		接入速率（局域网、广域网接入速率）	
		适应性（系统适应用户改变需求的能力）	
		响应时间	
		可用性（需要哪些网络服务）	
		安全性	
		可升级性	
		打印、传真和扫描业务	

表 2.3 信息点需求统计表

信息点类型	接入速率	数量	位置

◉解释:应用需求
包含的内容

3.应用需求调查

应用需求调查表如表 2.4 所示。

表 2.4 应用需求调查表

应用程序	位置	平均用户数	作用频率	平均事务大小	峰值时间	平均会话长度	是否实时
办公系统							
数据库系统							
邮件系统							
内网主要应用							
外网主要应用							

◉解释:计算机平台
需求包含的内容

4.计算机平台需求调查

计算机平台需求调查表如表 2.5 所示。

表 2.5 计算机平台需求调查表

部门	调查项目	当前应用需求	未来 3~5 年的应用需求
	期望的操作系统	Windows XP	
	内存镜像和阵列(RAID)	否	
	初始磁盘块数和容量配置	300GB	
	磁盘阵列类型和级别	否	
	服务器集群	否	
	第三方数据备份和冗余系统	否	
	网络存储系统	否	
	服务器容错系统	否	

5.网络需求调查

网络需求调查表如表2.6所示。

表2.6　网络需求调查表

功能需求项目	原网络使用情况	新系统的具体需求
网络管理系统	无	
服务器管理系统	无	
多核心系统	单核心	
入网认证	无	
VLAN、STP、RSTP、ACL	VLAN	
端口镜像和绑定支持	无	
三层路由	有	
配备防火墙	无	

2.4　了解工程建设项目立项流程

本节任务:了解项目立项的分类,理解项目立项的流程,懂得项目立项评审报告的填写方法。

2.4.1　项目立项的分类

项目立项分为审批、核准和备案三种。其中审批的手续办理最麻烦、备案最简单。

(1)项目审批:只适用于政府投资项目和使用政府性资金的企业投资项目。

①使用政府性资金投资建设的项目。

②国家机关的基本建设项目。

③城镇基础设施建设项目。

④经济适用住房、学生公寓。

(2)项目核准:适用于企业不使用政府性资金投资建设的重大项目、限制类项目。

①企业不使用政府性资金投资建设,列入《政府核准的投资项目目录》的投资项目。

②国家鼓励类、允许类,总投资额在1000万美元以下的外商投资项目。

(3)项目备案:对于大多数企业投资项目,政府将不再审批,而是由企业自主决策,按照属地原则向地方政府投资主管部门备案。除不符合国家法律法规的规定、产业政策禁止发展、需报政府核准或审批的投资项目外,其他基本建设投资项目一律实行备案。

2.4.2　项目立项的流程

1.项目审批

审批单位:政府。

审批制环节:一般要经过批准"项目建议书""可行性研究报告"和"开工报告"三个环节。

办理程序如图 2.1 所示。

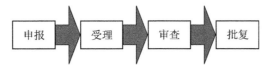

图 2.1　项目审批立项流程

备注:投资额 2000 万元以上建设项目转报省;外商投资项目投资额 1000 万美元以上转报省;需国家、省投资的建设项目转报省。

2.项目核准

核准单位:政府。

核准制环节:只要经过批准"项目申请报告"一个环节。

办理程序如图 2.2 所示。

图 2.2　项目核准立项流程

备注:投资额 2000 万元以上建设项目转报省;外商投资项目投资额 1000 万美元以上转报省;需国家、省投资的建设项目转报省。

3.项目备案

审核单位:企业。

审核制环节:只要经过批准"立项报告书"一个环节。

办理程序如图 2.3 所示,由企业内部决定。

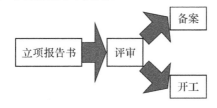

图 2.3　项目备案立项流程

备注:除不符合国家法律法规的规定、产业政策禁止发展、需报政府核准或审批的投资项目外,其他基本建设投资项目一律实行备案。投资额 5000 万元以上建设项目由省备案。

4.企业内部项目的立项流程

第一步：项目发起人填写"项目立项申请书"；

第二步：项目发起人将"项目立项申请书"提请评审委员会审议；

第三步：评审委员会评审"项目立项申请表"，并填写"项目立项评审报告"；

第四步：对于通过评审的项目，评审委员会召开协调会议，并正式指定项目负责人；

第五步：正式立项，进入招标流程。

5.评审委员会

评审委员会由各相关职能部门代表和技术专家组成，一般人数为单数。评审的目的是减小投资项目或承接项目的风险。评审的内容主要包括：

（1）项目的必要性；

（2）项目的可行性；

（3）项目的合理性；

（4）市场前景预测；

（5）投资与产出效益分析。

2.4.3 项目立项评审表格模板

该模板适用于企业内部项目立项评审。阅读附表 A、B、C、D 内容，回答下列问题：

（1）项目立项报告是否需要建档？

（2）立项评审未通过的项目，能否再次申请立项？

（3）评审会议要记录哪些内容？

（4）是否需要指出改进措施或建议？

卷号	
卷内编号	
密级	

项目立项评审报告

Version:

项　目　名　称:

项　目　编　号:

项 目 承 担 部 门:

撰 写 人 (签 名):

完　成　日　期:

本文档使用部门:■主管领导　　■项目组

　　　　　　　　□客户(市场)　□维护人员　□用户

评审负责人(签名):

评　审　日　期:

分类

(单位名称)

附表 A

评 审 表
内部正式评审

项目名称		项目负责人			
评审 组织者		评审实际日期			
		评审 时 间	开始		结束	
被评审的 关键内容					
评审意见和解决措施					
评审结论	☐　A:立项通过 ☐　B:立项未通过,另择时间评审 ☐　C:接受被评审的立项文档(小错误已经发现,必须改正,不必另行评审) ☐　D:不予立项				
修改完 成日期		评审结论 B 下次评审日期			
评审人 签　名					
评审意见 执行情况	(评审组织者填写评审意见的执行情况) 　　　　　　　　　　　　签字:　　　　　年　　月　　日				

附表 B

评 审 会 议 记 录

记录员：＿＿＿＿＿＿＿＿＿＿＿＿＿　　第＿＿＿页　共 ＿＿＿页

附表 C

评审会议签到表

序号	姓名	角色	部门	实到签名	备注
1					
2					
3					
4					
5					
6					
7					
8					
9					
10					
11					
12					
13					
14					
15					

填表说明：

（1）角色可以是设计者、质检员、评审员、记录员、评审组织者、管理人员、客户等，角色名应当反映其在评审会议中担任的职责。

（2）本表由评审组织者在会议前将所有参加人员的姓名、角色、部门填写完毕，并打印成纸质文档，放置在会议室入口处，由参与人员签名。

附表 D

评审准备情况表

评审员：_____

第_____页 共_____页

项目	发现的缺陷	缺陷位置	建议措施

2.5 工程建设项目立项实训

⊙项目立项实训指导

【实训任务】

某校计划建设一个计算机教室,希望得到上级领导和相关职能处室的支持,因此要撰写一份立项报告书。计算机教室需要配备 50 台计算机、Internet 网络环境,以及相关课桌椅。请你按照参考资料中的格式撰写立项报告书。

【实训步骤】

(1)以小组为单位参加实训,每小组 6~7 名学生,其中 1 名学生为组长。小组内每名学生都要完成一份"项目立项申请书",完成后小组内开展互评,评分标准如表 2.7 所示,并填写"小组合作学习评价表",如表 2.8 所示。

(2)每小组选拔出最佳的"项目立项申请书"参加班级的评审。

(3)班级成立评审委员会,委员会由每小组各派出 1 名代表和任课教师组成。项目立项评分标准参见表 2.7。

(4)各小组将"项目立项申请书"做成 PPT 文档,向评审委员会汇报立项申请情况。

表 2.7　项目立项评分标准

序号	评价项目	评价内容	分值	得分
1	立项申请书的总体格式要求	立项书的格式是符合规范要求?	20	
2	项目的意义和必要性	项目建设的理由是否充分?	15	
3	建设目标、思路	建设目标和思路是否清晰?	15	
4	主要建设内容	建设内容描述是否清楚?	20	
5	资金来源和年度资金安排	建设经费是否落实?	5	
6	建设具体实施计划	建设计划时间点是否清晰?	5	
7	预期效益分析	建设完成后将产生什么成效?	5	
8	保障措施	组织机构、人员分工是否明确?	5	
9	汇报人的语言表达	是否声音响亮、语言表达清楚、有说服力?	10	
合计			100	

表 2.8　小组合作学习评价表

实训项目名称				
小组编号		组长		
班级评价成绩(班级评审委员会依据立项评分标准评价的成绩)				
指导老师评价(根据本小组实训过程状况,并酌情加、减分)				
本小组实训成绩				
小组成员	组内互评排名	姓名	该成员的组内分工工作及完成情况	个人成绩
	1			
	2			
	3			
	4			
	5			
	6			
	7			
	8			
小组成员签名				

2.6　项目总结

在本项目中,我们了解项目立项的分类,理解项目立项的流程,懂得项目立项评审报告的填写方法,学会了撰写立项申请报告,了解了业主方的立项报告与承建方的立项报告的区别,知道了可行性分析和需求分析的侧重点的区别,并且设计与实施了一次需求调查。

2.7　习题

1. 项目立项申请书中应该包括哪些主要内容?
2. 需求分析与可行性分析的侧重点有什么不同?
3. 可行性分析工作先于需求分析工作,这句话对吗?请说明原因。
4. 项目审批与项目核准有什么不同?
5. 为什么评审委员会人数一般是单数?

6. 业主方立项申请报告与承建方立项申请报告有什么不同？

7. 项目审批、核准、备案各有什么不同？

8. 网络工程的需求分析主要包括哪些内容？

工程招投标

招投标是在相关法律法规之下进行的一种规范交易方式,其目的是为了实现公平交易,避免暗箱操作,从根本上保护买方、卖方的利益。对买方来说,通过招标,可以吸引和扩大投标人的竞争,以更低的价格,买到符合质量要求的产品和服务。对卖方来说,参加投标可以获得公平竞争的机会,以合理的价格出售合格的产品和服务。毫无疑问,诚信的买方、卖方都欢迎招投标这种规范的交易方式。

本项目的学习重点:

- 招投标的基本概念;
- 招投标的流程;
- 工程合同的格式;
- 撰写招标文件;
- 组织招投标事务。

在参与招投标、签订合同等活动时,我们要遵循国家的相关法律、法规,如系统集成资质管理办法、《招标投标法》《合同法》《政府采购法》等等。本项目中我们主要介绍招投标基本知识、法规、流程,了解如何组织招投标事务,如何起草招标文件。

3.1 认识招投标基本概念

本节任务:了解招标人、投标人、招标代理机构、招标方式等等招投标的基本知识,初步认识工程合同,以及政府采购等相关知识。

1. 招标人

招标人是指在招投标活动中以择优选择中标人为目的的提出招标项目、进行招标的法人或者其他组织。"法人"是指具有民事权利能力和民事行为能力,并依法享有民事权利和承担民事义务的组织,包括企业法人、机关法人和社会团体法人。"其他组织"是指不具备法人条件的组织,主要包括:法人的分支机构;企业之间或企业、事业单位之间联营,不具备法人条件的组织;合伙组织;个体工商户等。

"提出招标项目"是指根据实际情况和《招标投标法》的有关规定,提出和确定拟招标的项目,办理有关审批手续,落实项目的资金来源等。"进行招标"是指提出扶植方案,撰写或决定招标方式,编制招标文件,发布招标公告,审查潜在投标人资格,主持开标,组建评标委员会,确定中标人,签订合同等。这些工作既可由招标人自行办理,也可委托招标代理机构代而行之。即使由招标机构办理,也是代表了招标人的意志,并在其授权范围内行事,仍被视为是招标人"进行招标"。

如果建设单位(业主)作为招标人办理招标,应具备下列条件:

(1) 是法人或依法成立的其他组织;

(2) 有与招标工程相适应的经济、技术人员;

(3) 有组织编制招标文件的能力;

(4) 有审查投标单位资质的能力;

(5) 有组织开标、评标、定标的能力。

2. 招标代理机构

招标代理机构是依法设立、从事招标代理业务并提供相关服务的社会中介组织,包括政府招投标中心和具有资格的社会代理机构。政府招投标中心是各级财政部门下属的机构,社会代理机构是指各招标公司。招标人与招标代理机构之间是一种委托代理关系。

招标代理机构应当具备下列条件:

(1) 有从事招标代理业务的营业场所和相应资金;

(2) 有能够编制招标文件和组织评标的相应专业力量;

(3) 有符合可以作为评标委员会成员人选的经济、技术等方面的专家库。

从事工程建设项目招标代理业务的招标代理机构,其资格由国务院或者省、自治区、直辖市人民政府的建设行政主管部门认定。具体办法由国务院建设行政主管部门会同国务院有关部门制定。从事其他招标代理业务的招标代理机构,其资格认定的主管部门由国务院规定。招标代理机构与行政机关和其他国家机关不得存在隶属关系或者其他利益关系。

招标人有权自行选择招标代理机构,委托其办理招标事宜。任何单位和个人不得以任何方式为招标人指定招标代理机构。招标人具有编制招标文件和组织评标能力的,可以自行办理招标事宜。依法必须进行招标的项目,招标人自行办理招标事宜的,应当向有关行政监督部门备案。

【思考题】

招标人与招标代理机构的关系是怎样的?

3. 招标方式

招标分为公开招标和邀请招标。公开招标,是指招标人以招标公告的方式邀请不特定的法人或者其他组织投标。邀请招标,是指招标人以投标邀请书的方式邀请特定的法人或者其他组织投标。

(1) 公开招标。招标人采用公开招标方式的,应当发布招标公告。依法必须进行招标的项目的招标公告,应当通过国家指定的报刊、信息网络或者其他媒介发布。招标公告应当载明招标人的名称和地址、招标项目的性质、数量、实施地点和时间以及

◉解释:招标人与招标代理机构的关系

获取招标文件的办法等事项。

（2）邀请招标。国务院发展计划部门确定的国家重点项目和省、自治区、直辖市人民政府确定的地方重点项目不适宜公开招标的,经国务院发展计划部门或者省、自治区、直辖市人民政府批准,可以进行邀请招标。

招标人采用邀请招标方式的,应当向三个以上具备承担招标项目能力、资信良好的特定的法人或者其他组织发出投标邀请书。

【思考题】

公开招标和邀请招标各有什么好处?

4. 投标人

投标人是指响应招标、参加投标竞争的法人或者其他组织。投标人应当具备承担招标项目的能力;国家有关规定对投标人资格条件或者招标文件对投标人资格条件有规定的,投标人应当具备规定的资格条件。

◉解释:邀请招标和
公开招标的优点

两个以上法人或者其他组织可以组成一个联合体,以一个投标人的身份共同投标。联合体各方均应当具备承担招标项目的相应能力;国家有关规定或者招标文件对投标人资格条件有规定的,联合体各方均应当具备规定的相应资格条件。由同一专业的单位组成的联合体,按照资质等级较低的单位确定资质等级。联合体各方应当签订共同投标协议,明确约定各方拟承担的工作和责任,并将共同投标协议连同投标文件一并提交招标人。联合体中标的,联合体各方应当共同与招标人签订合同,就中标项目向招标人承担连带责任。招标人不得强制投标人组成联合体共同投标,不得限制投标人之间的竞争。

5. 合同

合同是指平等主体的双方或多方当事人(自然人或法人)关于建立、变更、终止民事法律关系的协议。合同有时也泛指发生一定权利、义务的协议,又称契约。经济合同是产生债权的一种最为普遍和重要的根据,故又称债权合同。《中华人民共和国合同法》所规定的经济合同,属于债权合同的范围。

（1）合同是双方的法律行为。即需要两个或两个以上的当事人互为意思表示(意思表示就是将能够发生民事法律效果的意思表现于外部的行为)。

（2）双方当事人意思表示须达成协议,即意思表示要一致。

（3）合同是以发生、变更、终止民事法律关系为目的。

（4）合同是当事人在符合法律规范要求条件下达成的协议,故应为合法行为。

合同一经成立即具有法律效力,在双方当事人之间就发生了权利、义务关系;或者使原有的民事法律关系发生变更或消灭。当事人一方或双方未按合同履行义务,就要依照合同或法律承担违约责任。

工程合同比普通合同复杂,在形式上,工程合同分为三部分:协议书、通用条款与专用条款。协议书是对双方就建设工程施工合同内容达成合意的书面确认,主要包括工程概况、承包范围、工期、质量标准、合同价款、合同文件的范围等基本内容。通用条款则是对双方合同权利义务的详细规定,可适用于各种不同的工程项目,具有相对固定性。专用条款则是合同双方针对特定工程项目所作特别约定,为当事人意思自治留下必要的空间。

由于建设工程合同的特殊性,国家对其合同文本的使用有较强的指导性,住建部等行政主管部门定期发布建设工程合同的示范文本,作为指导各建设工程发包人与承包人明确双方权利义务的主要参照,合同的示范文本能够到住建部网站中免费下载。

【思考题】

合同与协议有什么样的关系?

⟐合同与协议的定义

6. 投标技巧

投标书一般是由评标委员会进行审查的,评标委员会由业主方代表和评审专家组成,评审专家任务是在若干投标书中选出 1～2 份性价比最高的作为预中标对象,最终评标结果一般由业主方决定。由此看出,投标书的质量是影响能否中标的主因。高质量的投标书应该做好以下四件事:

(1) 注重与招标方的前期接触。利用关系技巧建立良好的客户关系,尽早了解业主方的招标信息。了解业主方的真实需求,抓住对项目有决定权、影响力大的人物的想法,在做投标书时即可"投其所好""命中要害"。通过前期的技术交流,可引导业主方倾向本公司擅长的技术路线和产品特点。

(2) 合理的报价。合理的报价的前提是精准的成本预算,每个投标报价都应依据成本、围绕投标策略定价,有时正常报价,有时微利报价,有时保本报价。方式虽然不同,但目的都是为了提高中标概率成为中标方,获取更多的利润,增强企业实力。

报价与中标概率有着非常密切的关系,如图 3.1 所示。

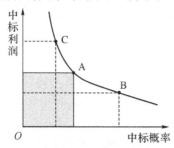

图 3.1　中标曲线

我们可以看出,C 点中标利润高,但中标概率低;而 B 点中标利润低,中标概率却高。可见,中标利润越高,中标概率越低,报价水平决定了中标概率。

投标单位必须十分重视对投标报价方法的研究和使用。投标报价技巧的作用体现在可以使实力较强的投标单位取得满意的投标成果,使实力一般的投标单位争得投标报价的主动地位。

(3) 严格依据招标文件编写投标书。招标书是业主方要求的全面反映,是该工程的权威性文件,投标书要严格遵照招标文件编写。要预测评审专家可能感兴趣的技术及指标,例如,在投标书中要突出技术先进性、性价比和合理性,施工进度要以快取胜。如果发现招标书上有缺陷或错误的,可以在技术偏离表上注明,并说明原因及解决方案,供评标委员会审查,这在评标时往往会得到加分。

（4）正确、全面引用相关的行业、国家及国际标准。要关心国家、行业技术标准更新动态，省标必须服从国家标准，无国家标准可参考国际标准。有些企业的投标书还在引用过时的标准，这反映了这些公司技术人员在平时不注意搜集、学习有关标准，往往因此被扣分而影响中标。

总之，参加投标应着眼长远，以信取胜、以价取胜、以快取胜、以创新取胜。

3.2 政府采购

政府采购，是指各级国家机关、事业单位和团体组织，使用财政性资金采购依法制定的集中采购目录以内的或者采购限额标准以上的货物、工程和服务的行为。政府采购不仅是指具体的采购过程，而且是采购政策、采购程序、采购过程及采购管理的总称，是一种对公共采购管理的制度，是一种政府行为。

政府采购的主体是政府，是一个国家内最大的单一消费者，购买力非常大。政府采购对社会经济有着非常大的影响，采购规模的扩大或缩小，采购结构的变化对社会经济发展状况、产业结构以及公众生活环境都有着十分明显的影响。正是由于政府采购对社会经济有着其他采购主体不可替代的影响，它已成为各国政府经常使用的一种宏观经济调控手段。

政府采购的采购方式有公开招标、邀请招标、竞争性谈判、单一来源采购、询价以及国务院政府采购监督管理部门认定的其他采购方式。

公开招标是政府采购的主要采购方式，公开招标与其他采购方式不是并行的关系。公开招标的具体数额标准，属于中央预算的政府采购项目，由国务院规定；属于地方预算的政府采购项目，由省、自治区、直辖市人民政府规定。因特殊情况需要采用公开招标以外的采购方式的，应当在采购活动开始前获得设区的市、自治州以上人民政府采购监督管理部门的批准。

1. 竞争性谈判

竞争性谈判，是指采购人或者采购代理机构直接邀请三家及以上供应商就采购事宜进行谈判的方式。竞争性谈判采购方式的特点是：

（1）可以缩短准备期，能使采购项目更快地发挥作用。

（2）减少工作量，省去了大量的开标、投标工作，有利于提高工作效率，减少采购成本。

（3）供求双方能够进行更为灵活的谈判。

（4）有利于对民族工业进行保护。

（5）能够激励供应商自觉将高科技应用到采购产品中，同时又能降低采购风险。

2. 单一来源采购

单一来源采购是指只能从唯一供应商处采购、不可预见的紧急情况、为了保证一致或配套服务从原供应商添购原合同金额 10% 以内等情形的政府采购项目，采购人向特定的一个供应商采购的一种政府采购方式。

由于单一来源采购只同唯一的供应商、承包商或服务提供者签订合同，所以就竞争态势而言，采购方处于不利的地位，有可能增加采购成本；并且在谈判过程中容易滋生索贿受贿现象。

除发生了不可预见的紧急情况外,采购人应当尽量避免采用单一来源采购方式。如果采购对象确实特殊,确有采取单一来源采购方式进行采购的必要,应当深入了解供应商提供的产品性能和成本,以便有效地与供应商就价格问题进行协商,尽量减少采购支出。

3. 询价

广义的询价,是指获得准确的价格信息,以便在报价过程中对工程材料(设备)及时、正确地定价,从而保证准确控制投资额、节省投资、降低成本。询查材料设备价格的方法有:造价信息(地区刊物)、电话询价、上网查询、市场调查、厂家报价、造价通等。询价时应该能尽可能多地提供预购的产品信息和数量等。

狭义解释的询价特指一种政府采购手段,即询价采购,是指询价小组根据采购人需求,从符合相应资格条件的供应商中确定不少于三家的供应商并向其发出询价单让其报价,由供应商一次报出不得更改的报价,然后询价小组在报价的基础上进行比较,并确定成交供应商的一种采购方式。

【思考题】

竞争性谈判与询价有什么区别?

◉竞争性谈判
与询价的定义

3.3　招投标流程

本节任务:分阶段介绍招投标的过程,详细介绍每一个环节的相关法规及注意事项。

按照招标人和投标人参与程度,可将公开招标过程粗略划分成招标准备阶段、招标投标阶段和决标成交阶段。招投标流程如图 3.2 所示。

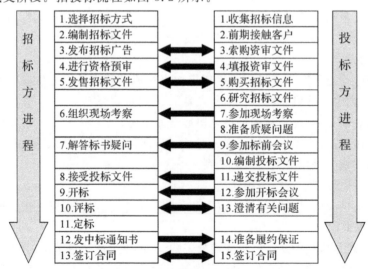

图 3.2　招投标流程

1. 招标准备阶段主要工作

招标准备阶段的工作由招标人单独完成,投标人不参与。主要工作包括以下几个方面。

(1) 选择招标方式:

① 根据工程特点和招标人的管理能力确定发包范围;

② 依据工程建设总进度计划,确定项目建设过程中的招标次数和每次招标的工作内容;

③ 按照每次招标前准备工作的完成情况,选择合同的计价方式;

④ 依据工程项目的特点、招标前准备工作的完成情况、合同类型等因素的影响程度,最终确定招标方式。

(2) 办理招标备案:招标人向建设行政主管部门办理申请招标手续。招标备案文件应说明以下内容:招标工作范围;招标方式;计划工期;对投标人的资质要求;招标项目的前期准备工作的完成情况;自行招标还是委托代理招标;等等。获得认可后才可以开展招标工作。

(3) 编制招标有关文件:招标准备阶段应编制好招标过程中可能涉及的有关文件,保证招标活动的正常进行。这些文件大致包括:招标广告、资格预审文件、招标文件、合同协议书,以及资格预审和评标的方法。

招标人应当根据招标项目的特点和需要编制招标文件。招标文件应当包括招标项目的技术要求、对投标人资格审查的标准、投标报价要求和评标标准等所有实质性要求和条件,以及拟签订合同的主要条款。

① 国家对招标项目的技术、标准有规定的,招标人应当按照其规定在招标文件中提出相应要求。

② 招标项目需要划分标段、确定工期的,招标人应当合理划分标段、确定工期,并在招标文件中载明。

③ 招标文件不得要求或者标明特定的生产供应者以及含有倾向或者排斥潜在投标人的其他内容。

④ 招标人根据招标项目的具体情况,可以组织潜在投标人踏勘项目现场。

⑤ 招标人不得向他人透露已获取招标文件的潜在投标人的名称、数量以及可能影响公平竞争的有关招投标的其他情况。招标人设有标底的,标底必须保密。

2. 招标投标阶段的主要工作内容

该阶段是从发布招标广告开始,到投标截止日期为止的时间。

(1) 发布招标广告:招标广告的作用是让潜在投标人获得招标信息,以便进行项目筛选,确定是否参与竞争。

(2) 资格预审:对潜在投标人进行资格审查,主要考察该企业总体能力是否具备完成招标工作所要求的条件。公开招标时设置资格预审程序,一是保证参与投标的法人或组织在资质和能力等方面能够满足完成招标工作的要求;二是通过评审优选出综合实力较强的一批申请投标人,再请他们参加投标竞争,以减小评标的工作量。

(3) 发售招标文件:招标文件通常分为投标须知、招标项目的性质和数量、技术规范、投标价格的要求及其计算方式、竣工或提供服务的时间、评标的标准和方法、决标成交阶段的日程安排、合同格式与主要合同条款等内容。网络系统集成工程招标书主要内容包括以下几点:

①工程建设的目的、目标和原则。由于网络技术发展迅速,网络设备更新换代很快,建什么网,建网的目的、目标是什么,建网应遵循什么原则都要经过深入调研才能确定。

②网络类型和网络拓扑结构。只有做好需求分析,明确建网要解决哪些问题,才能正确地选择网络技术和网络拓扑结构。

③确定设备选型和 Internet 接入方式选择的原则。

④确定系统集成商的资质等级、工程期限、投标保证金的数额、付款方式等。

(4) 现场考察:招标人在投标须知规定的时间组织投标人自费进行现场考察。设置此程序的目的,一方面是让投标人了解工程项目的现场情况、自然条件、施工条件以及周围环境条件,以便于编制投标书;另一方面也是要求投标人通过自己的实地考察确定投标的原则和策略,避免合同履行过程中他以不了解现场情况为理由推卸应承担的合同责任。

(5) 解答标书疑问:招标人对已发出的招标文件进行必要的澄清或者修改的,应当在招标文件要求提交投标文件截止时间至少十五日前,以书面形式通知所有招标文件收受人。该澄清或者修改的内容为招标文件的组成部分。招标人应当确定投标人编制投标文件所需要的合理时间;依法必须进行招标的项目,自招标文件开始发出之日起至投标人提交投标文件截止之日止,最短不得少于二十日。

招标人对任何一位投标人所提问题的回答,必须发送给每一位投标人以保证招标的公开和公平,但不必说明问题的来源。回答函件作为招标文件的组成部分,如果书面解答的问题与招标文件中的规定不一致,以函件的解答为准。

(6) 投标:投标人应当按照招标文件的要求编制投标文件。投标文件应当对招标文件提出的实质性要求和条件给出响应。投标时必须在要求提交投标文件的截止时间前将投标文件送达投标地点,并按要求携带相关资格文件的原件或复印件,如营业执照、计算机信息系统集成资质等级证书、认证工程师的认证和授权委托书等。招标人收到投标文件后,应当签收保存,不得开启。超过截止时间后送达的投标文件,招标人应当拒收。投标人少于三个时,招标人应当重新招标。

投标人在招标文件要求提交投标文件的截止时间前,可以补充、修改或者撤回已提交的投标文件,并书面通知招标人。补充、修改的内容为投标文件的组成部分。

投标文件应以先进的方案、优质的产品或服务、合理的报价、良好的售后服务等为成功中标打下基础。网络系统集成工程投标书主要内容一般包括以下几点:

①投标公司自我介绍;

②授权委托书;

③投标方案论证、介绍;

④投标报价(明细和汇总);

⑤项目人员;

⑥培训与售后服务承诺;

⑦资格文件等;

⑧投标保证金。

3. 决标成交阶段的主要工作内容

从开标日到签订合同这一期间称为决标成交阶段,是对各投标书进行评审比较,最终确定中标人的过程。

（1）开标：在投标须知规定的时间和地点由招标人主持开标会议，所有投标人均应参加，并邀请项目建设有关部门代表出席。开标时，由投标人或其推选的代表检验投标文件的密封情况。确认无误后，工作人员当众拆封，宣读投标人名称、投标价格和投标文件的其他主要内容。所有在投标致函中提出的附加条件、补充声明、优惠条件、替代方案等均应宣读，如果有标底也应公布。开标过程应当记录，并存档备查。开标后，任何投标人都不允许更改投标书的内容和报价，也不允许再增加优惠条件。投标书经启封后不得再更改招标文件中说明的评标、定标办法。

（2）评标：评标由招标人依法组建的评标委员会负责，是对各投标书优劣的比较，以便最终确定中标人。评标委员会由招标人的代表和有关技术、经济等方面的专家组成，成员人数为五人及以上的单数，其中技术、经济等方面的专家不得少于成员总数的三分之二。评标专家应当从事相关领域工作满八年并具有高级职称或者具有同等专业水平，由招标人从专家名册或者专家库内的相关专业的专家名单中确定；一般招标项目可以采取随机抽取方式，特殊招标项目可以由招标人直接确定。

对评标委员会成员的其他要求：

①与投标人有利害关系的人不得进入相关项目的评标委员会，已经进入的应当更换。

②评标委员会成员的名单在中标结果确定前应当保密。

③评标委员会成员应当客观、公正地履行职务，遵守职业道德，对所提出的评审意见承担个人责任。

④评标委员会成员不得私下接触投标人，不得收受投标人的财物或者其他好处。

大型工程项目的评标通常分成初评和详评两个阶段进行。初评是指评标委员会以招标文件为依据，审查各投标书是否为响应性投标，确定投标书的有效性。如果投标文件与招标文件实质性要求和条件响应存在重大偏差，应予淘汰。详评通常分为两个步骤进行。一是对各投标书进行技术和商务方面的审查，评定其合理性，以及可能给招标人带来的风险。二是必要时可以单独约请投标人对标书中含义不明确的内容做必要的澄清或说明，但澄清或说明不得超出投标文件的范围或改变投标文件的实质性内容。澄清内容也要整理成文字材料，作为投标书的组成部分。

（3）评标报告：在对标书审查的基础上，评标委员会依据评标规则量化比较各投标书的优劣，并编写评标报告。评标委员会经评审，认为所有投标都不符合招标文件要求的，可以否决所有投标。依法必须进行招标的项目的所有投标被否决时，招标人应当重新招标。

评标委员会经过对各投标书评审后向招标人提供的结论性报告，作为定标的主要依据。评标报告应包括：

①评标情况说明；

②对各个合格投标书的评价；

③推荐合格的中标候选人。

（4）定标：确定中标人前，招标人不得与投标人就投标价格、投标方案等实质性内容进行谈判。招标人应该根据评标委员会提出的评标报告和推荐的中标候选人确定中标人，也可以授权评标委员会直接确定中标人。

中标人的投标应当符合下列条件之一：

①能够最大限度地满足招标文件中规定的各项综合评价标准；

②能够满足招标文件的实质性要求，并且经评审的投标价格最低，投标价格必须高于成本价格。

（5）中标通知书：中标人确定后，招标人向中标人发出中标通知书，同时将中标结果通知未中标的投标人并退还他们的投标保证金或保函。中标通知书对招标人和中标人具有法律效力，中标通知书发出后，招标人改变中标结果的，或者中标人放弃中标项目的，应当依法承担法律责任。招标文件要求中标人提交履约保证金的，中标人应当提交。

（6）签订合同：系招标人和中标人应当在中标通知书发出之日起的 30 日内，按照招标文件和中标人的投标文件订立书面合同。招标人和中标人不能再订立背离合同实质性内容的其他协议。招标文件要求中标人提交履约保证金的，中标人应当提交。

①中标人应当按照合同约定履行义务，完成中标项目。

②中标人不得向他人转让中标项目，也不得将中标项目肢解后分别向他人转让。

③中标人按照合同约定或者经招标人同意，可以将中标项目的部分非主体、非关键性工作分包给他人完成。接受分包的人应当具备相应的资格条件，并不得再次分包。

④中标人应当就分包项目向招标人负责，接受分包的人就分包项目承担连带责任。

依法必须进行招标的项目，招标人应当自确定中标人之日起十五日内，向有关行政监督部门提交招标投标情况的书面报告。

3.4 招投标案例

本节任务：通过本案例项目，我们要了解招标文件、投标文件的一般格式。

×××职业技术学院委托×××招标有限公司对新建学生公寓综合布线项目及其相关服务于国内公开招标。

×××学院学生宿舍楼综合布线系统招标文件

一、投标邀请函

×××招标有限公司（以下简称招标公司）受×××职业技术学院的委托，对其新建学生公寓内部综合布线项目及其相关服务以国内公开招标的方式进行政府采购，欢迎符合条件的合格投标人参加投标。

1. 对投标人的基本要求：

（1）注册于中华人民共和国境内，具有独立承担民事责任能力的法人。

（2）与采购人、采购人就本次招标的货物委托的咨询机构、招标代理机构以及上述机构的附属机构没有行政或经济关联。

（3）遵守国家法律、法规和浙江省财政厅及招标代理机构有关招标的规定。

（4）具有良好的商业信誉和健全的财务会计制度。

（5）具有履行合同所必需的专业技术和设备供应能力。

（6）有依法缴纳税收和社会保障资金的良好记录。

（7）参加本次采购活动前三年内，在经营活动中没有重大违法记录。

（8）已购买招标文件并在招标代理机构登记备案的。

（9）法律、行政法规规定的其他条件。

2.招标文件售价：每套 200 元人民币，售后不退（如欲邮购另加邮费 50 元人民币，招标公司对邮寄过程中的遗失或延误不负责任）。

3.招标文件发售时间、地点（以下均为北京时间）：自 2012 年 03 月 29 日起至自 2012 年 05 月 30 日，每天上午 9:00 至 11:30，下午 14:00 至 17:00 在××市政府采购市场 1 楼大厅发售（节假日除外）。

4.踏勘现场安排：本项目定于 2012 年 05 月 16 日上午 10:00 在××职业技术学院北门门口集合统一组织踏勘现场。

5.投标人如需对本招标文件提出询问或如有需要澄清（或现场答疑）的疑问，请于自 2012 年 05 月 09 日 9:00 前与招标公司联系（技术方面的询问请以信函或传真的形式提出）。

6.递交投标文件时间和地点：自 2012 年 05 月 30 日下午 13:40—14:30 在车站路 1 号政府采购市场 2 楼 1 号开标室。

7.递交投标文件截止时间和开标时间：2012 年 05 月 31 日下午 14:30。逾期收到的投标文件恕不接受。

8.投标和开标地点：××市政府采购市场 2 楼 1 号开标室。

9.联系方式：（略）

二、综合布线建设需求情况

A 区宿舍楼，布线房间数达 246 间，其中网络信息点数共 2952 个，视频点数 1 个。初步设计为每间宿舍包含 4 个网孔，3 个照明灯开关，1 个风扇开关，3 个电源插座，以及 1 个电源总控开关。网络信息点数部分由公司提出建设方案并施工，信息点的具体位置根据图纸中标注确定。

1.系统组成

×××职业技术学院 A 区宿舍楼共有六层。依据此次布线对象的特点，布线系统将包含以下子系统：

（1）工作区子系统（即每间宿舍）；

（2）水平子系统；

（3）垂直子系统；

（4）管理子系统；

（5）设备间子系统。

综合布线作为楼内网络、图像通信等信息系统的传输媒体，将系统建成一套先进、完善的宿舍楼配线系统，为各种应用包括语音、数据等提供介入方式和配线，以满足宿舍楼信息化的需要。宿舍平面布线路由如图 3.3 所示。

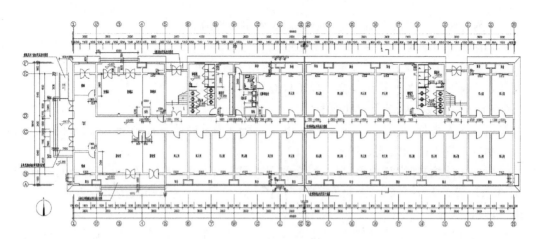

图 3.3　宿舍平面布线路由图

2.建设目标

为满足住宿学生的需求,该布线系统在性能上应实现以下目标:

(1) 满足宿舍楼内计算机网络系统对布线的需求。能兼容话音、数据、视频的传输,并可与外部网络进行连接。

(2) 系统为开放式结构,能支持多种计算机数据系统。

(3) 系统网络采用星型结构,以支持目前和将来各种网络的应用。通过跳线和不同的网络设备,可以实现各种不同逻辑拓扑结构的网络。

(4) 能满足灵活应用的要求。

(5) 在大楼内除去固定于建筑物内的线缆外,其余所有的接插件都应是模块化的标准件,以方便管理和使用。

(6) 新建的系统可扩充,以便将来有更大的发展时能很容易地将设备扩展进去。

3.设计原则及指标

(1) 设计原则:

①适用性——本设计从该系统能提供综合服务这一基本功能出发,主要满足以下诸项对布线系统的需求并且能够适应未来网络通讯技术的发展需求。

● 信息综合计算机网络系统;

● 能支持各种数据通信、多媒体技术以及信息管理系统等,并且能够适应现代和未来技术的发展,保证 15～25 年不落后。

②灵活性——本设计能满足楼内各种通信设备的功能要求,适应不同类型的设备。

③可扩展性——实施后的结构化布线系统扩展,以便能适应网络发展的需要。

④开放性——即能支持任何厂家的任意网络产品,任意网络结构(总线型、星型、环型等)。

(2) 总体指标:

①为用户提供的所有线缆及布线装置完全满足技术规格书的要求。

②线缆及布线装置运行安全可靠并且维护操作方便。

③所设计的所有线缆及布线装置在安装使用后的电器寿命及使用寿命均达到 25 年以上。

（3）工作区子系统。

①综合布线产品选择：建议综合布线网络部分产品采用 5E 类线缆和模块为宜，语音部分采用普通电话线缆，该部分由中国电信负责实施，其余部分网络产品选用性价比高的。

②其他一些地方根据各自的使用功能相应设置一定数量的信息点。

③双绞线信息插座选用非屏蔽模块化超五类信息插座，配标准 86 型英式双口面板，带防尘盖。

④用户端连接软线采用非屏蔽超五类快速跳线。

⑤信息插座应在内部做模块连接。

（4）综合布线系统材料：请按 IBDN 系列等产品进行设计施工。

（5）弱电线槽：均由学校提供并安装（含墙壁内暗埋管道），公司使用上述材料进行布线施工。

三、对投标单位的要求

1. 符合以下条件的投标人即为合格的投标人

（1）在中华人民共和国工商管理部门注册具有企业法人资格，并具备招标文件所要求的资格、资质。

（2）提供的资格、资质证明文件真实有效。

（3）向×××招标有限公司购买了招标文件并登记备案。

（4）在以往的招标活动中没有违纪、违规、违约等不良行为。

（5）遵守《中华人民共和国招标投标法》《中华人民共和国政府采购法》及其他有关的法律法规的规定。

2. 投标文件的有效期

自提交投标文件之日起 90 日内。

3. 投标费用

各投标人自行承担所有参与招标的有关费用。

4. 保证金

（1）投标人在递交投标文件的同时，需提交人民币 5000 元的投标保证金，没有交纳保证金的投标人，投标文件不予接受。

（2）保证金以支票、汇票、现金的形式交纳（不接受现金支票、承兑汇票以及银行保函等）。

（3）未中标投标人的保证金，在公布中标结果后无息退还。中标者的投标保证金在签订合同且验收合格后一周内无息退还。

（4）下列任一情况发生时，投标保证金将不予退还：

①投标人在招标文件规定的投标有效期内撤回其投标；

②在投标文件中有意提供虚假材料；

③中标人拒绝在中标通知书规定的时间内签订合同；

④中标人未能在招标文件规定提交履约保证金；

⑤未按招标文件规定按时向招标代理机构交纳中标服务费。

5.无效的投标

（1）未按本部分《报价文件的编写》的要求（密封、签署、盖章）提供报价文件。

（2）提供的有关资格、资质证明文件不真实，提供虚假投标材料的。

（3）未向招标机构交纳足额投标保证金的。

（4）公开唱标后、投标人撤回投标，退出招标活动的。

（5）投标人串通投标的。

（6）投标人向招标机构、用户、专家提供不正当利益的。

（7）中标人不按规定的要求签订合同。

（8）法律、法规规定的其他情况。

投标人有上述行为之一的，招标机构将严格按照《中华人民共和国招标投标法》《中华人民共和国政府采购法》及有关法律、法规、规章的规定行使其权利。给招标机构造成损失的，招标机构有索赔的权利。给用户造成损失的，应予以赔偿。

四、工作进度

1.招标工作

计划于 2012 年 03 月 29 日起至自 2012 年 05 月 31 日期间完成。

2.布线施工

计划于 2012 年 6 月 2 日至 2012 年 8 月 26 日前完成。

五、投标方案内容要求

（1）方案报价：采用统一包干方式报价（见表 3.1），施工结算中如与表 3.1 中数量有少量变动，则按布线实际点数进行结算。

表 3.1　包干方式报价

名称	数量	单价/(元/点)	总价/元	备注
网络信息点	984 个			施工结算中如有少量变动，则按布线实际点数进行结算
视频点	2 个			施工结算中如有少量变动，则按布线实际点数进行结算
合计				

注：此表实行价格包干，价格中含安装、调试及少部分辅助材料等。

（2）综合布线平面布线路由图：请明确 CAD 图纸的设计。如学校已有相关设计，请在此图基础上设计施工。

（3）拓扑结构图。

（4）投标单位须提供有效的工商营业执照、税务登记证件及相关资质复印件。

（5）投标公司必须提交投标确认书（盖公章），表明认可我校需求书上的内容，并对所提供的投标书中内容负责。

（6）售后服务：投标单位须提供详尽的、切实可行的质保、售后服务承诺书。

（7）投标书请密封并加盖单位公章，一式四份。

①货物制造厂家的投标授权书原件(投标人为贸易公司时提供)。

②项目涉及的专利产品,必须提供专利权人的产品销售授权书原件和专利证书复印件。

③生产厂家商标注册证书复印件。

④产品彩页原件 2 份。注:投标厂家必须承诺所提供设备必须达到或超出投标设备所对应的产品样册确定的指标。

⑤必须提供 GB 50311—2016《综合布线系统工程设计规范》和 GB/T 50312—2016《综合布线系统工程验收规范》两个国家标准以及 Word 电子版。

(8)服务相关要求:

①投标要求:本项目为交钥匙工程,所有设施设备、线槽防护等安装相关材料均由中标单位负责提供,所涉及的全部费用包含在投标总报价内。

②报价人提供的商品的技术规格应该符合标书技术要求。如在"技术规格偏差表"中未明确说明具体偏差,则等同于报价方声明投标设备完全符合标书技术要求。

③免费送货安装调试,每种类型设备提供 2 个以上名额的人员培训,确保受训人员能够独立熟练地进行操作、能够独立完成基本的维护保养和维修。

④供应商应具备完善的售后服务体系,有固定的售后服务机构并有能力及时处理所有可能发生的故障。

六、开标、评标和定标

1.公开报价

(1) 开标时间:按本招标文件第一部分"投标邀请函"规定的时间。

(2) 开标地点:按本招标文件第一部分"投标邀请函"规定的地点。

(3) 检查招标文件密封情况:由投标人授权代表检查投标文件的密封情况,也可以由招标人委托的公证机构检查并公证,并请各投标人授权代表签字确认。

(4) 唱标:密封情况经确认无误后,由招标工作人员对投标人的投标文件当众拆封,并宣读"开标一览表"。

2.评标委员会

×××有限公司将根据本项目的特点依法组建评标委员会,其成员由招标人和有关技术、经济等方面的专家组成,成员人数为 5 人以上(含 5 人)的单数。其中,技术、经济等方面的专家不得少于成员总数的三分之二。

评标委员会独立履行下列职责:

(1) 审查投标文件是否符合招标文件要求,并做出评价。

(2) 要求投标人对投标文件有关事项做出解释或者澄清。

(3) 推荐中标候选投标人名单,或者受招标人委托按照事先确定的办法直接确定中标投标人。

(4) 向招标单位或者有关部门报告非法干预评标工作的行为。

3.评标原则和评审办法

(1) 评标原则:"公开、公平、公正、择优、效益"为本次招标的基本原则,评标委员会按照这一原则的要求,公正、平等地对待各投标人。同时,在评标过程中遵守以下原则:

①客观性原则:评标委员会将严格按照招标文件要求的内容,对投标人的投标文件进行

认真评审。评标委员会对投标文件的评审仅依据投标文件本身,而不依靠投标文件以外的任何因素。以招标文件的要求为基础,对有利于招标人的改进的设计方案,在不提高报价的前提下可以考虑或接受。

②统一性原则:评标委员会将按照统一的原则和方法,对各投标人的投标文件进行评审。

③独立性原则:评审工作在评标委员会内部独立进行,不受外界任何因素的干扰和影响,评标委员会成员对出具的专家意见承担个人责任。

④保密性原则:评标委员会成员及有关工作人员将保守投标人的商业秘密。

⑤综合性原则:评标委员会将综合分析评审投标人的各项指标,而不以单项指标的优劣评定中标人。

(2) 评审办法:本次招标采用综合评分法,评标委员会成员在最大限度地满足招标文件实质性要求前提下,按照招标文件中规定的各项因素进行综合评审后,以评审总得分最高的投标人作为预中标人或中标人。

(3) 评审程序:本次公开招标根据财政部《政府采购货物和服务招投标管理办法》及财库〔2007〕2号文件的相关规定采用综合评分法进行评标。评标严格按照招标文件的要求和条件进行。通过评定积分办法确定中标人或预中标人。相同积分的;选择报价低的投标人。积分与报价均相同的情况下,按技术方案的优劣确定中标人或预中标人。不能满足招标文件中对资质、产品配置、技术性能参数要求的,评委不予考虑或根据实际情况酌情扣分。报价超出采购预算的,不列入报价评分范围内且报价得分为0分。评审程序如下:

①初步评审,确定合格的投标人;

②投标文件的澄清;

③比较与评价。

综合评分法的评分因素、分值(各项因素分值之和为100)。

本次招标采用综合评分法,谈判小组成员在最大限度地满足采购文件实质性要求前提下,按照采购文件中规定的各项因素进行综合评审后,以评审总得分最高的供应商作为成交供应商。

评分标准如表3.2所示。

表3.2 评标评分标准

评分项目		分数	评分办法
价格部分 (30分)	投标报价	30分	最终报价等于评标价的为30分,投标报价得分=(评标基准价/投标报价)×30。评标价的计算方法:有效标书的最低报价即为评标价。报价超过预算得0分,为非有效标书,不列入评标价的计算范围
商务部分 (25分)	企业类似 业绩经验	10分	自2009年以后(含2009年)的合同金额在50万元以上(含50万元)的同类项目销售合同,每项得2分。最高得10分,加满为止。以合同原件为准,同时报价文件中提供复印件,否则该项不得分
	售后服务	15分	在满足标书要求的前提下,免费保修时间每提高一年给予5分加分,最高加15分

续表

评分项目		分数	评分办法
技术部分 （45 分）	技术响应 程度	30 分	技术指标完全满足采购文件的要求，各种技术参数、性能及服务质量最优得 28～30 分
			技术指标基本满足采购文件要求但有细微偏差得 24～27 分
			技术指标偏离较大的得 15～23 分
			技术指标主要参数不能满足要求的作无效投标处理
		5 分	技术指标优于采购文件的，每项加 1 分，满分 5 分
	设备及 服务质量	10 分	在××省内有常设服务机构，并具备相应的服务能力（提供相关证明材料原件，同时报价文件中提供复印件，否则不得分）得 5 分
			售后服务承诺优于招标文件规定的，给予 0～5 分的加分

对所有合格供应商的最终得分进行排序，确定得分最高的供应商为成交供应商。

注 1：以上商务评分中的企业业绩材料必须于开标前提交原件，没有提交原件的对应项不得分。所有原件应与报价文件同时递交至开标地点，开标后提交的材料不予接受。供应商须在报价文件中同时附有以上原件的复印件。

注 2：当评审委员会成员为 5 人或 5 人以上单数时，评审委员会对每个有效投标人的标书进行打分，在汇总计算各投标人技术评分时，将去掉各评委打分的最高分和最低分。

注 3：为有助于对招标相应文件的审查、评比，招标人保留派人对投标人包括（但不限于）类似业绩、技术力量、设备、施工管理、在建或已竣工项目质量、企业信誉等内容进行考察的权利，考察时，投标人应予配合、支持，考察费用由招标人承担。如考察情况与投标文件不符，招标人有权取消中标人的中标资格。

（4）中标通知书：评标结束后，由×××招标有限公司向中标人签发"中标通知书"。

七、合同授予

1. 签订合同

"中标通知书"发出后七个工作日内，由用户和中标人签订合同。合同签订的内容不能超出招标文件、评标过程中的补充承诺、最终书面投标的实质性内容。

2. 合同格式（附后）

合同一式四份，用户、中标人双方签字盖章后生效。用户执两份，中标人、招标机构各执一份。

3. 履约保证金

具体由用户与中标方在合同中约定。

八、验收和付款

整个工程结束后，三个工作日内组织验收，验收合格后是十个工作日内向供方支付合同款的 90％，余款在正常运行（自验收合格之日起开始计算）六个月后的十个工作日内付清。

九、附件

投标函

×××招标有限公司：

我方经研究本项目招标文件、招标文件补充、修改通知、投标答疑纪要等所有内容后，决定参加（项目编号：ZJSITC-0185006）×××职业技术学院 A 区宿舍楼综合布线项目的投标活动并提交投标文件，投标报价以《开标一览表》为准。为此，我方郑重声明以下诸点，并负法律责任。

1. 根据招标文件的规定，承诺按标书和合同的规定执行责任和义务。

2. 我方已详细审核全部招标文件，包括修改文件（如果有的话）及有关附件，我方完全知道必须放弃提出含糊不清或误解而对招标文件提出质疑的权力。

3. 我方所投标项填列的技术参数、配置、服务、数量等相关内容都是真实、准确的。

4. 我方保证在本次招标项目中所提供的资料全部真实和合法。

5. 我方保证所供货物质量符合国家强制性规范和标准，达到招标文件规定的要求。

6. 我方保证绝不采取不正当手段诋毁排挤其他投标人。

7. 我方保证绝不向招标人、采购单位有关工作人员提供不正当利益，以影响采购结果的公正性。

8. 我方同意提供按照贵方可能要求的与投标有关的一切数据或资料等。

9. 如果我方在开标后规定的投标有效期内撤回投标的，同意投标保证金不予退还。

10. 我方理解贵方将不受你们所收到的最低报价或其他任何投标文件的约束。

地　　　址：

邮政编号：

电　　话：

传　　真：

开户单位：

开户银行：

账　　号：

投标人代表姓名、职务：

投标人全称（印章）：

法定代表人签字：

日　　期：

开标一览表

序号	项目名称	品牌、型号和规格	数量	制造商名称和国籍	单价/万元	交货期	质保期
标项总价(大写)							

注:1.本项目为交钥匙工程,所报价格应为含税全包价。

2.本表可按相同格式自行扩展。

投标报价明细表

序号	名称	品牌、型号规格	单位	单价/万元	数量	小计
1						
2						
3						
4						
5						
6						
合计						

注:1.本表为开标一览表的报价明细表,合计价应与开标一览表的投标单价相符。

2.本表可以相同格式扩展。

投标人:(盖章)   投标人全权代表:(签字)

投标人:(盖章)   投标人全权代表:(签字)

法人代表授权委托书

本授权委托书声明：我（姓名）系（投标人名称）法定代表人，现授权委托我公司的 _____（姓名、职务或职称）为我单位本次项目的全权代表，以本公司的名义参加（公司名称）组织的招标活动，全权代表在参加 ____（项目名称）项目过程中所签署的一切文件和处理与之有关的一切事务，我均予以承认。

全权代表无权转让委托权。特此委托。

（附全权代表身份证复印件）

全权代表姓名：　　　　　　性别：　　　　　年龄：

单位：　　　　　　　　　　部门：　　　　　职务：

投标人（公章）：

法定代表人签字：

日　期：　　　年　　月　　日

投标人情况表

投标人全称		主要业务	
企业资质	1. 等级： 2. 证书号： 3. 发证单位：		
营业执照	1. 编号： 2. 营业范围： 3. 发证单位：		
建立日期		现有职工 总人数/人		固定资产净值/ 万元	
法定代表	1. 姓名： 2. 职务： 3. 职称：		
技术负责人	1. 姓名： 2. 职务： 3. 职称：		
联系方式	1. 地址： 2. 联系人： 3. 职务： 4. 邮编： 5. 电话： 6. 传真：		
开户银行	1. 名称： 2. 账号：		
下属施工单位简况 （个数、专业、年完成 工程量等）			
组织机构框图			

说明：应附营业执照、资质证书、安全许可证清晰复印件。

投标单位：（公章）

填表日期：

投标设备详细配置清单和技术偏离表

项目编号：

项目名称：

序号	招标文件要求 （根据标书内要求复制）	投标响应	备注
1	招标文件技术要求	请填写投标产品技术指标对应详细描述（包含但不仅限：品牌、型号、技术参数、功能、配置、数量等）	
2	售后服务要求		
3	保修期要求		
4	安装工艺要求		
5	验收方式要求		
6	付款方式要求		
7	到货期要求		
8	……		

注：1. 此表须与招标文件"招标项目说明及要求"相应标项内的所有技术规格（含技术、功能、配置、附加必备条件、售后服务、安装、验收、付款方式等）相比较且一一对应，真实逐条填列。

2. 投标人递交的技术规格书中必须真实逐条列明，否则由投标人自行承担相关风险。

3. 本表可按相同格式自行扩展。

投标人：（盖章）

投标人全权代表：（签字）

投标人业绩一览表

（仅限自 2009 年以来的业绩）

序号	用户名称	项目名称/货物规格、型号	金额	联系人	联系电话	备注
1						
2						
3						
4						
5						

注：提供相应合同原件及复印件（附标书中）；本表可以相同格式扩展。

投标人：（盖章）

投标人全权代表：（签字）

合同格式

甲方:＿＿＿＿＿＿＿＿＿＿＿＿＿＿＿＿＿＿＿＿＿

乙方:＿＿＿＿＿＿＿＿＿＿＿＿＿＿＿＿＿＿＿＿＿

根据《中华人民共和国合同法》《中华人民共和国政府采购法》《计算机信息系统集成资质管理办法(试行)》及相关法律法规的规定,甲乙双方在平等、自愿、公平、协商一致的基础上,就甲方委托乙方提供计算机信息系统集成服务的有关事宜达成如下协议:

第一条 合同产品

＿＿＿＿＿＿＿＿＿＿＿＿＿＿＿＿＿＿＿＿＿＿＿＿＿＿＿＿＿＿＿＿＿＿

第二条 货物及数量

本合同所提供的货物及数量详见本合同附件一＿＿＿＿＿＿＿＿＿＿报价明细表。

第三条 合同的组成部分

本合同所附下列文件是构成本合同不可分割的部分:

1.合同书。

2.合同附件。

以下文件作为本合同文件的附件,是本合同文件不可分割的组成部分,享有同等的法律效力。

附件一:＿＿＿＿＿＿＿＿＿＿报价明细表。

第四条 合同价款及付款方式

1.合同价款总额为＿＿＿＿＿＿＿＿(大写:＿＿＿＿＿＿＿＿＿),币种为＿＿＿＿＿＿。

2.付款方式和期限:＿＿＿＿＿＿＿＿＿＿＿＿＿＿＿＿＿＿＿＿＿＿＿＿＿＿＿＿

＿＿＿＿＿＿＿＿＿＿＿＿＿＿＿＿＿＿＿＿＿＿＿＿＿＿＿＿＿＿＿＿＿＿＿＿＿＿＿

＿＿＿＿＿＿＿＿＿＿＿＿＿＿＿＿＿＿＿＿＿＿＿＿＿＿＿＿＿＿＿＿＿＿＿＿＿＿。

第五条 交货期及方式

1.自合同签订之日起＿＿＿日内,首先完成＿＿＿＿＿＿＿＿＿的安装并运行;3个月内完成合同的全部内容,6个月内系统验收。

2.货到后当日由甲方组织人员按产品报价清单对产品型号、数量进行清点,如无异议,甲方应向乙方出具书面的由其签字并加盖甲方公章的收货单。

3.如出现随机配件短缺,甲方有权要求乙方在5个工作日内补齐。

第六条 安装和调试

1.乙方应保证在进行产品交付后,即日开始安装和调试工作,并对甲方人员进行现场技术指导,保证使产品功能达到投标书内技术方案的要求。

2.在安装调试的过程中,甲方应提供各种配合条件和所需称职的技术人员和辅助人员,在乙方技术人员的指导下配合乙方进行安装、调试和其他辅助工作。

3.土建、外观、防水等的施工由乙方承担;内部的安装及技术标准、相关数据由乙方提供技术支持,并实施质量监督。

第七条 信息系统交付和验收

(一)交付

1.乙方应当按照本合同及附件约定的内容进行交付,所交付的文档与文件应当包括纸质及电子版式并可供阅读。

2.乙方应当在每项交付[_____]个工作日前以书面方式通知甲方,甲方应当在接到通知后及时安排交付事宜。

3.因甲方原因导致交付不能按时进行的,乙方可相应顺延交付日期,造成乙方损失的,甲方应当承担赔偿责任。

(二)硬件设备检验

硬件设备交付后[_____]个工作日内,甲乙双方应当共同对设备的规格、数量、_____
_____等状况进行检验,并记录检验情况。如交付的硬件设备与约定不符的,乙方应当及时予以更换或补足并重新提交检验。

(三)阶段性验收

阶段性验收是对本项目_____(功能模块/阶段性工作成果)所进行的验收。阶段性验收时,双方应当在[_____]个工作日内根据约定的要求进行验收。经验收合格的,甲方应当在[_____]个工作日内签署阶段性验收报告。甲方无正当理由怠于验收或未在约定期限内签署阶段性验收报告的,自期限届满之日起视为阶段性验收合格;阶段性验收不合格的,乙方应当按照约定的要求整改并承担相应的费用。

(四)本项目检测及试运行

1.项目检测。

本项目交付前,乙方应当对本合同项下硬件设备、材料、软件系统等进行检验和测试;甲方可根据需要,委托具有相应检测资质和测评能力的第三方对乙方交付的信息系统进行软件测评或安全测评。如有缺陷,乙方应当及时整改并承担相应的费用。

2.项目试运行。

本项目安装、调试完毕后应当进行为期[_____]日的试运行。如因乙方原因导致系统在试运行期间出现故障的,乙方应当及时排除并承担相应的费用。信息系统按照本合同及附件约定的内容全部建成,经试运行达到设计要求并经甲方认可后视为竣工。

(五)竣工验收

1.本项目竣工验收标准:_____
_____。

2.本项目竣工后,乙方应当书面通知甲方进行竣工验收。竣工验收时,乙方应当向甲方提供完整的验收资料(包括但不限于项目有关的测试报告、试运行报告、操作手册、用户手册等)和竣工报告,并协助甲方进行验收。

3.甲方应当于收到竣工验收通知后[_____]个工作日内组织相关人员进行竣工验收,并在验收后[_____]个工作日内出具竣工验收报告或提出整改意见。甲方提出整改意见的,乙方应当及时整改并承担由自身原因造成整改的费用。

4.甲方无正当理由未在约定期限内组织验收或提出修改意见的,自期限届满之日起视为本项目竣工验收合格。

5.本项目未经竣工验收的,甲方不得使用。甲方强行使用的,发生的质量等方面责任由甲方承担。

第八条　项目培训

(一)售后服务

1.保修期内,乙方提供如下类型服务包括:由工程师通过电话、传真或者互联网指导排除故障;必要时工程师可到现场排除故障;预防性服务,提供定期维护以保证系统的正常运营和排除故障隐患。

2.现场访问。乙方的技术人员将在预先安排的基础上,到甲方进行现场访问,以提前发现可能的故障和问题,做预防性维修,并且与甲方的技术人员讨论技术问题,及时理解功能需求,商量对策。

3.关键点维护。在系统运行的每一个关键点,乙方将排除工程师到现场提供技术保障。

4.远程维护。乙方协助甲方建立维护环境,通过远程网络为甲方提供系统支持和维修服务。

(二)培训

1.培训目标。通过对系统管理人员的培训,使系统管理人员了解整个系统的软、硬件架构,掌握系统的配置和维护工作,能够对系统出现的问题进行必要的故障诊断,对数据库系统、应用平台等核心系统进行管理和日常维护。

公示必要的系统操作培训,使系统软件使用人员能够掌握整个软件功能的使用,了解系统的基本技术知识并掌握相关必需的知识,能够在系统出现问题时,为系统管理人员提供详细的故障现象描述,具备解决系统部分常见问题的能力。

2.培训方式。培训方式采用集中授课和现场培训两种方式,均在项目单位所在地进行培训,包括对系统管理人员的培训和系统使用人员的培训。

因培训的主要内容与实际系统运行环境是分不开的,故现场培训与集中授课均在现场进行。

集中授课:建议针对培训内容进行集中培训,对于部分系统管理人员和使用人员课程重叠内容采取一同授课,其他内容可以采取分别授课。

现场培训:主要侧重于实际的操作,由现场实施的技术人员按照培训要求提供。

第九条　知识产权和保密义务

(一)知识产权

1.甲乙双方应当对本合同所涉及的各种软件的知识产权进行约定,以保证本项目使用的软件不会侵犯对方或第三方的知识产权。

2.甲方保证,对本项目中选用的甲方原有软件拥有相应的使用、修改、升级的权利,严格遵守知识产权及软件版本保护的法律、法规,并在本合同所约定的范围内使用本信息系统,否则应当承担相应的法律责任。

3.乙方保证,对于提供的软件系统拥有知识产权或已获得权利人的授权,本项目使用乙方提供的软件不会侵犯第三方的合法权益,否则乙方应当负责处理索赔或涉诉等各项事宜,造成甲方损失的,乙方还应当承担赔偿责任。

4.对于乙方许可甲方使用的软件,双方应当明确约定甲方拥有的使用权、修改权、升级权的具体内容。甲方应当依约定使用,不得超过约定范围。除本合同另有约定外,甲方不得将许可使用的软件再许可第三方使用。

(二)保密

1.乙方提供给甲方的技术资料、信息、计算机软件、专有技术、设计方案等知识产权及价格条款等商业秘密和技术秘密,甲方应采取保密措施,予以严格保守。

2.除为了维护操作相关设备而需接触乙方有关技术资料等商业秘密和技术秘密的甲方

有关人员外,甲方不得向其他人员泄露乙方的任何保密信息,也不得向任何第三方转让、交换或泄露乙方提供的上述商业秘密和技术秘密等,或擅自出版以上"技术资料"。如违反本条规定致使乙方遭受损失,甲方应负法律责任,并赔偿由此引起的直接和可能的经济损失。

第十条　违约责任

本合同生效后,甲乙双方均应当全面履行合同义务。任何一方违约,均应当按照约定承担违约责任,并赔偿对方由此受到的损失。其中:

(一)乙方逾期履约或不履约责任

1.乙方无正当理由逾期交付,逾期在[＿＿＿]日内的,每逾期一日,乙方应当向甲方支付逾期部分价款[＿＿＿]％的违约金,但违约金总数不得超过合同总价款的[＿＿＿]％;逾期超过[＿＿＿]日的,视为乙方不履行。

2.乙方不履行合同或交付的信息系统存在重大缺陷以致无法实现合同目的的,甲方有权要求乙方继续履行或解除合同。

甲方要求继续履行合同的,应当在履行期限届满后[＿＿＿]日内提出。乙方应当继续履行合同,并向甲方支付相当于合同总价款[＿＿＿]％的违约金。

甲方要求解除合同的,乙方应当向甲方总计支付相当于合同总价款[＿＿＿]％的违约金。如甲方同意接收部分项目硬件设备或软件系统的,甲方应当向乙方支付接收部分的价款,款项付清后该部分的相应权利归属甲方。

(二)甲方逾期付款责任

1.甲方逾期付款在[＿＿＿]日内的,每逾期一日,甲方应当向乙方支付逾期应付款[＿＿＿]％的违约金,但违约金总数不得超过合同总价款的[＿＿＿]％。

2.逾期付款超过[＿＿＿]日的,视为甲方不履行,乙方有权要求甲方继续履行或解除合同。

乙方要求继续履行合同的,甲方应当向乙方总计支付逾期应付款[＿＿＿]％的违约金,并赔偿乙方由此受到的损失,同时乙方履行本合同的期限相应顺延。

乙方要求解除合同的,甲方应当支付乙方已交付的硬件和已完成的软件系统所对应的款项,并向乙方总计支付逾期应付款[＿＿＿]％的违约金。

(三)质量瑕疵责任

如因交付的信息系统存在缺陷,导致甲方数据损坏、丢失或造成其他损失的,乙方应当向甲方支付合同总价款[＿＿＿]％的违约金。

(四)违反知识产权义务责任

任何一方违反本合同所约定的知识产权义务,未经对方书面同意,将对方享有知识产权的有关技术成果、计算机软件、源代码、数据信息、技术资料和文档擅自向第三方披露、转让或许可使用的,违约方除应当立即停止违约行为外,还应当赔偿由此给对方所造成的损失,如损失无法准确计算的,违约方应当支付违约金[＿＿＿]元。

(五)违反保密义务责任

任何一方违反本合同所约定的保密义务,违约方应当支付本合同总价款的[＿＿＿]％作为违约金。如包括利润在内的实际损失超过违约金的,受损失一方有权要求对方赔偿超出部分。

6.转包或违约分包责任

乙方违反本合同约定,将本项目进行转包或违约分包的,应当向甲方支付合同总价款[____]%的违约金;甲方也可同时解除合同。

第十一条　合同生效、终止及其他

1.本合同经甲乙双方授权代表签字即日正式生效。

2.本合同生效后,除法律法规和本合同另有规定外,任何一方不得随意单方变更或解除合同,否则应当承担违约责任。

3.本合同双方授权代表签字日期,即为本合同的生效日期。如双方签字时间不一致时,以最后签字方的签字日期为合同的生效日期。

4.在本合同履行过程中,任何一方不得擅自对本合同的条款进行修改、变更,任何一方欲对本合同的条款进行修改或变更,均需合同双方协商、共同签署书面补充协议方可按照修改后的内容执行。

5.甲乙双方各自履行完毕本合同的全部义务后,本合同终止。

第十二条　不可抗力

一方当事人因不可抗力不能按照约定履行本合同的,根据不可抗力的影响,可部分或全部免除责任,但应当及时告知对方,并自不可抗力结束之日起十五日内向对方当事人提供证明。

第十三条　争议解决方式

本合同项下所发生的争议,由双方协商解决,协商不成的,双方同意按照下列第[____]种方式(只能选择一种)解决:

1.依法向_____人民法院提起诉讼;

2.提交_____仲裁委员会仲裁。

第十四条　其他条款

1.本合同自双方签字盖章之日起生效。本合同及附件共____页,一式____份,具有同等法律效力,其中甲方____份,乙方____份,_____份。

2.本合同未尽事宜,双方可协商签订补充协议,补充协议与本合同具有同等法律效力。

甲方(盖章):　　　　　　　　乙方(盖章):
法定代表人:　　　　　　　　法定代表人:
委托代理人:　　　　　　　　委托代理人:
签订时间:　　　　　　　　　签订时间:
电　话:　　　　　　　　　　电　话:
传　真:　　　　　　　　　　传　真:
开户银行:　　　　　　　　　开户银行:
账　号:　　　　　　　　　　账　号:
邮政编码:　　　　　　　　　邮政编码:

3.5　项目总结

在本项目中我们了解了招标人、投标人、招标代理机构之间的关系,知道了招投标的基本知识,初步了解了工程合同;详细了解了招投标的流程以及每一个环节的相关法规及注意事项。通过学生公寓综合布线工程的案例,我们了解了招标文件、投标文件的一般格式。

3.6　习题

1. 招标投标这种规范的交易方式有什么优点?
2. 为什么说政府采购是一种宏观经济调控手段?
3. 招标方式有哪几种?
4. 招标代理机构成立条件有哪些?
5. 招标文件应当包括哪些内容?
6. 投标文件应当包括哪些内容?
7. 评标委员会的专家有什么要求?
8. 中标的条件是什么?
9. 招标文件由谁来编制?
10. 评标时,初评和详评有什么区别?
11. 建设工程合同中有哪三部分内容?
12. 投标技巧有哪些?

小型局域网的设计与施工

从本项目开始,我们从位于同一楼层的小型局域网学习网络组建。比较典型的小型局域网就是学校里的计算机教室。我们就以计算机教室建设作为案例,深入学习逻辑设计、物理设计以及涉及的各种施工技能。

本项目的学习重点:

- 绘制网络拓扑图;
- 交换机选型;
- 综合布线标准;
- 网络跳线制作及模块端接技能;
- PVC 线槽线管成型技能;
- 小型局域网建设方案。

在项目 2 里,我们已学会了开展针对计算机教室的需求分析,我们也非常熟悉计算机教室的组成与结构,因此以计算机教室建设作为案例学习小型局域网具有优势。

4.1 案例分析:计算机教室布线方案

本节任务:通过阅读一个简单的计算机教室建设方案,来了解方案的各个组成部分,为自己动手做一个小型网络组建方案打下基础。

⏺计算机教室布线方案案例任务

计算机教室建设方案

由于计算机系列课程实践课比重的增加,导致学校的计算机教室资源紧张,计算机系希望能新建一个计算机教室以满足教学的需求,经过立项评审后,学校决定建设这个计算机教室,因此该项目进入了招投标流程。许多网络公司获悉招标信息后,自动获取了该项目的招标文件。首先要研究招标文件,搞清楚用户需求,决定是否参加该项目的投标。若决定参加投标,然后要现场踏勘,进一步搞清楚现场的结构和施工环境。最后就是建设方案设计和填写投标书。

一、项目背景

由于计算机系列课程上机实践课比重的增加,现有的 8 个计算机教室已无法满足上机要求,学校的计算机教室资源紧张,因此需要建设一个经济实用、先进可靠、适用性强的计算机教室。计算机教室位于实训大楼 D410 教室,建筑面积 80 平方米,教室内已布设一个信息点可接入校园网。

◉项目背景的写法

二、建设目标

建设一个计算机网络实训教室,该教室配备学生机 48 台,教师机 1 台,教室需承担所有计算机课程的任务,并且达到节能安全、升级维护方便、灵活易用的目的。机房具有建筑结构、空调、通风等各个专业及新兴的先进的计算机及网络设备所特有的专业技术要求。

◉建设目标的写法

三、需求分析

1. 业务需求

主要相关人员:教师、学生。

投资规模:22 万元。

业务活动类型:教学。

预测增长率:使用期限不低于 6 年。

可靠性和有效性:能够 24 小时不间断工作。

安全性:需要有网络恢复、硬盘保护功能。

Internet 连接性:允许通过接入校园网访问 Internet。

远程访问:允许网络管理员远程管理入网设备。

◉需求分析的写法

2. 用户需求

计算机教室不仅能实现计算机教学而且能实现语音教学、光盘共享教学、电化教学、视听教学、Internet 共享教学等功能,可以图文并茂、情景交融;借助计算机网络,可将教师的屏幕画面(课件内容)示范给所有(或被选择的)学生,并可以监看、控制、转播学生机画面,可通过网络实现学生与教师、学生与学生之间双向课堂教学。并能通过与学校网管中心的连接,达到在局域网和国际互联网上传输多媒体信息的目的。教师的想象力可以在利用系统提供的大量相关资料及自身的教学经验的基础上得到极大程度的发挥,从而提高教学质量。

(1)广播屏幕:

①允许教师将自己屏幕的全部或任意大小的区域传送给指定的单个、部分或全部学生。

②允许教师将任意指定学生的屏幕广播给指定的单个、部分或全部学生。

③动态增加或删除接收屏幕广播的学生。

④配合系统同时提供"电子黑板"程序形成电子黑板。

(2)作业提交:

①允许学生将自己需要交给老师的作业传送给老师。

②老师可以设定允许或者禁止学生提交作业和指定作业存放路径。

（3）电子举手：

①学生可以向老师发出举手信息。

②教师机上有提示信号。

3．应用需求

要完成"办公软件高级应用""C 语言程序设计""图形图像设计""Flash 动画设计"等实训课程，并按课程要求配备各种应用软件。

4．计算机平台需求

采用 Windows 7 操作系统，并安装 VMware 虚拟机，具有 Windows XP、Linux、Windows 2003 server、Windows 2008 Server 等虚拟机操作系统。

5．网络需求

教室内部存在视频广播，访问流量较大，尽可能使用单交换机。

四、总体设计

1．网络逻辑设计

网络拓扑结构是指用传输媒体互连各种设备的物理布局，就是用什么方式把网络中的计算机等设备连接起来。拓扑图给出网络服务器、工作站的网络配置和相互间的连接，它的结构主要有星型结构、环型结构、总线结构、分布式结构、树型结构、网状结构、蜂窝状结构等。该教室的网络拓扑图如图 4.1 所示。

◉总体设计的方法

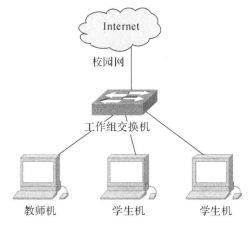

图 4.1　网络拓扑图

2．教室平面布线路由图

建筑平面布线路由图表示建筑物在水平方向各部分之间的组合关系，在网络工程里，平面布线路由图要反映出布线的走线路由。该教室平面布线路由如图 4.2 所示。

3．机柜大样图

机柜大样图是安装在机柜内的各个设备的立体安装表示形式，它能在设计阶段反映出设备在机柜中的安装位置。本例中采用 9U 墙柜，如图 4.3 所示。

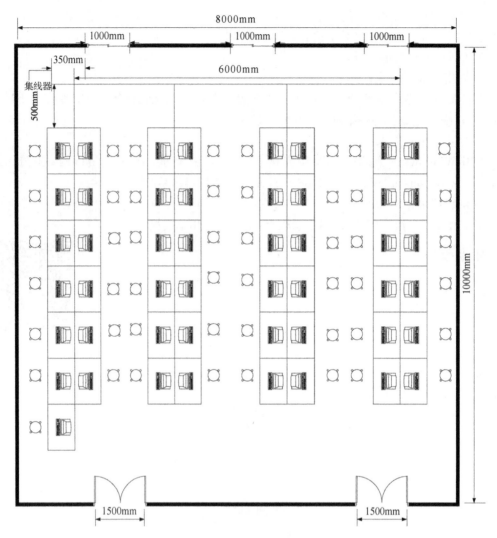

图 4.2　计算机教室平面布线路由图

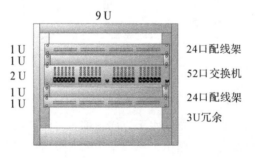

图 4.3　机柜大样图

五、设备选型、材料选择

（1）采用一台具有 52 口的交换机，可解决多交换机之间的传输瓶颈问题。交换机提供的两个千兆接口，一个接入校园网，另一个接入教师机。

（2）采用联想扬天系列电脑,性价比高,售后服务好。

（3）采用极域电子教室软件,可以满足计算机教室开展课堂教学的各种功能。

（4）我们采用安普（AMP）超五类布线产品,是一个标准的结构化布线系统,是国际上通用的标准 8 芯 RJ45 接口。接入校园网采用千兆接入方式。

（5）采用 9U 壁挂式机柜,性价比高,可以节省室内空间。

◉设备选型、材料选择

六、工程材料成本预算

工程材料成本预算是方案中最重要的部分,通过设备材料明细清单计算可以得到成本预算,如表 4.1 所示。设备材料采购完成后便可进入施工阶段。

◉工程材料成本
　预算过程

表 4.1　设备材料明细清单

序号	名称	品牌、型号规格	单位	单价	数量	小计
1	联想电脑整机	联想扬天 M2610D	台	2700	49	132300
2	锐捷 52 口级联交换机	锐捷网络 RG-S2352G	台	3500	1	3500
3	AMP 双绞线	五类网络成品跳线	箱	700	3	2100
4	地板	德尔地板	m²	100	80	8000
5	插座	公牛开关插座 GN-403	个	30	25	750
6	水晶头	安普 RJ45	个	1	122	122
7	电脑桌椅		套	200	50	10000
8	双口面板	康普面板	个	4.5	30	135
9	模块	安普	个	1	60	60
10	电子教室软件	正版软件	套	2000	1	2000
11	9U 机柜	可贴壁	个	250	1	250
12	配线架	康普 24 口	个	180	3	540
合计						159757

注:不包括管理费、施工费、税费等附加费用。

【思考题】

这个方案最大的问题是什么?

◉这个方案存在
　的问题

4.2　计算机教室网络逻辑设计

本节任务：了解网络逻辑设计的主要内容，懂得级联与堆叠的技术概念，学会使用 Microsoft Office Visio 设计网络拓扑图。

4.2.1　设计网络架构

网络架构是指根据用户需求分析，确定网络系统的性能和功能，明确网络中要用到的各种技术，包括用户希望实现的功能、接入速率、所需存储容量（包括服务器和工作站两方面）、响应时间、扩展要求、安全要求以及行业特定应用等等。

由于计算机教室内部数据交换频繁，假如采用多个交换机级联（Uplink），交换机之间的级联线路就会成为网络传输的瓶颈。这个问题可以通过堆叠（Stack）和端口聚合来解决，堆叠只有在同品牌具有堆叠功能的设备之间，需要专用的堆叠模块和堆叠线缆，但堆叠设备价格昂贵，在计算机教室设计中很少采用。而端口聚合是将两个交换机的一组物理端口都连接起来，形成一个逻辑通道，这样就会浪费交换机的物理端口。因此，在本例中我们推荐采用单个交换机来实现。

4.2.2　设计网络拓扑结构图

网络拓扑结构图简称网络拓扑图，是指用传输介质将网络中的各种互联设备和终端设备连接起来的逻辑布局，能够反映各种网络设备之间的结构关系，能够表达该网络采用的主要技术。

设计网络拓扑结构图是要根据网络用户的分类、分布，选择特定技术，来描述设备的互联及分布，但是不对具体的物理位置和运行环境进行确定，好的网络拓扑结构图能恰当地表现设计者的意图。绘制网络拓扑图要注意以下几点：

(1)选择合适的图符来表示设备；

(2)线对不能交叉、串接，非线对尽量避免交叉；

(3)终接处及芯线避免断线、短路；

(4)主要的设备名称和型号要加以注明；

(5)不同连接介质要使用不同的线型和颜色加以注明。

网络拓扑结构图一般采用矢量图。计算机中的图分为图形和图像两类，图形也称矢量图，由线、弧、曲线、填充构成，便于增删修改，存储数据量小，放大、缩小不失真，由图形软件如 AutoCAD、Visio 等生成；图像由像素点阵构成，数据量大，经过放大、缩小操作会失真，由数码相机、扫描仪等生成。

本书中我们采用 Microsoft Office Visio 软件设计网络拓扑图，案例中教室需要 48 台学生机和 1 台教师机，我们推荐采用 52 口的交换机作为中心设备，如图 4.4 所示。

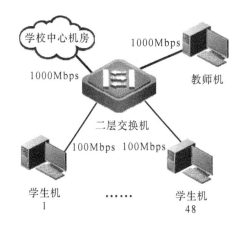

图 4.4　计算机教室网络拓扑图

常见的小型局域网的网络拓扑图如图 4.5 所示。

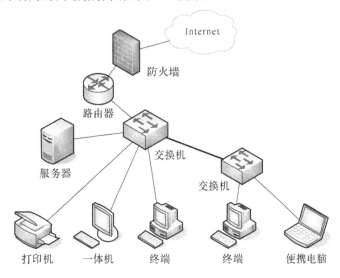

图 4.5　典型小型局域网网络拓扑图

4.3　绘制网络拓扑结构图实训

▶网络拓扑绘制
实训指导

　　我们一般推荐采用 Microsoft Office Visio 绘制网络拓扑图。Microsoft Office Visio 作为 Office 套件的一员,和其他成员如 Word、Excel 等结合得很好,用它绘制的图形美观,风格一致。图库涉及多个行业,IT 行业就有软件、数据库、网络等领域,自带图库一般能满足基本需求。由于 Visio 市场占有率高,几乎成行业标准,第三方企业提供扩充图库产品时,往往把 Visio 作为首选,这使得 Visio 的图库能够源源不断被扩充。

1. Visio"形状"库扩充

一些较大的设备厂商,会将自己的产品外形、面板制作成符合 Visio 标准的图库,供用户免费下载。如 Cisco、锐捷等网络产品、HP(Compaq)服务器产品都有自己的免费图库下载,这些图库随着产品升级换代而更新。下载这些扩展名为"vss"图库后,可以通过以下方法打开。

菜单栏:[文件]──→[形状]──→[我的形状]──→[打开模具],如图 4.6 所示。

图 4.6　已下载的许多图库

思科(Cisco)图库风格如图 4.7 所示。

图 4.7　思科图库风格

锐捷图库风格如图 4.8 所示。

图 4.8　锐捷图库风格

2. 收集整理自己的图库

如果你从不同来源收集了很多图库,可能只是需要每个库中的若干个素材,可以把这些常用的零散素材整理到你自己的自定义库"收藏夹.vss"中,以后重装或升级 Visio 时只要留好"收藏夹.vss"即可。

具体方法如下:

(1) 打开收藏夹。

菜单栏:[文件]──▶[形状]──▶[我的形状]──▶[收藏夹]。

(2) 找到收藏夹文件。

菜单栏:[文件]──▶[形状]──▶[我的形状]──▶[组织我的形状],就会找到文件路径:

C:\Documents and Settings\用户名\My Documents\我的形状\收藏夹.vss。

(3) 汇集到收藏夹。

将其他图库面板上你想收集的单个形状,复制粘贴到[收藏夹]面板上。

(4) 保存收藏夹。

右击[收藏夹]面板标题,在右键菜单选择[另存为(A)...]即可保存收藏夹到指定文件中。

3. Visio 使用要点

(1) Visio 文件的后缀是.vsd,所以也称为 VSD 文件。

(2) 要擅用连接点。形状之间的连接线,应使用具有"挂钩"特性的连接点,这样形状移动时,连接线能像"橡皮筋"一样自动伸缩。

(3) 在 Word 中,可以使用"对象连接和嵌入(OLE)"方法,具体就是在菜单[插入]→[对象]→[由文件创建],选择 VSD 文件即可嵌入 Visio 图形。这时,Visio 图形成为 Word 的一部分,可以做后续修改。没有安装 Visio 的电脑,也可以查看和打印包含 Visio 图形的 Word 文件。

(4) Visio 可以转换输出(另存为)为其他格式文件,例如:用于著名的通用绘图软件 AutoCAD 的.dwg 格式文件,用于网页图像格式的 JPEG 文件等等。

(5) Visio 可以直接打开 AutoCAD 的简单的 DWG 文件。

【实训任务】

(1)利用 Visio 标准图库绘制拓扑图;

(2)扩充 Visio 图库,并利用品牌厂家提供的图形库绘制拓扑图;

(3)将 Visio 图嵌入到 Office 文档,将绘图结果输出为其他图形格式。

【实训步骤】

(1)将图 4.9(范图 1)改成思科图库风格。

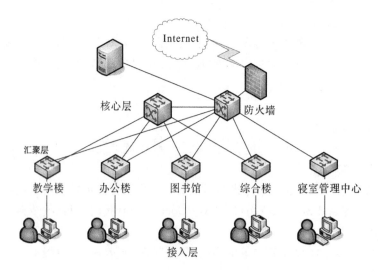

图 4.9　网络拓扑图(范图 1)

(2)将图 4.10(范图 2)改成 Visio 自带图库的网络符号风格。

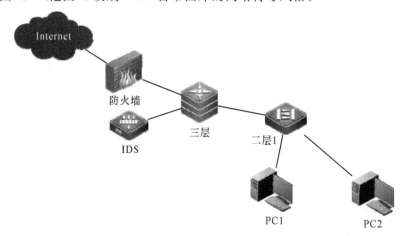

图 4.10　网络拓扑图(范图 2)

(3)将以上两幅 Visio 图嵌入 Office Word 文档,将文档命名为"学号+姓名+拓扑图.doc"。

【思考题】

如何设置线条与连接线之间的跨线?

4.4　局域网 IP 地址

◉实现跨越的方法

本节任务:了解局域网 IPv4 地址的基本概念,A、B、C 三类局域网的地址范围。

IP 地址是 32 位的二进制数值,通常用点分十进制来表示。子网掩码将 IP 地址又分成两部分,即网络号部分和主机号部分。网络号表示其所属的网络段编号,主机号则表示该网段中该主机的地址编号。按照网络规模的大小，IP 地址又可分为 A、B、C、D、E 五类，其中 A、B、C 类地址是三种主要的类型地址。D 类地址是组播地址，E 类地址用于扩展备用地址。

IP 地址也可分为公网 IP 和局域网 IP 地址。公网 IP 是在 Internet 使用的 IP 地址，而局域网 IP 地址是在局域网中使用的 IP 地址，如表 4.2 所示。

表 4.2 局域网 IP 地址范围

类别	IP 地址范围	子网掩码	局域网 IP 地址范围
A	0.0.0.0～127.255.255.255	255.0.0.0	10.0.0.0～10.255.255.255
B	128.0.0.0～191.255.255.255	255.255.0.0	172.16.0.0～172.31.255.255
C	192.0.0.0～223.255.255.255	255.255.255.0	192.168.0.0～192.168.255.255

计算机教室的 IP 地址编址比较简单，需要遵照校园网的统一规划分配 IP 地址，在本例中计算机教室的详细网络参数如下：

教师机 IP 地址：192.168.100.100/24。

学生机 IP 地址：192.168.100.1/24～192.168.100.48/24。

网关：192.168.100.254。

DNS：192.168.100.254。

4.5 交换机选型

本节任务：了解交换机的分类与性能指标，学会查询交换机的型号及价格。

1．交换机的交换方式

在目前所使用的局域网交换机中，交换机通常采用直通式转发、存储转发、碎片隔离等 3 种方式进行数据交换。

（1）直通式转发（Cut Though Switching）。直通式的以太网交换机可以理解为在各端口间纵横交叉的线路矩阵电话交换机。它在输入端口检测到一个数据包时，首先检查该包的包头，获取包的目的地址，然后启动内部的动态查找表转换成相应的输出端口，在输入与输出交叉处接通，把数据包直通到相应的端口，实现交换功能。

优点：不需要存储，延迟非常小，交换非常快。

缺点：因为数据包内容并没有被以太网交换机保存下来，所以无法检查所传送的数据包是否有误，即不能提供错误检测能力。由于没有缓存，不能将具有不同速率的输入/输出端口直接接通，而且容易丢包。

（2）存储转发（Store-and-Forward）。这种方式是计算机网络领域应用最为广泛的方式。它首先把输入端口的数据包存储起来，然后进行循环冗余码校验（CRC）检查，在对错误包处理后才取出数据包的目的地址，通过查找表转换成输出端口送出包。正因为如此，存储转发在数据处理时延时大，这是它的不足，但是它可以对进入交换机的数据包进行错误检测，有效地改善网络性能。尤其重要的是它可以支持不同速度端口间的转换，保持高速端口与低速端口间的协同工作。

(3)碎片隔离(Fragment Free)。这是介于两者之间的一种解决方案。它检查数据包的长度是否够 64 个字节,如果小于 64 字节,说明是假包,则丢弃该包,如果大于 64 字节则发送该包。同样,这种方式也不提供数据校验,其数据处理速率比存储转发方式快,但比直通式慢。

2.交换机的分类

(1)从传输介质和传输速率分,可以分为以太网交换机、快速以太网交换机、千兆以太网交换机、FDDI 交换机、ATM 交换机、令牌环交换机等多种。这种交换机适合用于以太网、快速以太网、FDDI、ATM 和令牌环网等环境。

(2)从网络覆盖范围分,可以分为局域网交换机和广域网交换机。

(3)从应用层次分,可分为工作组交换机(信息点少于 100)、部门级交换机(信息点少于300)、企业级交换机(信息点在 500 以上)3 类。它们的特点分别如下:

①工作组交换机:它是最常见的一种交换机,主要用于办公室、小型机房、多媒体制作中心、网站管理中心、业务受理较为集中的业务部门等。在传输速率上,此类交换机大都提供多个具有 10M/100M 自适应能力的端口。

②部门级交换机:通常用来扩充设备,在工作组交换机不能满足需求时,可直接考虑选用部门级交换机。虽然它只有较少的端口数量,但却支持较多的 MAC 地址,并具有良好的扩充能力,端口的传输速率基本上为 100Mbps。

③企业级交换机:只用于大型网络,且一般作为网络的骨干交换机。它具有快速数据交换能力和全双工能力,可提供容错智能特性,还支持链路汇聚及第三层交换中的虚拟局域网(VLAN)等功能。

(4)从架构特点分,交换机分为机架式、带扩展槽固定配置式、不带扩展槽固定配置式 3 种产品。它们的特点如下:

①机架式交换机:这是一种插槽式的交换机,这种交换机扩展性较好,可支持不同的网络类型,如以太网、快速以太网、千兆以太网、ATM、令牌环、FDDI 等,但价格较贵。高端交换机有不少采用机架式结构。

②带扩展固定配置式交换机:它是一种有固定端口数并带少量扩展槽交换机,这种交换机在支持固定端口类型网络的基础上,还可以通过扩展其他网络类型模块来支持其他类型网络。这类交换机的价格居中。

③不带扩展槽固定配置式交换机:这类交换机仅支持一种类型网络(一般是以太网),可应用于小型企业或办公室环境下的局域网,价格最便宜,应用也最广泛。

(5)从网络体系结构模型层次分,交换机可分为二层交换机、三层交换机,甚至还有四层以上的交换机。三层交换机在二层交换机的基础上增加了基于网络层信息交换,它根据 IP地址转发数据包,支持路由功能,实现"一次路由多次交换"的高速路由转发功能。

3.交换机的主要性能指标

交换机选购时,根据网络工程建设要求的不同,在性能方面要满足背板带宽、吞吐量、MAC 地址数、路由表容量(三层交换机)、ACL 数目、LSP 容量、支持 VPN 数量等指标,这里我们重点介绍背板带宽、吞吐量两个重要指标。

(1)背板带宽。带宽一般是指链路上每秒所能传送的比特数。背板带宽是交换机接口处理器或接口卡和数据总线间所能吞吐的最大数据量。

交换机机箱内部背后设置有大量的铜线,而背板带宽指的是这些铜线提供的带宽,与背板带宽有关的是背板铜线部署的多少;交换容量是实际业务板卡与交换引擎之间的连接带宽,真正标志了交换机总的数据交换能力,与交换容量有关的是业务插槽与管理引擎上的交换芯片,交换容量是决定交换机性能转发的主要因素。

所有单端口容量乘以端口数量之和的 2 倍小于背板带宽,才可以实现全双工无阻塞交换,那么在背板带宽上是线速的。

例如 Cisco 公司的 Catalyst2950G-48,它有 48 个 100Mbps 端口和 2 个 1000Mbps 端口,它的背板带宽应该不小于 13.6Gbps,才能满足线速交换的要求。

计算如下:$(2×1000＋48×100)×2Mbps)＝13.6Gbps$

(2)吞吐量。是指对网络、设备、端口、虚电路或其他设施,单位时间内成功地传送数据的数量,使用 pps(包/秒)作为计量单位,通常用于衡量端口的包转发能力。

包转发线速的衡量标准是以单位时间内发送 64byte 的数据帧(最小帧)的个数作为计算基准的。以太网最短帧为 64byte,还要加上 8byte 的前导码和 12byte 的帧间隙的固定开销。一个数据包的实际长度为$(64＋8＋12)byte×8＝672bit$。当一个线速的千兆以太网端口在转发 64byte 包时的包转发率为

$$1000Mbps/672bit＝1.488095Mpps$$

所以,一个千兆端口在包长为 64 字节时的理论吞吐量为 1.488Mpps。即:

$$吞吐量(Mpps)＝GE 端口数×1.488Mpps$$

以此类推:

万兆以太网,一个线速端口的包转发率为 14.88Mpps;

千兆以太网,一个线速端口的包转发率为 1.488Mpps;

快速以太网,一个线速端口的包转发率为 0.1488Mpps;

如果低于这些值,表示速度没有达到线速,可能产生阻塞现象。

例如:一台最多能够提供 64 个千兆端口的交换机,其吞吐量应达到 64×1.488Mpps＝95.232Mpps,才能够确保在任何端口均线速工作时,提供无阻塞的包交换。

【思考题】

为什么没有达到线速时可能产生阻塞现象?

4.交换机的选购

计算机教室用到的网络互联设备是交换机。在局域网中使用交换机可以构建全双工以太网。全双工以太网现在已广泛用于 100Mbps 和 1000Mbps 的交换式网络中。交换机是集线器的升级产品,具有"智能记

◀)无阻塞处理

忆"能力和"学习"能力,可以对 MAC 地址进行检查过滤,还具有隔离不同冲突域的能力。图 4.11 为 50 口交换机。

在设备选型时,我们可以参考中关村在线、太平洋电脑网等网络平台快速查询设备的型号、性能指标,可通过京东商城、淘宝网查询产品价格。

中关村在线的交换机排行榜(http://top.zol.com.cn/),查询界面如图 4.12 所示。

太平洋电脑网提供每周热门交换机排行榜(http://product.pconline.com.cn),查询界

图 4.11　50 口交换机

| 交换机排行榜 | 品牌占有率饼图 | 品牌走势图 |

热门交换机排行榜

排名	产品型号	价格	本周热度
1	华为 S5700-2	￥4398	
2	华为 S2700-2	￥1398	
3	H3C S5120-28	￥3200	
4	CISCO WS-C29	￥6300	
5	H3C S1224	￥827	
6	华为 S5700-4	￥7558	
7	华为 S5700S-	￥2568	
8	H3C S1526	￥999	
9	CISCO WS-C29	￥3899	
10	H3C S5024P	￥2399	
			更多>>

交换机品牌排行榜

排名	品牌名称	产品数	品牌占有率
1	华为	共75款	
2	H3C	共129款	
3	思科	共112款	
4	TP-LINK	共34款	
5	D-Link	共51款	
6	锐捷网络	共40款	
7	中兴	共56款	
8	NETGEAR	共54款	
9	磊科	共26款	
10	腾达	共17款	
			更多>>

十大热门SOHO交换机

排名	产品型号	价格	本周热度
1	TP-LINK TL-S	￥65	
2	TP-LINK TL-S	￥45	
3	TP-LINK TL-S	缺货	
4	netcore NS10	￥38	
5	netcore NS10	￥52	
6	中兴 ZXR10 1	￥500	
7	netcore NS10	￥26	
8	TP-LINK TL-S	￥69	
9	腾达 S5	￥29	
10	腾达 S16	￥109	
			更多>>

图 4.12　中关村在线交换机排行榜

面如图 4.13 所示。

| 热门交换机排行 | 每周 |

排名	产品图片	产品型号	全国指导价▼	趋势	关注度	相关链接	对比
1		H3C SOHO-S1050T-B-CN	￥3030	↑354		参数 图片 点评 文章	□对比
2		H3C LS-5120-28P-WiNET	￥1350	↓1		参数 图片 点评 文章	□对比
3		华为 S5700-52P-LI-AC	￥7533	↓1		参数 图片 点评 文章	□对比
4		H3C SMB-S5024PV2-EI	￥2100	新上榜		参数 图片 点评 文章	□对比
5		H3C LS-5500-28C-EI	￥10400	---		参数 图片 点评 文章	□对比
6		H3C S1526	￥1050	---		参数 图片 点评 文章	□对比
7		华为 S5700-28P-LI-AC	￥4304	↑8		参数 图片 点评 文章	□对比
8		H3C SMB-S5048PV2-EI	￥4000	新上榜		参数 图片 点评 文章	□对比

图 4.13　太平洋电脑网交换机排行榜

在确定规格型号后,建议通过京东商城、淘宝、天猫查询产品价格。

在设备选型中要比较不同品牌产品的性能指标,选择既满足需求方各种要求,又具有较高性价比的产品。在本例中,我们选择的设备如表 4.3 所示。

表 4.3　设备选型表

序号	名称	品牌、型号规格	单位	单价	数量	小计
1	联想电脑整机	联想扬天 M2610D	台	2700	49	132300
2	锐捷 52 口级联交换机	锐捷网络 RG-S2352G	台	3500	1	3500

4.6　综合布线标准

本节任务:以设计一个计算机教室布线为线索,了解综合布线国际标准、国家标准,初步认识综合布线的配线子系统、干线子系统、建筑群子系统、设备间、电信间、进线间、工作区、管理等八个组成部分。

4.6.1　国际标准

综合布线系统一般有两种范围,即单幢建筑和建筑群体。单幢建筑中的综合布线系统范围一般是指在整幢建筑内部敷设的管槽、电缆竖井、专用房间(如设备间)以及通信缆线和连接硬件等。建筑群体还需要包括各幢建筑物之间相互连接的通信管道和线路。综合布线系统的使用寿命在 16 年以上,在固定资产中综合布线系统的寿命居第二位,而居第一位的当然是建筑物的墙体。

国际标准化组织/国际电工委员会标准 ISO/IEC 11801《信息技术—用户房屋综合布线》。国际标准则将综合布线系统划分为建筑群主干布线子系统、建筑物主干布线子系统和建筑物水平布线子系统 3 部分,并规定工作区布线为非永久性部分,工程设计和施工也不涉及用户使用时临时连接的部分。

建筑群主干布线子系统是由建筑群配线架以及连接建筑群配线架和各建筑物配线架的电缆、光缆等组成的布线系统。

建筑物主干布线子系统是由建筑物内配线架以及连接各楼层配线架的电缆、光缆等组成的布线系统。

建筑物水平布线子系统是由楼层配线架、信息端口及其间的电缆、光缆等组成的布线系统。

综合布线系统树型拓扑结构如图 4.14 所示。

在建筑群中选择某幢地理位置中心,便于信息物理通道引入的建筑物在其内设建筑群配线架(CD)。在建筑群体的其他建筑物中分别各自设置建筑物配线架(BD),建筑物配线架连接该建筑物内主干布线子系统,管理该建筑物范围内各个楼层的配线架(FD),楼层配线架再通过水平配线电缆连接到各房间工作区(TO)的通信出口,这样的连接形成树型网络拓扑结构。

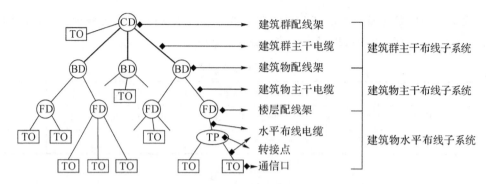

图 4.14　综合布线系统树型拓扑结构

因为开放办公室布线系统可以为现代办公环境提供灵活而经济实用的网络布线,所以允许在 FD 和 TO 之间增加一个转接点(TP),方便用来支持模块化办公区域的布线。

综合布线系统的标准化和开放性,要求综合布线系统的设计和实施必须符合有关的标准。作为一个合格的综合布线工程设计或施工人员,应该能够根据用户的需求和实际情况,查阅和对照合适的布线标准。

标准分为强制性和建议性两种。强制性指要求是必需的,而建议性指要求是应该或希望怎么样。强制性标准通常适于保护、生产、管理、兼容,它强调了绝对的最小限度可接受的要求;建议性的标准通常针对最终产品,是用来在产品的制造过程中提高效率的。无论是强制性标准,还是建议性的要求,都是为同一标准的技术规范服务的。

随着电信技术的发展,许多新的布线产品、系统和解决方案不断出现。各标准化组织积极制定了一系列综合布线系统的标准。纵观国内外综合布线系统的标准,大致分为下列三大体系,即国际标准、北美标准和欧洲标准。我国依据本国综合布线的实际情况,依照国际标准,制定了适合我国国情的综合布线国家标准和行业标准。

4.6.2　美国标准

美国标准《商务建筑电信布线标准》ANSI/EIA/TIA 586A 把综合布线系统划分为建筑群子系统、干线(垂直)子系统、配线(水平)子系统、设备间子系统、管理子系统和工作区子系统6 个独立的子系统,如图 4.15 所示。这种子系统划分方法是从子系统的功能上考虑的,不利于综合布线整个大系统的分段。

美国标准的主要问题是设备间子系统和管理子系统、干线子系统和配线子系统分离,造成

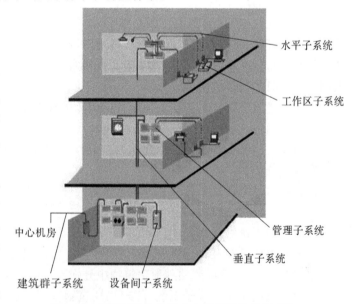

图 4.15　美国标准中的综合布线系统的各子系统

系统性不够明确,界限划分不清,子系统过多。这与我国过去通常将通信线路与接续设备组成一个整体系统的概念不一致,从而在工程设计、施工安装和维护管理工作中极不方便,因此建议不以美国标准为准绳。从长远发展来看,综合布线系统的标准应向国际标准靠拢,而不应以某个国家标准为主,这也是综合布线标准发展的必然趋势。

4.6.3 我国标准

目前我国在进行综合布线系统设计时,主要遵循以下两个国家标准:

《综合布线系统工程设计规范》GB 50311—2016;

《综合布线系统工程验收规范》GB/T 50312—2016。

综合布线设计时涉及相关内容时也要遵循以下标准:

《互联网数据中心工程技术规范》GB 51195—2016;

《电子信息系统机房设计规范》GB 50174—2008

《数据中心基础设施施工及验收规范》GB 50462—2015;

《智能建筑设计标准》GB 50314—2015;

《智能建筑工程质量验收规范》GB 50339—2013;

《视频安防监控系统工程设计规范》GB 50395—2007;

《公共广播系统工程技术规范》GB 50526—2010;

《电子会议系统工程设计规范》GB 50799—2012。

综合布线系统应为开放式网络拓扑结构,应能支持语音、数据、图像、多媒体业务等信息的传递。综合布线系统划分为工作区、配线子系统、集合点、干线子系统、建筑群子系统、设备间、电信间、进线间、管理等九个部分,如图 4.16 所示。

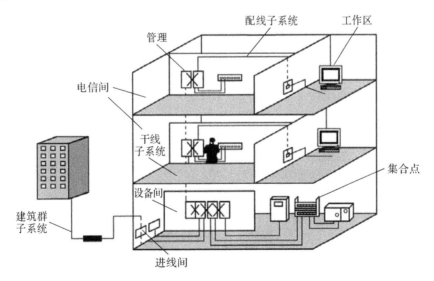

图 4.16 国标中的综合布线系统各子系统

1. 工作区

工作区是指设置终端设备的独立区域,工作区应包括信息插座模块(Telecommunication Outlet,TO)、终端设备(Terminal Equipment,TE)处的连接缆线及适配器,如图4.17所示。

⊙工作区展示

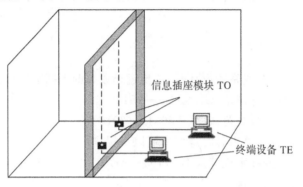

信息插座模块 TO

终端设备 TE

图 4.17　工作区

工作区是包括办公室、写字间、作业间、机房等需要电话、计算机或其他终端设备(如网络打印机、网络摄像头等)设施的区域或相应设备的统称。工作区处于用户终端(如电话、计算机、打印机)和配线子系统的信息插座(TO)之间,起着桥梁的作用。该子系统由终端设备至信息插座的连接器件组成,包括跳线、连接器或适配器等,实现用户终端与网络的有效连接。

工作区的布线一般是非永久的,用户根据工作需要可以随时移动、增加或减少布线,既便于连接,也易于管理。

根据标准的综合布线设计,每个信息插座旁边要求有一个单相电源插座,以备计算机或其他有源设备使用,且信息插座与电源插座的间距不得小于20cm。

2. 配线子系统

配线子系统也叫水平子系统,由工作区的信息插座模块、信息插座模块至楼层配线设备(Floor Distributor,FD)的配线电缆和光缆、电信间的配线设备及设备缆线和跳线等组成,如图4.18所示。

⊙配线子系统展示

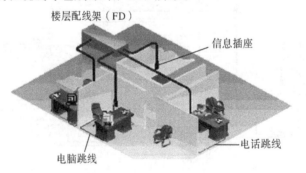

楼层配线架（FD）

信息插座

电话跳线

电脑跳线

图 4.18　配线子系统

配线子系统局限于同一楼层的布线系统,是指由每个楼层配线架至工作区信息插座之间的线缆、信息插座、集合点及配套设施组成的系统。为了简化施工程序,配线子系统的管路或槽道的设计与施工一般与建筑物土建工程同步进行。由于配线子系统的管路和槽道通常隐藏在建筑物墙体或地板内部,不易更换通信线缆,因此配线子系统一般属于永久链接。

配线子系统通常由四对超 5 类或 6 类非屏蔽双绞线组成,连接至本层电信间的机柜内。当然,根据传输速率或传输距离的需要,也可以采用光纤。配线子系统应当按楼层各工作区的要求设置信息插座的数量和位置,并布置相应数量的水平线路。一般来说,配线子系统的设计应以远期需求为主,而干线子系统应以近期实用为主。

3. 集合点

集合点(Consolidation Point,CP)是楼层配线设备与工作区信息点之间水平缆线路由中的连接点,其设置的目的是为了增加或变更信息点。在 ANSI/TIA/EIA 568-B.1《商用建筑物电信布线标准》中是这样规定的:在连接建筑物通道的水平线缆和连至家具通道的水平线缆之间的对接位置,每个水平路由上只能有一个集合点,而且其离开电信间(设备间)的距离必须在 15 米以上。

▶集合点展示

集合点应该安装在一个容易被技术人员访问的地方,它经常被安装在一个带锁的箱体内,例如图 4.19 中集合点提供了 3 个以太网 RJ45 接口和 3 个光纤接口。

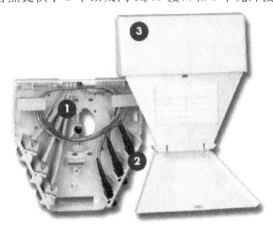

图 4.19　集合点

集合点的配线设备应安装于墙体或柱子等建筑物固定的位置。集合点并不是采用光纤到桌面的用户的专利,也可以采用铜缆集合点,具有节省时间和节约开支的优势。

4. 干线子系统

干线子系统也叫垂直子系统,由设备间至电信间的干线电缆及光缆,安装在设备间的建筑物配线设备(Building Distributor,BD)及设备缆线和跳线组成。

干线子系统是建筑物内综合布线系统的主干部分,是指由从主配线架至楼层配线架之间的缆线及配套设施组成的系统,实现建筑物主配线架与楼层配线架的连接。在通常情况下,干线子系统主干布线可采用大

▶干线子系统展示

对数超 5 类或 6 类双绞线。如果考虑可扩展性或更高传输速率等,则应当采用光缆。干线子系统的主干线缆通常敷设在专用的上升管路或电缆竖井内,如图 4.20 所示。

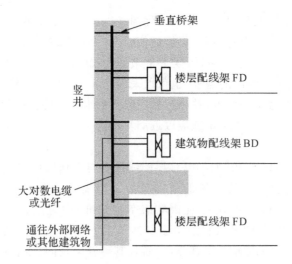

图 4.20　干线子系统

5. 建筑群子系统

建筑群子系统应由连接多个建筑物之间的主干电缆和光缆、建筑群配线设备(Campus Distributor,CD)及设备缆线和跳线组成,如图 4.21所示。

▶建筑群子系统展示

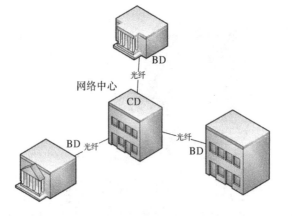

图 4.21　建筑群子系统

大中型网络中都拥有多幢建筑物,建筑群子系统(Campus Subsystem)用于实现建筑物之间的各种通信。建筑群子系统是指建筑物之间使用传输介质(电缆或光缆)和各种支持设备(如配线架、交换机)连接在一起,构成一个完整的系统,从而彼此实现语音、数据、图像或监控等信号的传输。

建筑群子系统包括建筑物之间的主干布线及建筑物中的引入口设备,由楼群配线架及其他建筑物配线架之间的缆线及配套设施组成。

建筑群子系统的主干缆线采用单模光缆,或者大对数双绞线,既可采用地下管道敷设方式,也可采用悬挂方式。在建筑群环境中,在某个建筑物内要建立一个主设备间作为中心,用于设置楼群配线架。

6. 设备间

设备间是建筑物中电信设备、网络设备及建筑物(群)配线设备(BD或 CD)安装的地点,是通信设施、配线设备所在地,也是线路管理的集中点,如图 4.22 所示。设备间是在每幢建筑物进行网络管理和信息交换的场地,主要安装建筑物配线设备、语音(电话)配线设备、网络互联设备、服务器设备及入口设施。

▶设备间展示

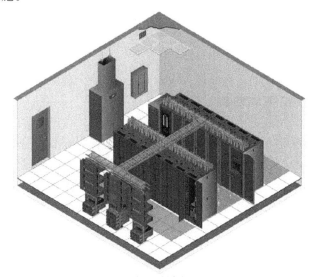

图 4.22 设备间

设备间完成各个楼层配线子系统之间的通信线路的调配、连接和测试,并建立与其他建筑物的连接,从而形成对外传输的路径。

7. 电信间

电信间又称交接间或接线间等,是楼层配线架(FD)安装的地点,是网络管理的基本场所。电信间由电缆、连接器和相关支承硬件组成,并可根据场地情况设置电缆竖井、等电位接地体、电源插座、UPS 配电箱等设施。

电信间的使用面积应不小于 $5m^2$,电信间的数目应按所服务的楼层范围来考虑。如果配线电缆长度都在 90m 范围以内时,宜设置一个电信间。当超出这一范围时,宜设两个或多个电信间。当每层的信息数较少,配线电缆长度不大于 90m 的情况下,宜几个楼层合设一个电信间。

▶电信间展示

8. 进线间

进线间通常设置在 BD 与 CD 之间,在建筑物与外部通信和信息管线的入口部位,并可作为入口设施和建筑群配线设备的安装场地。进线间一般提供给多家电信业务经营者使用,通常设于地下一层。进线间提供室外电缆和光缆引入楼内的成端与分支及光缆的盘长,并预留空间位置。鉴于光缆至大楼(FTTB)、至用户(FTTH)、至桌面(FTTO)的应用及容量日益增多,进线间就显得尤为重要。

▶进线间展示

在很多情况下建筑物不具备设置单独进线间的条件,可以在建筑物入口处挖地沟或开墙柜,使之具备完成缆线的成端与盘长的空间,这时的进线间可以称作入口设施。

进线间的缆线引入管道管孔数量应满足建筑物之间、外部接入各类信息通信业务、建筑智能化业务及多家电信业务经营者缆线接入的需求,并应留有不少于 4 孔的余量。

9. 管理

管理是综合布线各子系统的配线设备和缆线按一定的规范进行标识、记录和相互连接。管理应对工作区、设备间、进线间的配线设备、缆线、信息插座模块等设施按一定的模式进行标识和记录。通过交连或互连等手段连接各子系统的电缆,为各子系统之间连接提供统一的规范与手段。

▶管理素材展示

4.6.4 综合布线系统基本结构

基本的综合布线系统中包括了建筑群配线设备、建筑物配线设备、楼层配线设备、信息插座模块和终端设备,由建筑群子系统、干线子系统、配线子系统组成,如图 4.23 所示。其中配线子系统中可以根据实际情况设置集合点(CP),也可不设置集合点。但在同一个配线子系统中集合点的数量不允许超过一个。从集合点引出的 CP 线缆应终接到工作区的信息插座或多用户信息模块上。

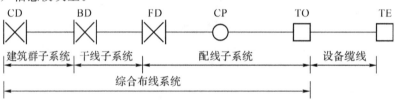

图 4.23　综合布线系统基本结构

我们可以在配线子系统设置一个靠近办公区域的集合点,可以适应今后经常性地移动、增加和变更信息点,而又无须重新布设连至楼层配线架的水平线缆。

4.6.5 综合布线子系统的构成

一般建筑群配线设备连接着多个建筑物配线设备,而建筑物配线设备连接着多个楼层配线设备,楼层配线设备连接着多个信息插座模块。而 BD 与 BD 之间、FD 与 FD 之间也可以设置主干缆线,如图 4.24 中的虚线所示。

对设置了设备间的建筑物,设备间所在楼层配线设备可以和设备间中的建筑物配线设备或建筑群配线设备及入口设施安装在同一场地,因此楼层配线架可以经过主干缆线直接连至建筑群配线架,信息插座模块也可以经过水平缆线直接连至建筑物配线架,也可以中间加设一个集合点,如图 4.25 所示。

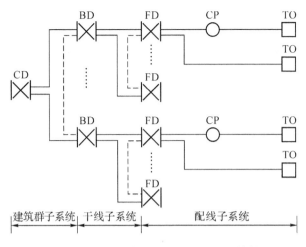

图 4.24　综合布线系统图(CD-BD-FD 结构)

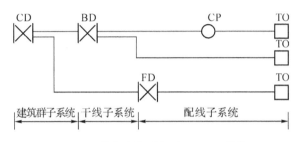

图 4.25　综合布线系统图(CD-FD 结构)

4.6.6　进线间及引入缆线构成

综合布线系统入口设施连接外部网络和其他建筑物的引入缆线,应通过缆线和 BD 或 CD 进行互连,如图 4.26 所示。

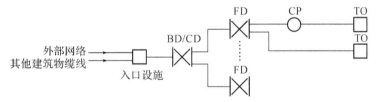

图 4.26　综合布线入口设施的位置

4.6.7　综合布线系统典型结构

综合布线系统典型结构中,配线子系统信道应由 4 对对绞电缆和电缆连接器件构成,干线子系统信道和建筑群子系统信道应由光缆和光连接器件组成。其中建筑物配线设备(FD)和建筑群配线设备(CD)处的配线模块和网络设备之间可采用互连或交叉的连接方式,建筑物配线设备(BD)处的光纤配线模块可对光纤进行互连,如图 4.27 所示。

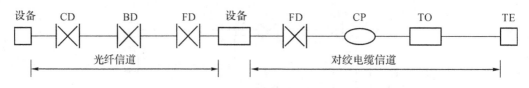

图 4.27　综合布线系统典型结构

4.6.8　双绞线信道的组成

双绞线信道是由设备缆线、跳线、永久链路、工作区缆线以及跳线和多个连接器组成的。永久链路是指楼层配线设备到信息点之间的连接链路,如图 4.28 所示。

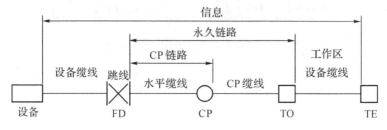

图 4.28　信道链路长度的划分

如果配线子系统存在 CP,则 FD 到 CP 的连接缆线称为水平缆线,CP 到 TO 的缆线称为 CP 缆线。永久链路由水平缆线及 FD、CP、TO 等 3 个连接器件组成,如图 4.29 所示。布线系统信道应由长度不大于 90m 的水平缆线、不大于 10m 的跳线和设备缆线及最多 4 个连接器件组成,永久链路则应由长度不大于 90m 水平缆线及最多 3 个连接器件组成。

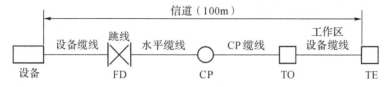

图 4.29　配线子系统信道的最大长度

4.6.9　光纤信道的组成

光纤信道应分为 OF-300、OF-500 和 OF-2000 三个等级,各等级光纤信道支持的应用长度不应小于 300m,500m 及 2000m。

水平光缆和主干光缆可在楼层电信间的光配线设备处经光纤跳线连接构成信道,如图 4.30 所示。

水平光缆和主干光缆可在楼层电信间处经接续(熔接或机械连接)互通构成光纤信道,如图 4.31 所示。

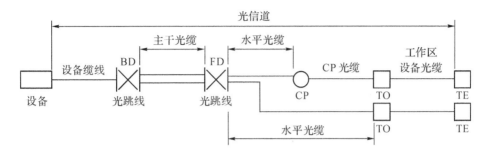

图 4.30　水平光缆和主干光缆通过光配线设备连接

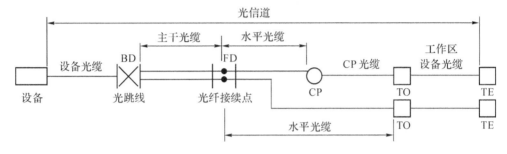

图 4.31　水平光缆和主干光缆通过熔接或机械连接

当工作区用户终端设备或某区域网络设备需直接与公用通信网进行互通时,宜将光缆从工作区直接布设至电信业务经营者提供的入口设施处的光配线设备。

4.7　小型网络综合布线方案设计步骤

小型网络综合布线方案设计过程相对简单,主要包括:信息点统计、综合布线(弱电)图纸设计、布线材料选择、布线材料计算等。在设计综合布线方案时要求建设方提供建筑物的平面布线路由图纸,必要时要进行现场勘察,首先要统计信息点数量、确定布线路由,其次是确定布线材料和数量,最后要估算成本。

4.7.1　统计信息点数量

了解信息点分布情况、统计信息点数量是方案设计的基础性工作,必须认真、详细地完成该工作。如果在招标文件中已明确需求,也可根据楼层综合布线(弱电)平面布线路由图纸上的信息点位置来统计信息点数量和分布情况。如果用户需求不明确的,要根据综合布线系统设计等级以及布线面积来估算信息点的数量。对于智能大厦等商务办公环境,基本型设计每 9 平方米应设置 1 个信息插座,增强型或综合型设计每 9 平方米应设置 2 个信息插座。对于居民生活小区的家庭用户,根据小区建筑等级,每户一般预留 1~2 个信息插座。

在进行信息点统计时,需要填写信息点数量统计表,如表 4.4 所示。

表 4.4　网络综合布线信息点数量统计表范例

楼层编号	01		02		03		04		05		合计		
	数据	语音	数据	语音	数据	语音	数据	语音	数据	语音	数据点合计	语音点合计	信息点合计
一层													
二层													
三层													

注:信息点合计=数据点合计+语音点合计

确定信息点数量后,即可计算出 RJ45 水晶头和信息模块的用量。

1.计算 RJ45 水晶头用量

RJ45 水晶头用量的计算公式如下:

$$R=n\times 4+n\times 4\times 15\%$$

式中:R:表示 RJ45 接头的总需求量;

　　n:表示信息点的总量;

　　4:表示每个信息点要准备 4 个 RJ45 水晶头;

　　$n\times 4\times 15\%$:表示富余量。

【思考题】

为什么每个信息点要准备 4 个 RJ45 水晶头?

2.计算信息模块的需求量

信息模块需求量的计算公式如下:

$$M=n+n\times 3\%$$

式中:M:表示信息模块的总需求量;

　　n:表示信息点的总量;

　　$n\times 3\%$:表示富余量。

信息模块的形状如图 4.32 和图 4.33 所示。

◉信息点到交换机
的跳线组成

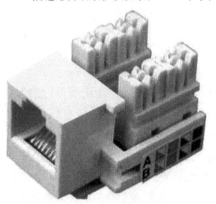

图 4.32　打线模块

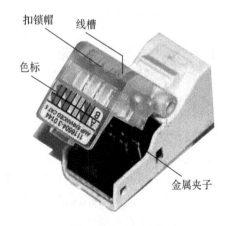

扣锁帽　线槽

色标

金属夹子

图 4.33　免打模块

4.7.2　确定工作区信息点面板的类型

信息插座面板分为单口面板和双口面板两种,如图 4.34 所示。我们可以根据需要选择适当的面板。双口面板可以同时安装 2 个信息点或 1 个信息点和 1 个有线电话,其内部如图 4.35 所示。

图 4.34　单口面板和双口面板

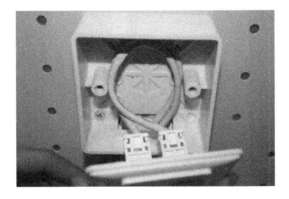

图 4.35　面板与底盒

也有专门的电话插座面板和光纤面板,如图 4.36 所示。

图 4.36　电话插座面板和光纤面板

每个信息点面板都必须配备一个接线暗盒。为保持建筑面的整洁美观,接线暗盒一般都需要进行预埋安装。接线暗盒分为金属材质和 PVC 材质,施工时根据不同环境选用不同材质的暗盒,弱电一般采用 PVC 暗盒。常用的接线暗盒有 86 型和 120 型,如图 4.37 所示。

(1)86 型,暗盒尺寸约 80mm×80mm,面板尺寸约 86mm×86mm,是使用的最多的一种

图 4.37   PVC 暗盒 86 型(左)和 120 型(右)

接线暗盒,可广泛应用于各种建筑和装修当中。86 型面板还分单盒和多联盒(由两个及两个以上单盒组合),预埋及安装方法如图 4.38 和图 4.39 所示。

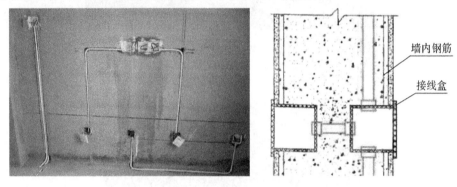

图 4.38   管道预埋示例

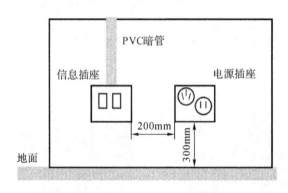

图 4.39   信息点面板的安装规范

(2)120 型,分 120/60 型和 120/120 型。120/60 型暗盒尺寸约 114mm×54mm,面板尺寸约 120mm×60mm。120/120 型暗盒尺寸约 114mm×114mm,面板尺寸约 120mm×120mm。

底盒与面板是需要配套购买的,其数量的计算方法如下:

(1) 先在信息点总量 n 里统计出单口面板的实际数量 d。

(2) 再计算双口面板的购买数量 S。

$$S=[(n-d)/2]×1.03$$
$$D=d×1.03$$

式中：

　　S：表示双口面板的购买数量；

　　n：表示信息点的总量；

　　d：表示单口面板的实际数量；

　　1.03：表示 3% 的富余量；

　　D：表示单口面板的购买数量

【思考题】

安装面板与底盒的时间有什么不同？

4.7.3　确定布线路由

　　确定布线路由是根据建筑物结构、布局、业务需求情况确定配线子系统设计方案，实质上是设计综合布线（弱电）平面布线路由图纸。该图纸是在建筑平面布线路由图的基础上再绘制的，使之能够反映综合布线信息点分布情况以及布线的通道和布线路径。设计时要注意不允许将一条 4 对双绞电缆终接在 2 个或 2 个以上信息插座上。配线子系统的配线电缆长度不应超过 90m。如果超过 90m，可通过加入有源设备、光缆或增设电信间的办法来解决。

　　在确定布线路由时，应考虑工作区信息点的具体位置，因此工作区布局也很重要。例如：在设计计算机教室方案时，我们可以选择一字布局、背靠背布局、岛式布局、转角布局等方式。

　　1. 一字布局

　　优点：可以作为普通教室使用，适用性强。

　　缺点：设计思想比较传统，师生互动效果较差，空间利用率低。

　　一字布局效果图如图 4.40 所示。

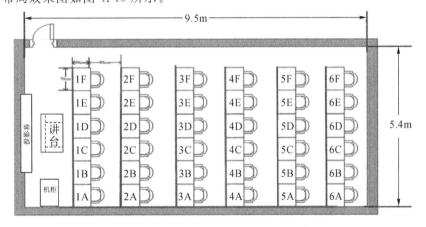

图 4.40　一字布局效果图

　　2. 背靠背布局

　　优点：设计比较紧凑，空间利用率高，师生互动效果较好，布线成本较低。

◉面板与底盒的
施工工序

缺点:不能作为普通教室使用。

背靠背布局效果图如图 4.41 所示。

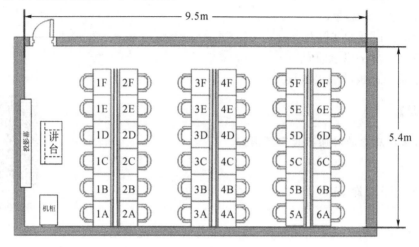

图 4.41　背靠背布局效果图

3. 岛式布局

优点:师生互动效果较好,支持分组式学习。

缺点:不能作为普通教室使用,空间利用率很低,建设成本高。

岛式布局效果图如图 4.42 所示。

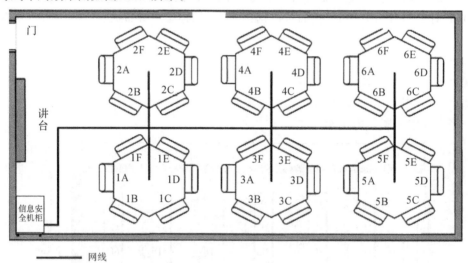

图 4.42　岛式布局效果图

4. 转角布局

优点:师生互动效果最好,支持工作组式学习。

缺点:不能作为普通教室使用,空间利用率最低,建设成本高。

转角布局设计样例如图 4.43 所示。

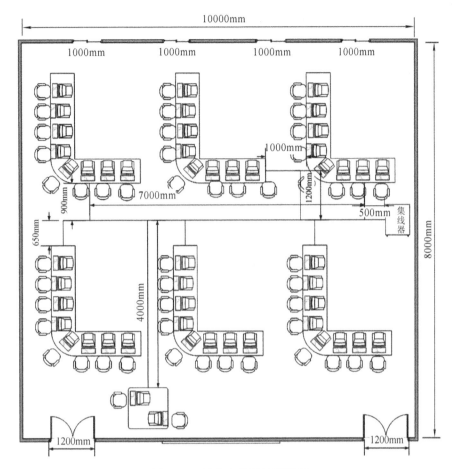

图 4.43　转角布局设计图样例

【思考题】

从节省缆线的角度考虑,布线路由的起始点设置在什么位置比较好?

4.7.4　确定缆线的类型

◉配线架的位置
应选何处

根据用户对业务的需求和传输的信息的类型,选择合适的缆线类型。配线子系统的电缆推荐采用 8 芯非屏蔽双绞线,语音和数据传输可选用 5 类、超 5 类或更高型号双绞线。

双绞线(Twisted Pair,TP)是一种综合布线工程中最常用的传输介质。双绞线是由两根具有绝缘保护层的铜质导线组成。把两根绝缘的铜导线按一定密度互相绞在一起,可降低信号干扰的程度,每一根导线在传输中辐射出来的电波会被另一根线上发出的电波抵消。一般扭绞长度在 14~38.1cm,按逆时针方向扭绞,扭线越密其抗干扰能力就越强。如果把一对或多对双绞线放在一个绝缘套管中便成了双绞线电缆。与其他传输介质相比,双绞线在传输距离、信道宽度和数据传输速度等方面均受一定限制,但价格较为低廉。综合布线电缆布线系统的分级与类别划分如表 4.5 所示。

表 4.5　电缆布线系统的分级与类别

系统分级	系统产品类别	支持最高带宽/Hz	支持应用器件	
			电缆	连接硬件
A	—	100k	—	—
B	—	1M	—	—
C	3 类(大对数)	16M	3 类	3 类
D	5 类(屏蔽和非屏蔽)	100M	5 类	5 类
E	6 类(屏蔽和非屏蔽)	250M	6 类	6 类
EA	6A 类(屏蔽和非屏蔽)	500M	6A 类	6A 类
F	7 类(屏蔽)	600M	7 类	7 类
FA	7A 类(屏蔽)	1000M	7A 类	7A 类

双绞线可分为非屏蔽双绞线和屏蔽双绞线。屏蔽双绞线在双绞线与外层绝缘封套之间有一个金属屏蔽层。屏蔽层可减少辐射,防止信息被窃听,也可阻止外部电磁干扰的进入,使屏蔽双绞线比同类的非屏蔽双绞线具有更高的传输速率。屏蔽双绞线价格相对较高,安装时要比非屏蔽双绞线电缆困难。

屏蔽布线系统的选用应符合下列规定:

(1)当综合布线区域内存在的电磁干扰场强高于 3V/m 时,宜采用屏蔽布线系统。

(2)用户对电磁兼容性有电磁干扰和防信息泄漏等较高的要求时,或有网络安全保密的需要时,宜采用屏蔽布线系统。

(3)安装现场条件无法满足对绞电缆的间距要求时,宜采用屏蔽布线系统。

(4)当布线环境温度影响到非屏蔽布线系统的传输距离时,宜采用屏蔽布线系统。

屏蔽布线系统应选用相互适应的屏蔽电缆和连接器件,采用的电缆、连接器件、跳线、设备电缆都应是屏蔽的,并应保持信道屏蔽层的连续性与导通性。

屏蔽双绞线(Shield Twisted Pair,STP)是指在护套层内,甚至在每个线对外增加一层金属屏蔽层,以提高抗电磁干扰能力,如图 4.44 所示。屏蔽双绞线又分为两类,即独立双层屏蔽双绞线(Shielded Twisted Pair,STP)和铝箔屏蔽双绞线(Foiled Twisted Pair,FTP)。

FTP 采用整体屏蔽结构,在多对双绞线外包裹铝箔,屏蔽层外是电缆护套,如图 4.45 所示。FTP 被应用于电磁干扰较为严重,或对数据传输安全性要求较高的布线区域。

STP 是指每个线对都有各自的屏蔽层,在每对线对外包裹铝箔后,再在铝箔外包裹铜编织网,如图 4.46 所示。该结构不仅可以减少外界的电磁干扰,而且可以有效控制线对之间的综合串扰。STP 被应用于电磁干扰非常严重,对数据传输安全性要求很高,或者对网络数据传输速率要求很高(如实现 1Gbps 或 10Gbps)的布线区域。

屏蔽只有在整个电缆均有屏蔽装置,并且两端正确接地的情况下才起作用。为此,要求整个系统全部是屏蔽器件,包括电缆、插座、水晶头和配线架等,同时,建筑物也有良好的地线系统。事实上,在实际施工时,很难全部完美地接地,从而使屏蔽层本身成为最大的干扰源,导致性能甚至远不如非屏蔽双绞线(Unshield Twisted Pair,UTP)。STP 系统不仅在构建时比 UTP 系统要多花费一倍以上的资金,而且还要花费大量资金用于维护,对于普通应

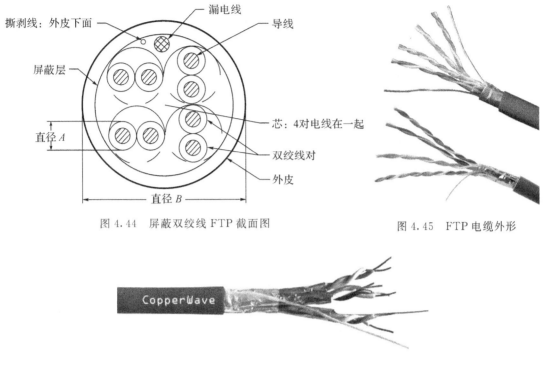

图 4.44 屏蔽双绞线 FTP 截面图   图 4.45 FTP 电缆外形

图 4.46 STP 电缆外形

用而言,实在是得不偿失。为此,除非是在电磁干扰非常恶劣的环境中,否则在网络布线中通常只采用非屏蔽双绞线。

根据电气性能的不同,双绞线又分为 9 类。

一类线:主要用于语音传输(一类标准主要用于 20 世纪 80 年代初之前的电话线缆)。

二类线:传输频率为 1MHz,用于语音传输和最高传输速率 4Mbps 的数据传输,常见于使用 4Mbps 规范令牌传递协议的旧的令牌网。

三类线:指目前在 ANSI 和 EIA/TIA 568 标准中指定的电缆,该电缆的传输频率为 16MHz,用于语音传输及最高传输速率为 10Mbps 的数据传输,主要用于 10BASE-T。

四类线:该类电缆的传输频率为 20MHz,用于语音传输和最高传输速率为 16Mbps 的数据传输,主要用于基于令牌的局域网和 10BASE-T/100BASE-T。

五类线(CAT5):传输率为 100MHz,用于语音传输和最高传输速率为 100Mbps 的数据传输,主要用于 100BASE-T 和 10BASE-T 网络。鉴于一至五类双绞线已淘汰出局,不再详述。

超五类线(CAT5E):带宽为 155MHz,最适用于百兆网络。

六类线(CAT6):带宽为 250MHz,适用于千兆网络。

超六类(CAT6A):带宽为 500MHz,此类产品传输带宽介于六类和七类之间,适用于千兆网络。

七类线(CAT7):带宽为 600MHz,用于今后的万兆以太网。

超七类(CAT7A):带宽为 1000MHz,用于今后的万兆以太网。

目前,使用最多的是超五类和六类非屏蔽双绞线,它们都可以轻松提供 155Mbps 的通信带宽,并拥有升级至千兆带宽的潜力,是廉价水平布线的首选线缆。如果需要完美地实现 1000Mbps 的数据传输速率,或者希望为将来储存更多的升级潜力,建议选择六类非屏蔽双绞线。

1. 超五类非屏蔽双绞线

采用 4 个线对和 1 条抗拉线,线对的颜色与五类双绞线完全相同,分别为白橙、橙、白绿、绿、白蓝、蓝、白棕和棕。裸铜线直径为 0.51mm(线规为 24AWG),绝缘线直径为 0.92mm,UTP 电缆直径为 5mm。由于超五类非屏蔽双绞线是在对五类非屏蔽双绞线的部分性能加以改善后出现的电缆,其不少性能参数,如近端串扰、衰减串扰比、回波损耗等都有所提高,但其传输带宽仍为 100MHz。如图 4.47 所示为超五类 UTP 双绞线,其截面图如图 4.48 所示。

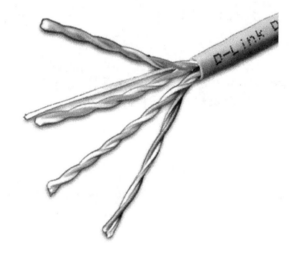

图 4.47　超五类非屏蔽双绞线外形

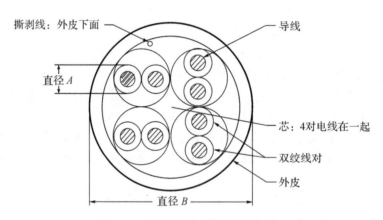

图 4.48　超五类非屏蔽双绞线截面图

2. 六类非屏蔽双绞线

在外形上和结构上与超五类双绞线区别较大,不仅增加了绝缘的十字骨架,将双绞线的 4 线对分别置于十字骨架的 4 个凹槽内,而且电缆的直径也更粗。电缆中央的十字骨架的角度随长度的变化旋转,它的作用主要是保持 4 对双绞线的相对位置,提高电缆的平衡特性和串扰衰减,还保证在安装过程中电缆的平衡结构不遭到破坏。六类非屏蔽双绞线裸铜线直径为 0.57mm(线规为 23AWG),绝缘线直径为 1.02mm,UTP 直径为 6.53mm。如图 4.49 所示为六类 UTP 外形,其截面图如图 4.50 所示。

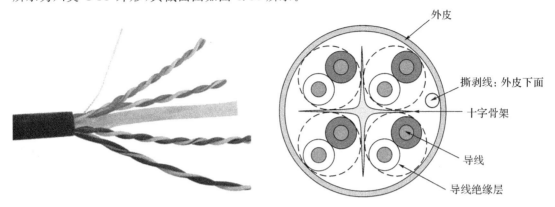

图 4.49　六类非屏蔽双绞线外形

图 4.50　六类非屏蔽双绞线截面图

3. 六类屏蔽双绞线

六类屏蔽双绞线在六类非屏蔽双绞线的基础上增加了反转铝箔屏蔽层,保证屏蔽层端接,如图 4.51 所示。其主要适用于千兆水平与垂直布线、有电磁干扰环境以及对数据传输安全性要求较高的地方。

图 4.51　六类屏蔽双绞线外形

4. 七类屏蔽双绞线

七类线是一种 8 芯屏蔽线,每对都有一个屏蔽层[一般为金属箔屏蔽(Foil Shield)],最外面另有一个屏蔽层[一般为金属编织丝网屏蔽(Braided Shield)],接口与现在的 RJ45 相同。总屏蔽(一般为金属编织丝网屏蔽)+线对屏蔽(一般为金属箔屏蔽),七类线 S/FTP CAT7 最高传输频率 600MHz,超七类线的外形与七类线一样,而传输频率可达到 1000MHz。

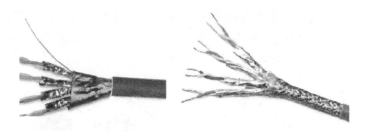

图 4.52　七类线与超七类线

5. 大对数双绞线

大对数双绞线一般用于弱电工程的语音主干,部署在干线子系统。大对数即多对数的意思,指很多一对一对的电缆组成一小捆,每小捆为 25 对双绞线。更大对数的电缆则再由多组 25 对双绞线组成,可以形成 50 对、100 对、200 对、300 对、400 对规格的大对数电缆。图 4.53 为 25 对大对数双绞线,图 4.54 为 25 对大对数双绞线截面图。

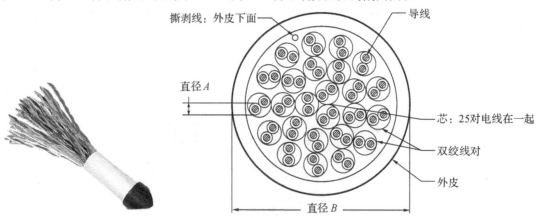

图 4.53　大对数双绞线外形　　　　　　图 4.54　25 对大对数双绞线截面图

由 12 组 25 对双绞线组成的 300 对双绞线截面图如图 4.55 所示。

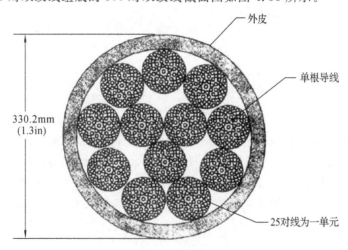

图 4.55　300 对大对数双绞线截面图

6. 在国家标准中双绞线的分级与类别

在国家标准中双绞线的分级与类别如表 4.6 所示。

表 4.6　铜缆布线系统的分级与类别

系统分级	支持带宽/Hz	支持应用器件	
		电缆	连接硬件
A	100k		
B	1M		
C	16M	3 类	3 类
D	100M	5/5E 类	5/5E 类
E	250M	6 类	6 类
F	600M	7 类	7 类

注:3 类、5/5E 类(超 5 类)、6 类、7 类布线系统应能支持向下兼容的应用。

7. 双绞线的型号识别

一箱超五类双绞线的价格大概在 450~800 元不等,标准长度为 1000 英尺,相当于 305 米。

由于双绞线记号标志没有统一标准,因此并不是所有的双绞线都会有相同的记号。我们以 IBM 和 AMP 的双绞线为例解读双绞线的型号。

(1) IBM 双绞线的型号。例如:

IBMNET UTP NETCONNECT CATEGOPY 5E CABLE AWG4/24 043496 FEET (013257.5 METERS)

①IBMNET:指的是双绞线厂商 IBM。

②UTP:非屏蔽双绞线。

③NETCONNECT CATEGOPY 5E CABLE:表示该双绞线属于超 5 类。

④AWG4/24:说明这条双绞线是由 4 对 24AWG 电线的线对所构成。铜电缆的直径通常用美国线缆规格(American Wire Gauge,AWG)单位来衡量,通常 AWG 数值越小,电缆直径越大,线芯有 22、24、26 三种规格,通常使用的双绞线均是 24AWG。

⑤043496FEET(013257.5METERS):表示生产这条双绞线时的长度点。这个标记在我们购买双绞线时非常实用。如果你想知道一箱双绞线的长度,可以找到双绞线的头部和尾部的长度标记相减后得出。1 英尺等于 0.3048 米,有的双绞线以米作为单位。

(2) AMP 双绞线的型号。例如:

AMP SYSTEMS CABLE E138034 0100 24 AWG(UL)CMR/MPRORC(UL)PCC FT4 VERIFIEDETL CAT5 044766FT 9907

①AMP:代表公司名称;

②0100:表示 100 欧姆;

③24:表示铜电缆的直径是 24AWG 的;

④UL:表示通过认证;

⑤FT4:表示 4 对线;

⑥CAT5：表示 5 类线；

⑦044766：表示线缆当前所处英尺数；

⑧9907：表示生产年月。

8. 双绞线质量及真伪识别

由于有些商家为谋取暴利，假冒网线的价格要比正规品牌便宜一半，双绞线比较容易仿造，因此市面上仿冒的双绞线产品较多。

在网络工程布线中，使用仿冒产品对网络系统的性能会有非常大的影响，仿冒产品除了影响系统传输的速度和连接的稳定及可靠性外，还影响使用的期限。其因采用的铜原料不纯，在布线使用一段时间后就会出现氧化、接触不良等现象，还容易受到电线或通信线缆的干扰。一般情况下，正货的使用期在 15 年以上，甚至达到 25 年左右。使用了仿冒产品的网络几乎在 1～2 年间就会出现问题，网络经常出现无故中断、数据传输速度慢等现象。另外，在布线过程中，也会有因线材的柔韧性不良导致网线被拉断等情况发生。

如何辨别真假呢？比较通俗的办法是：

将双绞线对折后放开，如果能立即弹回，表示网线外面的胶皮弹性较大，是真品；

将双绞线放在高温环境中测试一下，在周围温度达到 35～40℃时，如果外面的一层胶皮不会变软，是真品；

将双绞线的胶皮用火烧一烧，如果只会冒烟不会燃烧，表示具有抗燃性，是真品；

将双绞线的胶皮剥开露出导线，如果导线不易弯曲、容易断裂，表示电缆中使用的铜掺加了其他元素，是假品。

9. 常见双绞线的品牌

(1) 安普 AMP。AMP NETCONNECT，世界著名结构化布线系统提供商，其商标(LOGO)如图 4.56 所示。

图 4.56　安普 AMP

作为全球通信器件和电缆产品的主导厂商，安普是 Tyco 电子公司的一部分，可为各种建筑物的布线系统提供完整的产品和服务。安普是进入中国市场较早的一个知名品牌，也是市场中假冒产品最多的一个品牌。

(2) 耐克森 Nexans。它的前身为阿尔卡特(Alcatel)公司，其商标(LOGO)如图 4.57 所示。阿尔卡特公司创建于 1898 年，总部设在欧洲的经济、文化中心——巴黎。耐克森 Nexans 是全球最大的电缆生产厂商，提供最完整、最全面的电缆及部件解决方案，是目前世界电缆业三强之一，它的诸多产品，如绕组线、海底电缆、数据电缆和电力电缆等都处于世界第一或第二位。

图 4.57　耐克森 Nexans

（3）康普 CommScope。美国康普 CommScope Inc.是全球最大的宽带同轴电缆生产商和高性能光纤及双绞电缆的供应商。具有著名的 20 年长期产品保证和应用担保。其商标（LOGO）如图 4.58 所示。

图 4.58　康普 CommScope

（4）百通 BELDEN IBDN。IBDN（丽特网络）公司总部位于加拿大魁北克省的蒙特利尔。Belden 和 IBDN 原来是两个独立的品牌，同样是布线产品的厂家，后来两家合并之后推出了全新的 Belden IBDN 品牌。其商标（LOGO）如图 4.59 所示。

图 4.59　百通 Belden IBDN

（5）西蒙 SIEMON，1916 年，SIMON 电气在西班牙巴塞罗那成立。SIMON 电气以专业生产低压电器及其附件、灯具为主，产品还涵盖了楼宇控制系统、智能系统等相关多元化产品。其商标（LOGO）如图 4.60 所示。

图 4.60　西蒙 SIEMON

（6）泛达 PANDUIT。泛达公司于 1955 年在美国芝加哥成立，提供基于统一物理层基础设施（Unified Physical Infrastructure，UPI）的解决方案使得企业可以连接、管理自动化通信、计算、供电、控制和安防系统，以打造更智能、统一的商业基础。其商标（LOGO）如图 4.61 所示。

（7）莫莱克斯（Molex）。莫莱克斯公司于 1938 年在美国伊利诺伊州的布鲁克菲尔德成立。实力雄厚，居于世界最大产品规模之列，产品包括电子、电气和光纤互连解决方案、开关

图 4.61   泛达 PANDUIT

和应用工具等。其商标(LOGO)如图 4.62 所示。

图 4.62   莫莱克斯 Molex

(8) 普利驰 Pleach。普利驰是中外合资企业,提供基于行业标准的技术,为传送语音、数据、多媒体、视频、楼宇管理系统设计、制造广泛的专业、高质量的产品系列,通过其高性能的布线系统提供了出色的功能,产品包括 UTP、STP、FTP 和光纤系列;所有产品和服务均符合和超过公认的业内标准,包括 ASNZS3080、ISO/IEC 11801、EN50173 和 EIA/TIA 568,产品广泛应用于邮电、政府、商业大厦、校园网、电信工程、办公大楼、智能小区等。其商标(LOGO)如图 4.63 所示。

Pleach 普利驰

图 4.63   普利驰 Pleach

(9) 中国普天 Potevio。中国普天是以信息通信产品制造、贸易、相关技术研究和服务为主业的中央企业,从邮电工业起步,在不同历史阶段为国家通信事业和信息产业的发展壮大做出了巨大贡献。普天的双绞线大多是供电信内部使用,在市场中流通的货源不多,其商标(LOGO)如图 4.64 所示。

图 4.64   中国普天 Potevio

(10) 大唐电信 GOHIGH。大唐电信科技股份有限公司于 1998 年 9 月 21 日在北京成立,承担了我国许多通信光缆、电缆的科技攻关和标准制定项目,是中国最重要的线缆传输研发基地之一。公司主要从事与移动通信、光纤通信、数字通信等有关的同轴电缆、通信光缆、数字电缆及相关配件产品的研究、开发、生产和销售。其商标(LOGO)如图 4.65 所示。

(11) TCL-罗格朗。2005 年 12 月 29 日,TCL 集团与法国罗格朗集团(Legrand S. A.)

图 4.65　大唐电信 GOHIGH

合作,转让 TCL 国际电工(惠州)有限公司及 TCL 楼宇科技(惠州)有限公司 100％股份后,
TCL-罗格朗成立,成为法国罗格朗集团在中国最大的投资项目。其商标(LOGO)如图 4.66
所示。

图 4.66　TCL-罗格朗

（12）慧远。北京慧远电线电缆有限公司成
立于 1994 年 6 月,是一家专业化、规模化线缆
生产企业。该公司主导产品为 B、R 两大系列电
线电缆以及阻燃电线、屏蔽电线、耐火电线、同
轴电缆、橡套电缆。2001 年以后开发并批量生
产了五类、超五类、六类数据传输电缆及慧远网
络布线系列配套产品:超五类 24 口数据配线
架、超五类信息模块、阻燃型面板、RJ45 水晶
头、网络机柜等。其商标(LOGO)如图 4.67
所示。

图 4.67　慧远

4.7.5　确定布线管槽的规格

　　配线子系统的起点是工作区的信息点模块 TO,终点是楼层配线架 FD 所在位置。可采
用走线槽或天花板吊顶内布线,尽量不走地面线槽。如果确实需要走地面线槽的,推荐采用
挖地槽预埋的方式。如果不想挖地槽,也可采用铺设防静电地板的方式。

　　在这里我们要确定布线管槽的规格。槽和管的截面积大小可采用以下简易公式计
算,即

$$S=\frac{NP}{70\％\times(40\％\sim50\％)}$$

式中:S——槽(管)截面积,表示要选择的槽(管)截面积;

N——用户所要安装的线缆条数；

P——线缆截面积，表示选用的线缆截面积；

70%——布线标准规定允许的空间；

40%～50%——线缆之间的允许间隔。

【例 4-1】 已知双绞线外径为 5mm；双绞线数量为 4 根；允许间隔为 40%，请分别确定管、槽的规格。

解：先求出管、槽的截面积：

$$P = \pi r^2 = 3.14 \times (5/2)^2 = 19.63 (mm^2)$$

$$S = NP/70\% \times 40\% = 4 \times 19.63/(0.7 \times 0.4) = 78.52/0.28 = 280.43 (mm^2)$$

再算出管的直径或槽的尺寸。

根据圆面积公式得到 $r = \sqrt{S/\pi}$，则管直径

$$G = 2 \times \sqrt{(S/3.14)} = 2 \times 9.45 = 18.9 (mm)$$

因此可以选择直径为 20mm 的 4 分管。

槽规格：

标准线槽截面积：$24 \times 14 = 336 (mm^2)$ （大于 280.43mm²）

标准线槽截面积：$20 \times 10 = 200 (mm^2)$ （小于 280.43mm²）

因此选择标准线槽 24mm×14mm。

通常情况下，我们可以采用查表的方法推算布线管槽的规格。桥架、线槽管规格容量对照表如表 4.7 所示。

表 4.7　桥架、线槽管规格容量对照表

序号	名称	规格/mm	类型	数量/条
1	桥架	80×60	CAT5	60～80
2	桥架	80×60	CAT6	40～60
3	桥架	100×80	CAT5	90～120
4	桥架	100×80	CAT6	60～90
5	桥架	100×100	CAT5	120～160
6	桥架	100×100	CAT6	90～120
7	桥架	150×100	CAT5	180～250
8	桥架	150×100	CAT6	160～180
9	桥架	200×100	CAT5	240～320
10	桥架	200×100	CAT6	160～240
11	桥架	250×100	CAT5	300～400
12	桥架	250×100	CAT6	200～300
13	4分管	⌀20	CAT5E	4～6
14	4分管	⌀20	CAT6	3～4

续表

序号	名称	规格/mm	类型	数量/条
15	6分管	ø25	CAT5e	6～8
16	6分管	ø25	CAT6	4～6
17	线槽	24×14	CAT5e	4～6
18	线槽	24×14	CAT6	4～5
19	线槽	38×17	CAT5e	8～10
20	线槽	38×17	CAT6	6～8
21	线槽	58×22	CAT5e	18～20
22	线槽	58×22	CAT6	16～18
23	线槽	95×25	CAT5e	30～40
24	线槽	95×25	CAT6	20～30

【思考题】

在确定线槽规格时,为什么查表法比计算法应用更广泛?

4.7.6 确定双绞线的箱数

◉查表法 VS 计算

根据每层楼所有工作区的语音和数据信息点的数量,利用以下公式计算每层线缆数量。

平均每个信息点的线缆长度(C)＝平均线缆长度＋备用部分＋端接容差

平均线缆长度＝0.5×(L＋S)

备用部分＝0.05×(L＋S)

端接容差为 6～10m。

即:

$$C=0.55×(L＋S)＋6$$

$$F=Floor(305/C)$$

$$B=Ceiling(n/F)$$

式中:L——离 FD 最远信息插座的距离;

S——离 FD 最近信息插座的距离;

C——平均每个信息点的线缆长度;

F——每箱双绞线能安装的信息点数量;

$Floor(305/C)$——向下取整;

$Ceiling(n/F)$——向上取整;

B——所需线缆总箱数(305 米/箱);

n——信息点数量。

说明:计算双绞线的用量需要分别测量距离机柜最远(L)和最近(S)的距离,总平均备用部分为平均线缆长度的 10% ,即 $[0.5\times(L+S)]\times10\%$ 。

【思考题】

为什么确定每箱电缆支持信息点数量时是向下取整的,而确定网线箱数时却是向上取整的?

◉向上取整和
　向下取整

【例 4-2】　一栋平房内要安装 125 个信息点,其中离电信间最近的信息点敷设电缆长度 $S=25m$,最远的信息点敷设电缆长度 $L=82m$,请问共需准备的线缆数量为多少?

解:总平均电缆长度:

$$C=0.55(L+S)+6=0.55(25+82)+6=64.85(m)$$

每箱线缆支持信息点数量:

$$F=\text{Floor}(305/C)=\text{Floor}(305/64.85)=\text{Floor}(4.7)=4(\text{个})$$

共需要网线数量:

$$B=\text{Ceiling}(n/F)=\text{Ceiling}(125/4)=\text{Ceiling}(31.25)=32(\text{箱})。$$

4.7.7　确定机柜和配线架

如图 4.68 所示,机柜一般是冷轧钢板或合金制作的用来存放计算机和相关控制设备的物件,可以提供对存放设备的保护,屏蔽电磁干扰,有序、整齐地排列设备,方便以后维护设备。机柜一般分为服务器机柜、网络机柜、控制台机柜等。

U 是国际通用的机柜内设备安装所占高度的一个特殊计量单位,$1U=44.45mm$ 。U 是指机柜的内部有效使用空间,使用机柜的标准设备的面板一般都是按 n 个 U 的规格制造。对于一些非标准设备,大多可以通过附加适配挡板装入 19 英寸机箱并固定。42U 机柜是最常见的标准机柜,除 42U 标准机柜外,47U、37U、32U、20U、12U 以及 6U 机柜也是常见的机柜。

配线架是设备间里最重要的组件,是综合布线各个子系统之间连接的枢纽。配线架通常安装在机柜或机架上。不同种类的配线

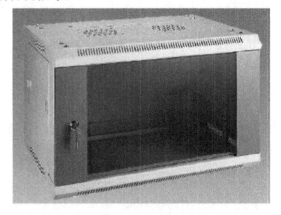

图 4.68　机柜

架可以满足 UTP、STP、同轴电缆、光纤、音频、视频的需要。在网络工程中常用的配线架有双绞线配线架和光纤配线架。常用的配线架可分为嵌入式配线架和模块式配线架两种。

1. 嵌入式配线架

嵌入式配线架的模块是与配线架分离的,打好模块后直接嵌入到配线架上,一般采用免打模块,在实际工程中应用较少。其外形和安装效果如图 4.69 和图 4.70 所示。

图 4.69 嵌入式配线架

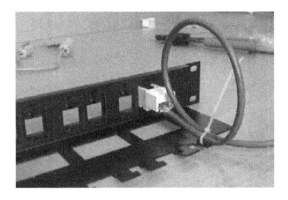

图 4.70 嵌入式配线架嵌入模块后的效果

2. 模块式配线架

模块式配线架的模块与配线架是一体的,如图 4.71 所示。

图 4.71 模块式配线架

机柜规格型号确定方法如下:

(1)计算本楼层需要的配线架的数量。

$$F = \mathrm{Ceiling}(n/24)$$

式中:F——本层配线架的数量;

n——本层的信息点数量。

(2)计算本层机柜规格。

$$U = F \times (3 + h)$$

式中:U——本层机柜的规格,一般不超过 48U;

F——本层配线架的数量;

3——配线架+理线架+交换机,占 3U;

h——各个配线架之间的空隙为,取值为 1 或 2。

【例 4-3】 1 栋平房内要安装 125 个信息点,请确定配线架的数量和机柜的规格(h 取 1)。

解:配线架数量为

$$F = \mathrm{Ceiling}(n/24) = \mathrm{Ceiling}(125/24) = 6(\text{个})$$

机柜规格为

$$U=F\times(3+h)=6\times4=24(U)$$

◉配线架端口的冗余

【思考题】

在计算配线架数量时,如果信息点数量刚好能被 24 整除,如何设计配线架端口的冗余呢?

4.8　超五类跳线制作实训

【实训任务】

制作一个超五类网络跳线,一头采用 T568A 线序,另一头采用 T568B 线序。

【实训工具】

◉超五类跳线制作
实训指导

综合布线工具箱中的剥线钳(图 4.72)一把、RJ45 压线钳(图 4.73)一把、网络测线仪(图 4.74)、剪刀一把、长 50cm 的超五类 UTP 一条和超五类水晶头若干个。

图 4.72　剥线钳

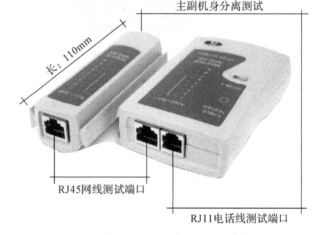

主副机身分离测试

长：110mm

RJ45网线测试端口

RJ11电话线测试端口

图 4.74　测线仪

图 4.73　压线钳

(1) 剥线钳是一种剥去线缆外皮的专用工具,虽然其柄部表面是绝缘材料,但也不可轻易带电操作。

使用注意事项:

①使用时钳卡口的大小应和线缆的外径相对应。卡口选大了,外皮剥不下来;卡口选小了,就会损伤或切断里面的铜导线,甚至损坏剥线钳。

②剥线的时候,用力要均匀,力道过大容易损坏钳子或伤到线芯。

③不允许把剥线钳作为其他工具使用,以免损坏剥线钳。

④带电操作时,要首先查看柄部绝缘是否完好,检查完好后方可进行操作,以防触电。

(2)压线钳在网线的制作过程中,是必不可少的工具之一,也是保证网络畅通的大功臣。压线钳不仅仅用于压制网线,它还可以完成剪线、剥线和压线三种任务。

压线钳的第一个刃口是用来剥皮的,在钳子合拢的时候应该有大约 1.5mm 的空隙。第二个是用来剪断的,没有一点空隙。中间"凸"字形状的空间是用来压线的。压线的时候每根线都要顶到水晶头前部,网线外皮最好也进入水晶头中 2~3cm,目的是防止线头脱落,增加接触面。八根线不需要剥皮,压紧了水晶头中的铜片就会嵌入线中与铜线接触。

使用注意事项:

①放置水晶头时,8 个锯齿要正好对准铜片。

②压接水晶头时,用力要均匀,否则水晶头有可能损坏。

【实训步骤】

(1)用双绞线剥线钳将双绞线外皮剥去 2~3cm,并剪掉撕裂绳,如图 4.75 所示。剥线的时候控制好剥线器剥线口的大小,注意不要割破或割断线芯;否则需重复步骤(1)。

(2)分开每一对线对(开绞),并将线芯按照 T568B 或 T568A 标准排序,将线芯理直拉平,如图 4.76 所示。注:4 根线对之间尽量不要交叉,方便于插线和保证水晶头美观。

T568A 线序为白绿—绿—白橙—蓝—白蓝—橙—白棕—棕。

T568B 线序为白橙—橙—白绿—蓝—白蓝—绿—白棕—棕。

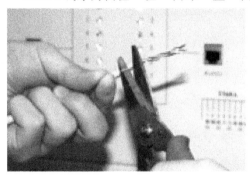 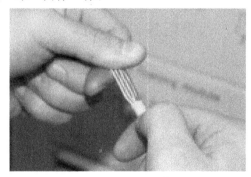

图 4.75　剪掉撕裂绳　　　　　　　图 4.76　按线序理平、理直线芯

(3)用压线钳、剪刀、斜口钳等锋利工具将双绞线线芯平齐剪切。注意保证双绞线线芯开绞长度不超过 13mm;否则会影响双绞线的传输性能,不符合超五类系统的标准。

(4)用拇指和中指捏住水晶头,并用食指抵住,水晶头的方向是金属引脚朝上、弹片朝下,将剪好的双绞线线芯依序插入水晶头凹槽内,并保证直插到顶部。

(5)检查水晶头双绞线的线序是否正确;检查线芯是否到水晶头顶部。

(6)确认无误后,采用 RJ45 压线钳压接水晶头,使水晶头 8 个金属刀片刺破线芯外皮,如图 4.77 所示。

(7)重复步骤(1)~(6)制作另一端连接头,完成一条超五类跳线的制作。

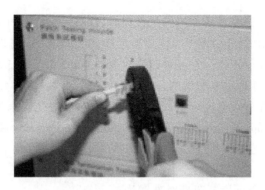

图 4.77   用压线钳压接水晶头

【实训结果】

(1) 检查跳线两边水晶头金属片是否全部压接下去。注:若没全部压接下去,则需要重新压接或重做水晶头。

(2) 将跳线插到测线仪的两个 RJ45 接口上,观测模组指示灯的闪亮顺序。如果指示灯按顺序闪亮则跳线通断测试通过,否则需重新检查两端水晶头是否有故障,是则需重新制作相应的水晶头。

4.9   六类跳线制作实训

▶六类跳线制作
实训指导

【实训任务】

制作一个超六类网络跳线,一头采用 T568A 线序,另一头采用 T568B 线序。

【实训工具与材料】

综合布线工具箱中的剥线钳一把、RJ45 压线钳一把、跳线测试模组、剪刀一把、长约 50cm 的六类 UTP 一条和六类水晶头若干个。

【实训步骤】

(1)用双绞线剥线钳将双绞线外皮剥去 2~3cm,并用剪刀把双绞线中间的十字骨架剪除,如图 4.78 所示。避免在剥线或剪除十字骨架时剪伤或割断双绞线线芯,否则需重复步骤(1)。

(2)分开每一对线对(开绞),并将线芯按照 T568B 或 T568A 标准排序,将线芯理直拉平。线对之间尽量不要交叉,便于插线和保证水晶头美观。

(3)用压线钳、剪刀、斜口钳等锋利工具将理直双绞线线芯按 45°斜角剪切(方便插入接线端子),长度适中,如图 4.79 所示。

图 4.78　剪除隔离十字骨架

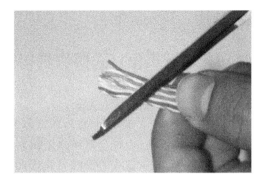

图 4.79　按 45°剪齐线芯

　　(4)将剪好的双绞线线芯插入接线端子(接线端子卡口朝上),确保线芯已完全穿过接线端子,然后把多余的线芯用剪刀平齐剪切,如图 4.80 所示。

　　(5)以拇指和中指捏住水晶头并用食指抵住,水晶头的方向是金属引脚朝上、弹片朝下。另一只手捏住接线端子(卡口朝上)缓缓地插入水晶头凹槽,确保插到水晶头顶部,如图 4.81 所示。

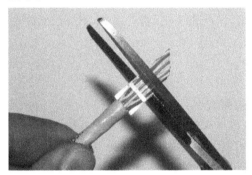

图 4.80　插入接线端子并剪除多余导线

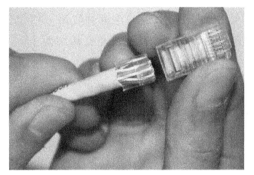

图 4.81　将接线端子插入水晶头

　　(6)再次检查水晶头双绞线的线序是否正确;检查线芯是否到水晶头顶部[为减少水晶头的用量,可重复练习步骤(1)~(5),熟练后再进行下一步]。

　　(7)确认无误后,采用 RJ45 压线钳压接水晶头,使水晶头 8 个金属刀片刺破线芯外皮。

　　(8)重复步骤(1)~(6)制作另一端连接头,完成一条跳线的制作。

　　【实训结果】

　　(1)确认多功能操作台上内嵌的跳线测试模组性能正常。

　　(2)检查跳线两边水晶头金属片是否全部压接下去。注:若没全部压下去,则需要重新压接或重做水晶头。

　　(3)将跳线插到跳线测试模组的两个 RJ45 接口上,观测模组指示灯的闪亮顺序,如果指示灯按顺序闪亮则跳线通断测试通过,否则需重新检查两端水晶头是否故障,是则需重新制作相应的水晶头。

4.10 超五类免打式模块端接实训

⊙免打式模块
端接实训指导

免打式模块(全称 RJ45 免打线网络模块),使用一个塑料端接帽把每根导线端接在模块上,每个塑料端接帽上都标有 T568A 和 T568B 的接线标准的颜色编码,双绞线的每根导线按照端接帽上的颜色编码依次插入,再把塑料端接帽压接在模块底座上就完成了免打式模块的端接。因为免打式模块端接过程较为简单、方便、快捷,所以在工程中已广泛使用。

【实训任务】

制作一个超五类网络跳线,一头采用 T568A 线序,另一头采用 T568B 线序。

【实训工具与材料】

综合布线工具箱中的剥线钳一把、跳线测试模组、压线钳一把、剪刀一把、长 50cm 的超五类 UTP 一条、超五类免打模块两个。

【实训步骤】

(1) 用剥线钳将双绞线外皮剥去 2~3cm,并剪掉撕裂绳。
(2) 按照信息模块扣锁端接帽上标有的 T568B 或 T568A 标准,将线芯理直拉平。
(3) 用剪刀将理直拉平的双绞线剪 45°斜角(便于插入端接帽)。
(4) 将剪好的双绞线线芯穿过扣锁端接帽,如图 4.82 所示。
(5) 把插入扣锁端接帽后多出的线芯拉直并弯至反面。
(6) 用剪刀将扣锁端接帽反面顶端处的线缆剪平,如图 4.83 所示。
(7) 最后将扣锁端接帽压接至模块底座,完成模块的端接,如图 4.84 所示。
(8) 重复步骤(1)~(7),完成一条链路的端接。

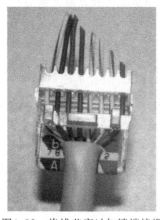
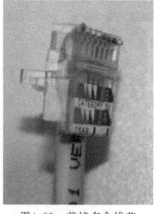

图4.82 将线芯穿过扣锁端接帽　　图4.83 剪掉多余线芯　　图4.84 将接线端子压接到模块上

【实训结果】

（1）确认多功能操作台上内嵌的跳线测试模组性能正常，准备好两条好的跳线。

（2）检查链路模块端接标准的一致性。

（3）检查线缆开绞的距离是否小于 13mm。

（4）检查扣锁端接帽是否充分压接到模块底座。

（5）将两根跳线分别接到链路两端，插到跳线测试模组 RJ45 接口上。

（6）观察跳线模组指示灯的闪亮顺序。如果指示灯按顺序闪亮则链路通断测试通过，否则需重新检查链路两端模块及查找故障，重新端接相应的模块。

4.11　超五类屏蔽式模块端接实训

▶屏蔽式模块
端接实训指导

屏蔽模块通过屏蔽外壳将外部电磁波与内部电路完全隔离。因此它的屏蔽层需要与对绞电缆的屏蔽层连接，以形成完整屏蔽结构。对于模块而言，屏蔽外壳是防护电磁干扰的重要屏障，在完成屏蔽模块的端接后，屏蔽外壳完全包裹了屏蔽模块的五个面，剩下的模块正面通过屏蔽跳线进行插头封闭。

【实训任务】

完成 2 个超五类屏蔽式模块的端接。

【实训工具与材料】

综合布线工具箱中的剥线钳一把、压线钳一把、跳线测试模组、剪刀一把、长 50cm 超五类 FTP 一条、超五类屏蔽模块两个。

【实训步骤】

（1）用剥线钳将双绞线外皮剥去 3～4cm，注意不要剥伤超五类屏蔽网线的屏蔽层。

（2）把剥开的铝箔层去掉，只留下汇流导线，如图 4.85 所示。

（3）按照接线端子色标，将线芯卡接到相应的卡槽，如图 4.86 所示。

（4）剪掉多余的线芯，卡接到相应的模块上，注意不要把方向搞反，否则会损坏模块，如图 4.87 所示。

（5）采用模块自带金属外框，将接线端子冲压到模块上，使之相互卡紧连通，如图 4.88 所示。模块金属外框闭合效果如图 4.89 所示。

（6）将线缆内的汇流导线缠绕在模块尾部，完成模块的端接，如图 4.90 所示。

（7）重复步骤（1）～（6），完成一条屏蔽链路的端接。

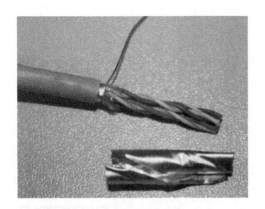

图 4.85 剥皮,展开屏蔽层

图 4.86 按照色标把线芯卡接到相应的卡槽

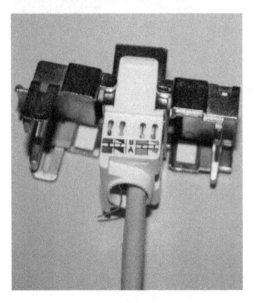

图 4.87 剪掉多余的线芯,卡接到模块上

图 4.88 采用模块自带金属外框,闭合起来

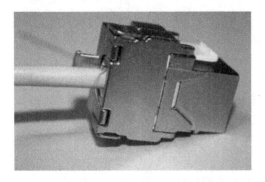

图 4.89 模块金属外框闭合效果

图 4.90 将汇流导线缠绕在模块尾部

【实训结果】

(1)确认多功能操作台上内嵌的跳线测试模组性能正常,准备好两条屏蔽跳线。

(2)检查链路模块端接标准的一致性。

（3）检查线缆开绞的距离是否小于5mm。

（4）检查线缆屏蔽层与模块屏蔽层是否充分接触。

（5）将两根跳线分别接到链路两端，插到跳线测试模组RJ45接口上。

（6）观察跳线测试模组指示灯的闪亮顺序（测试模组的S灯亮，表示通过屏蔽测试）。如果指示灯按顺序闪亮则链路通断测试通过，否则需重新检查链路两端模块及查找故障，重新端接相应的模块。

4.12　六类打线式模块端接实训

⊙打线式模块
端接实训指导

打线式模块（又称冲压型模块）需要用打线工具将每个电缆线对的线芯端接在信息模块上。每个模块的两侧都有相应的T568A和T568B接线颜色编码，而且六类打线式模块带有两个小进线孔，把同侧的两对线缆分上、下两层压接，通过这些编码和两个小进线孔可以确定双绞线电缆每根线芯的相应位置。

打线工具使用方法：切割多余线的刀口朝向模块的外侧，打线工具垂直插入模块槽位，垂直用力按压，如听到"咔嗒"一声，说明工具的凹槽已经将线芯压到位，线芯已嵌入金属夹子里，金属夹子已经切入绝缘皮咬合铜线芯形成通路。注意事项如下：

（1）刀口向外：若弄错了方向，一旦打线就会切断本来应该连接的铜线，造成线缆断路。

（2）垂直按压：如果打斜，会使金属夹子的口撑开，失去咬合的能力，并且很有可能将打线端接模块的卡位打坏。

（3）打线时要用手固定好模块，使其不能移动，如果打线用力过猛过大，很容易被其划破割伤，故须注意安全。有时由于打线工具刀口老化原因，需要多垂直按压几次才可以打掉多余的线头。

【实训任务】

完成一个六类打线式RJ45模块的端接。

【实训工具和材料】

综合布线工具箱中的剥线钳一把、110打线工具一把、操作台测试模组、剪刀一把、长约50cm的六类非屏蔽双绞线一条，六类非屏蔽打线式模块两个。

【实训步骤】

（1）用剥线钳将双绞线外皮剥去2～3cm，采用剪刀把双绞线中间的十字骨架剪除，如图4.91所示。

（2）按照模块色标线序将线缆分开，将绿色和蓝色线对穿进线孔（线对保持双绞状态）。

（3）将线芯按模块色标排序，用手压接到每个IDC卡点进行预固定（开绞距离不超过5mm），如图4.92所示。

图 4.91 剥皮并剪除十字骨架

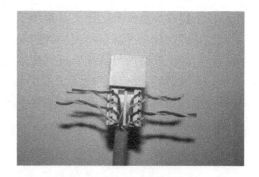

图 4.92 排序,预固定

(4) 采用 110 打线工具(刀口向外,垂直用力),将线芯一一压接到槽口的 IDC 卡点上。同时将多余的线头剪断,如图 4.93 所示。

(5) 把配套的保护帽盖在已经端接好的模块上,起保护作用,如图 4.94 所示。

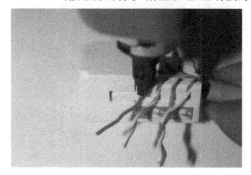

图 4.93 用打线工具压接

图 4.94 检查,盖上保护帽

(6) 重复步骤(1)～(5),完成另一端模块端接。

(7) 采用两条跳线连接两个模块,在操作台测试模组进行测试。

4.13 网络配线架端接实训

▶网络配线架
端接实训指导

【实训任务】

完成网络配线架的端接任务,按照 T568 的标准完成两个网络 RJ45
接口端接。

【实训步骤】

(1)用双绞线剥线钳将双绞线两端的外皮剥去 2～3cm,并剪掉撕裂绳。

(2)按照端接模块上的标识,分好每对线对并保证双绞线开绞距离不超过 5mm,如图 4.95 所示。

(3)把双绞线按照对应的色标卡进端接模块的 IDC 卡位,然后采用 110 打线工具(刀口向外),垂直用力将线芯压接到 IDC 卡点上,如图 4.96 所示。注:每次卡接将会有一声清脆的响声,同时将多余的线头切断。

(4)重复步骤(1)~(3),完成两条 UTP 共 8 次打线。

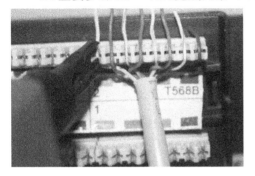

图 4.95 用打线刀进行压接

图 4.96 完成,测试

4.14 管道穿线实训

▶管道穿线实训指导

在电气工程中,需要敷设线缆的场所就需要敷设线缆的管道,弱电系统也不例外。弱电管道系统就是弱电系统所使用的管、槽、井等管道系统,主要分为室内弱电管道系统和室外弱电管道系统。室内弱电管道系统主要由弱电管(PVC 管或镀锌钢管)、弱电线槽(镀锌线槽或 PVC 线槽)和弱电井组成;室外弱电管道主要由弱电井(人孔或手孔)、弱电路由管道组成。

1. 镀锌钢管与 PVC 管

为提高钢管的耐腐蚀性能,对一般钢管(黑管)进行镀锌就形成了镀锌钢管。镀锌钢管分热镀锌和冷镀锌两种。热镀锌管是使熔融金属与铁基体反应而产生合金层,从而使基体和镀层两者相结合,如图 4.97 所示。热镀锌是先将钢管进行酸洗,去除钢管表面的氧化铁,然后在氯化铵或氯化锌水溶液或氯化铵和氯化锌混合水溶液槽中进行清洗,再送入热浸镀槽中。热镀锌具有镀层均匀、附着力强、使用寿命长等优点。冷镀锌就是电镀锌,镀锌量很少,只有 $10\sim50\mathrm{g/m^2}$,其本身的耐腐蚀性比热镀锌管差很多。正规的镀锌管生产厂家,为了保证质量大多不采用电镀锌(冷镀)。推荐在工程施工中尽量采用热镀锌钢管,当然也可以采用冷镀锌钢管。镀锌钢管按照直接通常可以划分为 ø20、ø25、ø32、ø40mm 等多种规格,长度通常为 3~5m。

PVC 的全称是 Poly Vinyl Chloride,主要成分为聚氯乙烯,另外加入其他成分来增强其耐热性、韧性、延展性等。这种表面膜的最上层是漆,中间的主要成分是聚氯乙烯,最下层是背涂黏合剂。PVC 可分为硬 PVC(UPVC)和软 PVC。其中硬 PVC 大约占市场的 2/3,软 PVC 占 1/3。软 PVC 一般用于地板、天花板以及皮革的表层。硬 PVC 不含柔软剂,因此柔韧性好,易成型,不易脆,无毒无污染,保存时间长,多用于弱电系统的管道中,如图 4.98 所示。PVC 管的规格也比镀锌钢管多,从 ø20mm~ø150mm 多种规格都有,而且有适用于电

图 4.97　热镀锌钢管

图 4.98　PVC管

信系统的蜂窝管(即一个大管中有很多个小管)。超过 ø60mm 的 PVC 管多用于室外弱电管道。

2.线管的电缆敷设原则

线管可以采用镀锌钢管或 PVC 管。镀锌钢管的管和管连接采用丝扣连接,用圈丝板套丝扣;管子可用切割机切断;管子的弯曲用弯管器,或用现成的弯头连接。PVC 管采用 PVC 胶和连接。

线管与接线盒的连接用锁紧螺母固定,当线管与设备直线连接时,应将线管敷设到设备的接线盒内。此时,线管端部应增设金属软管,再引入设备的接线盒内,且管口应包扎紧密;对于潮湿场所,还应增设防水弯头。

线管的敷设应遵循以下原则:

(1) 管的弯曲角度不应小于 90°,弯曲处不应有凹陷、裂缝和明显的弯扁。

(2) 线管应排列整齐、固定牢固,管卡间距应均匀。

(3) 线管的连接应保证整个系统的电气连续性。

(4) 线管配线有明配和暗配两种。明配管要求横平竖直、整齐美观;暗配管要求管路短,畅通,弯头少。

(5) 为便于管子穿线和维修,在管路长度超过下列数值时,中间应加装接线盒或拉线盒,其位置应便于穿线:

①管子长度每超过 40m,无弯曲时;

②长度每超过 25m,有一个弯时;

③长度每超过 15m,有两个弯时;

④长度每超过 10m,有三个弯时。

(6) 线管的固定:明配线管在转弯处或直线距离每隔 1.5m 应加固定夹子。

(7) 凡有砂眼、裂缝和较大变形的管子,禁止用于配线工程。

(8) 线管的连接应加套管连接或扣连接。

(9) 垂直敷设的管子,按穿入导线截面积的大小,在每隔 10～20m 处增加一个固定穿线的接线盒(拉线盒),用绝缘线夹将导线固定在盒内。导线越粗,固定点之间的距离越短。

(10) 管孔内预设一根镀锌铁线。

3.管内穿线工艺要求

工艺流程:清扫管路→穿引线钢丝→选择导线→放线→穿线。

清扫管路:用压缩空气机将空气吹入已敷设的管路中,除去残留的灰土和水分。如无压缩空气机,可在钢丝上绑上破布,来回拉几次,将管内杂物和水分擦净。特别是对于弯头较多或管路较长的钢管,为减少导线与管壁摩擦,可随后向管内吹入滑石粉,以便穿线。

穿引线钢丝:管内穿线前大多数情况下都需要用钢丝做引线,用 ø1.2mm~ø2.5mm 的钢丝,可以采用专用引线器,如图 4.99 所示。

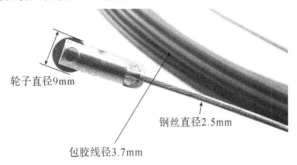

图 4.99　引线器

也可以自己制作钢丝引线器,用尖嘴钳将钢丝头部弯成封闭的菱形,牵引头做得越小越好,做好后将牵引头由管一端逐渐送入管中,直到另一端露出头时为止。有时因管路较长或弯头较多,可在敷设管路时就将引线穿好。穿钢丝时,如遇到管接头部位连接不佳或弯头较多及管内存有异物,钢丝滞留在管路中途,可用手转动钢丝,使引线头部在管内转动,钢丝即可前进。否则要在另一端再穿入一根引线钢丝,估计超过原有钢丝端部时,用手转动钢丝,待原有钢丝有动感时,即表明两根钢丝在一起,再向外拉钢丝,将原有钢丝拉出。

放线:放线前应根据施工图,对导线的规格、型号进行核对,发现线径小、绝缘层质量不好的导线应及时退换。放线时为使导线不扭结、不出背扣,应将导线放得长一些。切不可从外圈抽线头放线,否则会弄乱整盘导线或使导线打成小圈扭结。

钢丝与导线捆绑:当导线数量为 2~3 根时,将导线端头插入引线钢丝端部圈内折回,如导线量较多或截面较粗,为了防止导线端头在管内被卡住,要装导线线头剪成长短不一,并用钢丝钩住中心导线的绝缘层,最后用电工胶布扎紧,如图 4.100 所示。

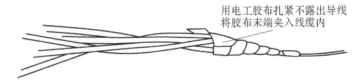

图 4.100　钢丝与导线捆绑

管内穿线:导线穿入钢管内后,应检查管口是否留有毛刺和刃口,以免放、穿线时损坏导线绝缘层。不同回路、不同电压和交流与直流的导线,不得穿入同一管内。穿入管内的导线不应有接头,导线的绝缘层不得损坏,导线也不得扭曲。接线盒、灯位盒、开关盒内留线长度出盒口不大于 0.15m。

管路穿线时送力及拉力应均匀,严禁猛拉猛拽。电缆接头应牢固可靠,并做好绝缘包扎。

【实训任务】

制作一个钢丝牵引头和钢丝与导线捆绑连接,并在实训场地预埋 PVC 管中完成穿线过程。要求：

  （1）钢丝牵引头为菱形。

  （2）钢丝牵引头尺寸较小。

  （3）双绞线与钢丝捆扎牢固。

【实训步骤】

  （1）用尖嘴钳将钢丝牵引头制作成菱形。

  （2）使用胶布将双绞线与钢丝进行捆扎。

  （3）在实训场地的 PVC 管内完成穿线。

4.15　PVC 线槽线管成型制作实训

▶ PVC 线槽线管
成型制作实训指导

  PVC 线槽即聚氯乙烯线槽，一般通用叫法有行线槽、电气配线槽、走线槽等。采用 PVC 塑料制造，具有绝缘、防弧、阻燃自熄等特点，主要用于电气设备内部布线，在 1200V 及以下的电气设备中对敷设其中的导线起机械防护和电气保护作用。使用 PVC 产品后，配线方便，布线整齐，安装可靠，便于查找、维修和调换线路。

  从规格上讲有 20mm×12mm，25mm×12.5mm，25mm×25mm，30mm×15mm，40mm×20mm 等。

  与 PVC 线槽配套的附件有阳角、阴角、直转角、平 3 通、顶 3 通、左 3 通、右 3 通、连接头、终端头、接线盒（暗盒、明盒）等，如表 4.8 所示。

表 4.8　PVC 线槽配套的附件

产品名称	图　例	产品名称	图　例	产品名称	图　例
阳角		平 3 通		连接头	
阴角		顶 3 通		终端头	
直转角		左 3 通		接线盒插口	
		右 3 通		灯头盒插口	

  在综合布线系统中一般使用的金属槽的规格有 50mm×100mm、100mm×100mm、100mm×200mm、100mm×300mm 和 200mm×400mm 等多种规格。

【实训任务】

制作两个弯角(直角、内角),完成一支线管弯曲。

【实训工具与材料】

39mm×19mm PVC 线槽 1m、ø20mmPVC 管 1m、线槽剪刀一把、线管剪一把、铅笔一支、直角一把、ø20mm 弯管器、卷尺一把。

【实训步骤】

1.线槽成型

(1) 裁剪长为 1m 的 PVC 线槽,制作两个弯角(直角、内角)。

(2) 在 PVC 线槽上测量 300mm 画一条直线(直角成型),测量线槽的宽度为 39mm。

(3) 以直线为中心向两边量取 55mm 画线,确定直角的方向画一个直角三角形,如图 4.101所示。

(4) 使用线槽剪刀裁剪所画的三角形,形成线槽直角弯,如图 4.102、图 4.103 所示。

图 4.101　测量,画出等腰直角三角形

图 4.102　剪裁出画线的三角形

(5) 如图 4.104、图 4.105 所示,完成内角、外角制作。

图4.103　直角

图4.104　内角

图4.105　三个角完成后效果

2.线管成型

(1) 裁剪长为 1m 的 PVC 线管,制作直角弯。

(2) 在 PVC 线管上测量 300mm 画一条直线。

(3) 用绳子将弯管器绑好,并确定好弯管的位置,如图 4.106 所示。

(4) 将弯管器插入 PVC 管内,用力将 PVC 管弯曲。注意控制弯曲的角度。

(5) 最终完成 PVC 线管的成型制作,如图 4.107 所示。

图 4.106 测量、确定要弯曲的位置

图 4.107 弯管成型

⊙平面路由图
设计实训指导

4.16 计算机教室平面布置图设计实训

【实训任务】

某小学要建设一间计算机教室,该教室配备学生机 45 台,教师机 2
台,教室需承担小学生的信息技术课程,该校已准备 9 米×10 米教室一间。请使用
AutoCAD 或 Visio 设计该计算机教室的平面布置图。

【实训要求】

(1) 采用一字布局或背靠背布局。

(2) 要有详细的图例及标尺。

(3) 平面布线路由图、立面图、剖面图采用 1∶100 比例(在特殊情况下,可采用 1∶150,
1∶200 比例)。

(4) 平面节点详图,墙身节点详图宜采用 1∶20 比例(细部节点也可采用 1∶5,1∶10 比
例)。

【实训步骤】

(1)新建绘图:点击[文件]──→[新建]──→[建筑设计图]──→[平面布置图]命令,创建一
个新的绘图,同时打开"平面布置图"模板以及相关模具,包括"批注""建筑物核心""绘图工
具形状""电气和电信""尺寸度量-工程""墙壁、外壳和机构"6 个模具。

(2)绘制平面布置图:分别通过绘制外墙结构、绘制内墙、绘制门窗等步骤完成平面布置
图的绘制。

(3)保存文件:执行[文件]──→[保存]命令,将绘制好的图形文件以"学号＋姓名＋教室
平面布线路由图.vsd"为名保存并提交作业。

4.17　计算机教室网络建设方案设计实训

▶计算机教室网络建设
方案设计实训指导

【实训任务】

某小学要建设一间计算机教室,该教室配备学生机 45 台,教师机 2 台,教室需承担小学生的信息技术课程。该校已准备 9 米×10 米教室一间,请你替该校设计一个网络建设方案。

【实训步骤】

以小组为单位组织实训,共分为 8 组,每小组 6～7 名学生,其中 1 名学生为项目组长。小组内每名学生都要设计一份"×××计算机教室网络建设方案",完成后在组内开展互评,由各小组成员轮流介绍自己的招投标方案,每小组要选拔出 1 份建设方案参加班级的评审答辩,评分标准如表 4.9 所示。之后成立班级评审委员会,评标委员会由每小组派出的代表组成,共计 8 人,自己小组答辩时回避。

表 4.9　项目方案评分标准

序号	评价项目	评价内容	分值	得分
1	项目概述	项目背景、建设目标是否描述清楚?	5	
2	需求分析	需求分析是否充分?	10	
3	网络拓扑图设计	网络拓扑图设计是否合理?	5	
4	信息点编号	信息点编号是否规范?	10	
5	平面布线路由图设计	平面结构图设计是否规范?	20	
6	网络设备选型	设备选型是否符合项目要求?	10	
7	设备及材料预算	设备及材料预算是否完整? 计算是否正确?	20	
8	PPT 演示文档	PPT 制作是否精良	10	
9	语言表达能力	语言表达是否清晰、流畅	10	
合计			100	

各小组要针对评审答辩制作 PPT 演示文档,向评标委员会介绍建设方案,并经过答辩。由评审员会评定各小组的投标分数(去掉一个最高分和一个最低分,得到平均成绩)。

各小组成绩评定后,指导教师根据各小组实训过程中的态度及参与情况给出加减分,得到小组的实训成绩。

各小组以实训成绩为基准,填写小组合作学习评价表,如表 4.10 所示。根据小组成员组内的排名以及实际贡献,确定个人成绩。小组各成员的个人成绩的总平均值不能大于小组的实训成绩。

表 4.10 小组合作学习评价表

实训项目名称				
小组编号		组长		
班级评价成绩（班级评审委员会依据项目方案评分标准评价的成绩）				
指导老师评价（根据本小组实训过程状况，并酌情加、减分）				
本小组实训成绩				
小组成员	组内互评排名	姓名	该成员的组内分工工作及完成情况	个人成绩
	1			
	2			
	3			
	4			
	5			
	6			
	7			
	8			
小组成员签名				

4.18 项目总结

在本项目中，我们以建设某校计算机教室网络工程为线索，了解了综合布线的标准，初步认识工作区、配线子系统、集合点、干线子系统、建筑群子系统、设备间、电信间、进线间、管理等 9 个综合布线的组成部分；了解了局域网 IP 地址的范围和交换机的主要性能指标，学会了使用 Visio 绘制网络拓扑图与机柜大样图；学会了布线材料的选择与计算方法；掌握了管道穿线、线槽成型、跳线与模块制作等技能。

4.19 习题

1. 在图 4.108(a)和图 4.108(b)中分别是什么标准的信息插座引线？信息的插座模块上的 8 根触针中，与 100Mbps 网络适配器引脚数据收发有关的分别是哪几根？

2. 说出综合布线的设计主要步骤。

3. 设计综合布线系统时应注意哪些原则？

4. 综合布线系统的设计等级可以分为哪 3 级，每个等级有何特征？

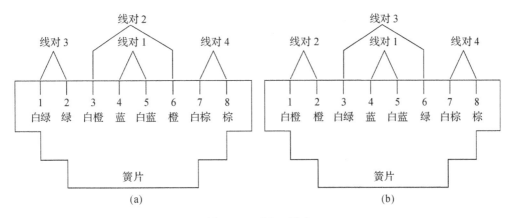

图 4.108　RJ45 线序

5. 建筑群配线架(CD)、建筑物配线架(BD)和楼层配线架(FD)分别属于哪个布线子系统？

6. 综合布线采用的传输介质有几种方式？

7. 简述非屏蔽双绞线电缆(UTP)的优点,以及常见 UTP 型号。

8. 双绞线的质量由哪些因素决定？

9. 为什么双绞线在施工拉线过程中用力不能太大,固定绑扎也不能太紧？

10. 在综合布线系统中配线架起到什么作用？

11. 综合布线的线路长度主要是受到哪些因素的制约？

12. 在综合布线系统中应该如何统计水晶头和信息模块数量？

13. 综合布线系统 3 个不同设计等级的应用范围和配置有什么不同？

14. 在综合布线系统中,如果水平干线子系统使用双绞线,则应怎样计算所需双绞线的长度？

15. 说出垂直干线子系统的设计范围？一般应怎样布线？

16. 建筑群子系统通常有哪几种布线方法？各有什么特点？

17. 简述综合布线系统的设计步骤。

18. 计算 30mm×16mm PVC 线槽所容纳双绞线的数量(双绞线直径为 6mm)。

19. 计算 ⌀40mm 的 PVC 线管所容纳双绞线的数量(双绞线直径为 6mm)。

20. 住宅平面布线路由图如图 4.109 所示,已知电信间设在楼梯口,除了阳台、厨房、储藏室,每个房间都要设置 2 个信息点,请计算该弱电工程需要的双绞线、模块、面板、水晶头、配线架、PVC 管等材料规格和数量,并列出清单。

单位：mm

图 4.109　住宅平面布线路由图

项目 5

大楼网络工程的设计与施工

在本项目中,我们将学习针对一幢大楼的网络工程方案设计,重点要学会设备间、干线子系统、桥架系统是如何设计的,以及综合布线测试等技术,掌握桥架敷设、机柜理线、配线管理等技能。

本项目的学习重点:

- 选择设备间位置;
- 干线子系统与配线子系统设计;
- 桥架系统设计;
- 线缆敷设;
- 布线链路测试。

5.1 分析大楼网络工程案例

本节任务:本案例中以设计某学院一幢六层楼学生宿舍的综合布线工程建设方案为例,初步了解大楼综合布线方案设计的相关内容及要点,在阅读过程中要关注案例中的一级标题、二级标题,懂得撰写综合布线工程方案的思路。

◉ 大楼网络工程案例任务

某学院学生宿舍综合布线改建工程方案

一、工程概况

本方案是针对一幢六层高宿舍楼的网络布线系统设计,该宿舍是一幢旧建筑,当初没有设计网络应用,第 1、2、6 层各 17 间房,第 3、4、5 层各 19 间房,每间房可住 6 人。根据用户需求,按一人一个信息插座的要求配置综合布线系统。

工程名称:某学院学生宿舍 B 楼综合布线工程。

地理位置:学生宿舍区。

建筑物数量:六层建筑物一幢。

【思考题】

描述工程概况的要领是什么？

二、设计原则与目标

宿舍网络作为校园网的重要组成部分，在规划和设计时要充分考虑 计算机网络系统、各子系统对综合布线的要求，必须使其符合国家标准和 行业标准，把综合布线系统建设成一个可靠、开放、高带宽、可拓展，并满足未来发展的布线系统。综合布线系统是为数据传输提供实用、灵活、可扩展、可靠的模块化介质通路，工程所用的线缆、接插件等各类设备、配件，必须考虑到先进性、兼容性、开放性、可靠性、灵活性、经济性的设计原则。

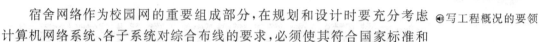

◉写工程概况的要领

学生宿舍是学生使用校园网络的主要场所，综合布线要建立以计算机为主的网络基础平台，使其对校园网络信息系统的支持达到先进水平。在保证技术领先的同时，实现布局合理、便于管理、易于升级，并具有多样的、灵活的用户连接能力，为学生提供稳定的、不间断的、多业务的网络服务，包括信息化教学管理、网络教学、网上娱乐等网络应用服务。

【思考题】

写工程建设目标的要点是什么？

三、需求分析

1.业务需求

先进的宿舍网络能够让老师通过当今最先进的多媒体教学和科研手段去教育学生，促进学生尽快提高信息技术的应用水平。学生宿舍网提供了学生与外界交流的桥梁，通过宿舍网与教育网以及互联网的连接，实现了教育资源的最大共享和信息的最快获取，便于学生获取全面知识。

◉工程建设目标

【思考题】

为了满足这项需求，要求实现哪些网络功能？

2.管理需求

高速运行的宿舍网络既可以及时地、全方位地让学生了解学校发布的各方面信息，也能让学校通过网络全面了解学生的学习、生活情况，以及对学生进行管理，进而增加了学生与学校之间的互动与交流。

◉要求实现的
网络功能

【思考题】

这项需求与综合布线相关吗？

3.用户需求

学生宿舍网络要面向的用户群体是在校学生，学生是充满激情与活力的群体，他们有新思想，富有创新，思维活跃；但是他们也很冲动，容易为达到自己的目标而不计后果。综合起来，学生宿舍网络在建设时需要

◉这项需求能分析
出的网络功能

考虑的问题主要有：

（1）学生宿舍总的用户数多，绝大部分的学生都有属于自己的电脑，难以实现安装统一的安全软件，因为学习等方面的需要，经常需要在局域网间拷贝数据，所以要求建设的网络规模较大。

（2）学生宿舍应用复杂多样。大学生对新生事物有着太多的激情，他们是一个活跃的群体，而互联网上大量的信息，对学生有着巨大的吸引力。比如信息检索、QQ聊天、网络游戏、在线视频等，这些都需要一定的带宽支持。

（3）学生宿舍上网时间集中，网络流量大：绝大部分学生都是在下课以后或双休日上网，再加上晚上熄灯断网，有许多学生会选择在有网络的时候事先下载网络影视、游戏等，这就造成学生上网时间集中、网络流量峰值明显、网络负载重且容易引起网络拥塞。

（4）学生宿舍安全隐患大：在校学生中部分"高手"，特别是计算机专业类的学生喜欢尝试破解网络服务器密码，进行网络扫描及网络攻击行为；很多学生对计算机的维护与安全不够重视，导致网络病毒泛滥，对网络性能造成较严重影响，甚至网络的瘫痪；教学和科研决定了校园网络环境的开放性，容易给外界的入侵提供便利。

（5）学生宿舍不易管理：学生宿舍存在许多问题，如IP盗用和冲突、设置代理服务器、账号盗用等，管理困难。

【思考题】

以上5项中哪几项与综合布线有直接关系？

4.网络性能分析

学生的视频播放和迅雷下载占流量较大，如表5.1所示。引入桌面要满足100Mbps，对因特网接入带宽有较高要求。

◉需求分析针对性

表5.1 流量及访问频率分析

学生浏览网页名称	对流量要求	访问频率
学院主页	一般	高
迅雷下载	高	高
http页面浏览	低	高
网络Web页面发布	低	低
视频播放，如土豆网	高	一般
学校教学服务器	普通	较高
上网聊天	较低	较高

综合以上因素，在构建学生宿舍网络系统化的时候，不能只是单纯地考虑如何将网络连通、能够上网，而应该制定整体解决方案，一方面既要满足学生宿舍的上网要求，另一方面又要注重安全与管理。在网络的规划与设计方案中必须体现高性能、高安全、易管理、可运营，以同时兼顾上网性能以及上网的安全与管理来确保整个校园网安全、高效、稳定运行。

【思考题】

本例中需求分析有没有得出具体的结论？

四、总体设计

根据目前网络建设和网络应用的实际情况，校园综合布线系统宜采 ◄)需求分析有效性
用万兆主干—千兆汇聚—百兆接入的网络结构。配线子系统宜采用超5
类布线系统，满足近期百兆网络传输；当系统需扩充升级、网络传输到桌面要求达到千兆时，
用户不必对该布线系统做任何更改，只需引入网络新设备，便可支持千兆以太网的应用，适
应未来网络发展的需要。

（1）网络拓扑图设计（略）。

（2）信息点分布情况统计。按所住学生人数，每人分配1个信息点，共108间房。设备
间设置在第4层，B414用作设备间。学生寝室要安装107×6＝642个信息点，宿舍值班室
安装1个信息点，其他服务部4个信息点，共安装信息点647个，其分布如表5.2所示。

表 5.2　信息点分布统计

房号	楼层					
	1层	2层	3层	4层	5层	6层
01 房	6	6	6	6	6	6
02 房	6	6	6	6	6	6
03 房	6	6	6	6	6	6
04 房	6	6	6	6	6	6
05 房	6	6	6	6	6	6
06 房	6	6	6	6	6	6
07 房	6	6	6	6	6	6
08 房	6	6	6	6	6	6
09 房	6	6	6	6	6	6
10 房	6	6	6	6	6	6
11 房	6	6	6	6	6	6
12 房	6	6	6	6	6	6
13 房	通道	通道	6	6	6	6
14 房	通道	通道	6	设备间	6	6
15 房	6	6	6	6	6	6
16 房	6	6	6	6	6	6
17 房	6	6	6	6	6	6
18 房	6	6	6	6	6	—
19 房	6	6	6	6	6	—
其他	3	2	—	—	—	—
小计	105	104	114	108	114	102
合计	647					

【思考题】

得到了信息点的数量后，能计算出哪些布线材料的数量？

◉布线材料的
名称和数量

五、综合布线图纸设计

1.布线标准

(1) ISO/IEC 118012002(信息技术—用户通用布线系统)。

(2) ANSI/EIA/TIA 568B《商务建筑物建筑布线标准》。

(3) GB/T 50311—2016《综合布线系统工程设计规范》。

(4) GB/T 50312—2016《综合布线系统工程验收规范》。

2.图纸设计

(1) 综合布线系统图如图5.1所示。

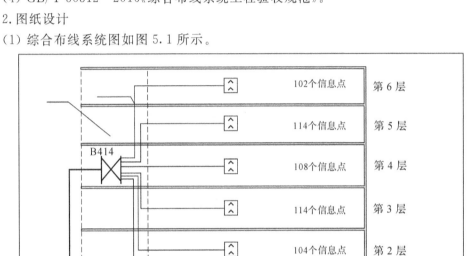

图5.1　综合布线系统图

【思考题】

通过综合布线系统图回答：本楼设置了几个电信间？

(2) 第2层的配线子系统与信息点分布图(第1层与第2层结构相同)如图5.2所示。

◉电信间与设备间
的数量

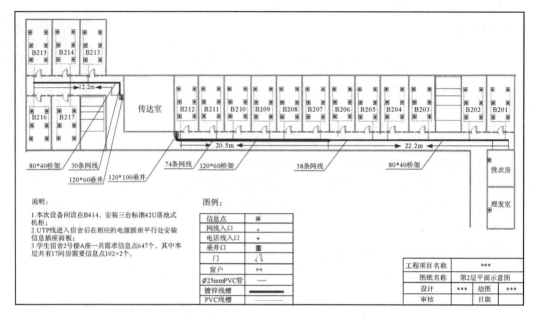

图 5.2　第 2 层综合布线平面布线路由图

【思考题】

在第 2 层综合布线平面布线路由图中"图名""图例""说明"的作用是什么？

（3）第 3 层水平管线与信息点分布图如图 5.3 所示。

（4）第 4 层水平管线与信息点分布图如图 5.4 所示。

◉平面图的绘图规范

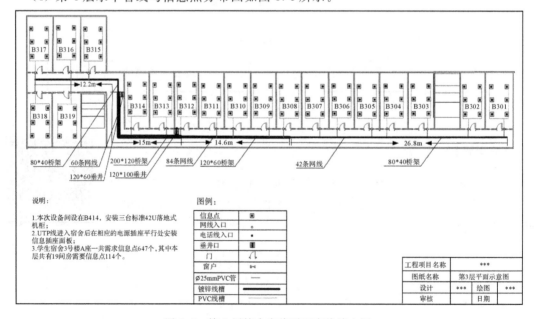

图 5.3　第 3 层综合布线平面布线路由图

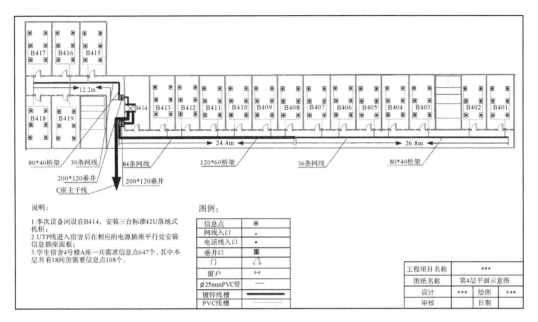

图 5.4　第 4 层综合布线平面布线路由图

（5）第 5 层水平管线与信息点分布图（第 6 层与第 5 层结构相同）如图 5.5 所示。

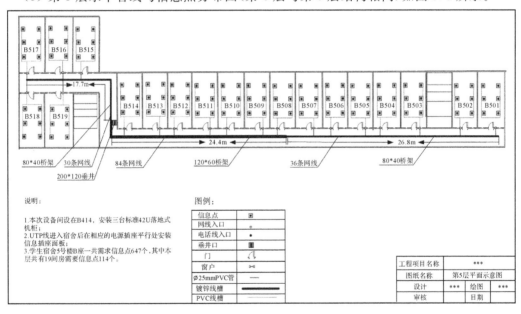

图 5.5　第 5 层综合布线平面布线路由图

【思考题】

根据综合布线平面布线路由图提供的信息能计算出哪些布线材料数量？

◉面线材料的名称
和数量

六、综合布线子系统设计

1. 配线子系统

(1)管线设计。

①垂直主干管线。垂直主干管线采用镀锌桥架(槽式)沿设备间外墙(内走廊)向上和向下敷设,向上用 200mm×120mm×1.5mm 桥架直达第 6 层,布放第 4、5、6 层的线缆。向下用 200mm×120mm 桥架到达第 3 层后,为了避开第 1、2 层的通道,分为 3 条支路:一条水平向东的 80mm×40mm×1.0mm 桥架布放第 3 层东面的线缆;一条垂直向下的 120mm×60mm×1.0mm 桥架到达第 1 层,布放第 1、2 层东面的线缆;一条水平向西弯的 200mm×120mm 桥架,布放第 1、2、3 层西面的线缆,这条桥架到达 B312 房间后,分为两条支路,即分为一条水平向西的 120mm×60mm 桥架布放第 3 层西面的线缆,一条垂直向下的 120mm×100mm 桥架到达第 1 层布放第 1、2 层西面的线缆。

②水平主干管线。水平主干采用立柱吊装镀锌桥架方式。根据线缆的多少分别采用 120mm×60mm 和 80mm×40mm 的镀锌桥架,东面架设在内走廊,西面架设在外走廊,在每个房间处用 ø25mmPVC 管将 6 条电缆引入房间。

③房间内墙面 PVC 线槽。电缆引入房间后用 39mm×19mmPVC 线槽将电缆敷设至房间两边,再采用 24mm×14mmPVC 线槽沿墙面而下敷设至墙面信息插座,由于房间内已铺设纵横交错的强电线路,PVC 线槽交叉通过强电线路时用防蜡管穿过。

④由于走廊上已吊装电力线缆管线,安装的桥架与该电力线缆管线相隔的距离必须符合 GB 50311—2016 标准。

⑤对槽、管大小的选择采用以下简易计算方式:

$$槽(管)截面积＝(n×线缆截面积)/[70\%×(40\%～50\%)]$$

其中:n——用户所要安装的线条数(已知数);

　　　　槽(管)截面积——要选择的槽(管)截面积;

　　　　线缆截面积——选用的线缆截面积;

　　　　70%——布线标准规定允许的空间;

　　　　40%～50%——线缆之间浪费的空间。

(2)水平电缆。

水平布线系统均采用星型拓扑结构,它以设备间 B414 为主结点,形成向工作区辐射的星状线路状态。从设备间 B414 到达楼内任一信息点的距离都不超过 90m,采用超 5 类非屏蔽双绞线,与其相应的跳线、信息插座模块和配线架等接插件也采用超 5 类产品,满足当前传输 100Mbps 的要求和将来升级到 1000Mbps 的需要。

电缆用量计算:

$$A(平均长度)＝0.55(最短长度＋最长长度)＋D$$

其中:D 是端接余量,常用数据是 6～10m,根据工程实际取定。本设计中取 D 为 6m。

具体数量见材料清单(表 5.3)。

2. 工作区

每间宿舍为一个工作区,每间宿舍住 6 位学生,每间宿舍都是按上面为床位下面为写字桌安排,分两边,每边 3 人布局。在写字桌桌面上方 30cm 高的地方都已安装一个电源插座,因此信息插座就安装在与电源插座等高、相距 20cm 的地方，全部是明装。

3.设备间

设备间子系统是在每栋建筑内的适当位置专设的安装设备和建筑物间光纤接入的房间，它还是网络管理和值班人员的工作场所。设备间的温度、湿度、尘埃、照明、电磁场干扰、内部装修、噪声、火灾报警、灭火设施等环境条件及接地性能必须符合 GB/T 50312－2016《综合布线系统工程验收规范》。

一方面由于从设备间到楼内各信息点的距离不超过 90m，另一方面为了管理方便和节省配线间对空间的占用，将设备间设置在该学生宿舍的中心位置 B414 房间，所有的配线管理全部在设备间。

根据配线架、光纤终端盒和网络设备的数量情况，设备间配置 3 台标准 42U 机柜（600mm×600mm），设备间采用高架防静电地板，继续将 200mm×120mm 的槽式桥架敷设在高架地板下，将线缆通过高架地板从机柜底部敷设进机柜。

4.管理

以楼层和房间顺序将信息点布局至 3 台机柜中。在施工图中，对全部信息点进行编号。编号方式：信息点类别＋楼栋号＋楼层号＋房间号＋信息点位置号。该编号与楼层设备间中配线架上的编号一一对应。在水平电缆布放施工中，按编号方式在每一条电缆的两端粘贴编号，以保证配线架上的端口与信息点插座一一对应。由于本次工程只有网络一种信息点，编号中信息点类别可省略，如本工程中 5 号楼 B 座（称为 5B）3 层 11 号房第 5 个信息点的编号为 5B3115。

5.建筑群子系统设计

建筑群子系统设计比较简单，该学院学生宿舍之间已敷设地下通信管道，电缆敷设时直接利用原有管道系统，由于 5 号楼 B 座到学生社区网络中心的距离为 600m，且该设备间同时为 B、C 楼服务，因此选用一条单模 8 芯室外光缆。

七、材料及费用总清单

UTP 采用康普超五类双绞线 5EN5-I 超 5 类线缆，配线架采用康普 UNP510-24P 模块式配线架，材料及费用清单如表 5.3 所示。

表 5.3　材料及费用清单

序号	材料名称	品牌规格	数量	单位	单价	金额
1	单口面板	康普 M10CF-262	660	个	4	2640
2	网络模块	康普 RJ45	660	个	12	7920
3	24 口网络配线架	康普 UNP510-24P	27	个	150	4050
4	超 5 类 UTP 网线	康普超五类双绞线 5EN5-I	105	箱	650	68250
5	网络跳线	康普	680	条	8	5440
6	标准 42U 落地式机柜	图腾机柜 A2664242u	3	台	2500	7500
7	86 型标准底盒	西蒙暗装底盒 45DH86	660	个	2	1320
8	热镀锌槽式桥架	200×120×1.5	18	m	120	2160
9	热镀锌槽式桥架	120×100×1.2	8	m	85	680

续表

序号	材料名称	品牌规格（高×宽×厚度）	数量	单位	单价	金额
10	热镀锌槽式桥架	120×60×1.0	122	m	70	8540
11	热镀锌槽式桥架	80×40×1.0	234	m	60	14040
12	PVC线槽	24mm×14mm	750	条	3	2250
13	其他材料	杂项	—	—	—	2000
14	布线工程接地系统	接地电阻小于4Ω	—	—	—	3000
材料费合计						129790
工程费						64895
合计						194685

【思考题】

该方案相比计算机教室网络建设方案具有哪些不同？

5.2　大楼综合布线的设计要点

◉两种方案的比较

本节任务：在本节中，我们要了解如何设计设备间与电信间；体验大楼综合布线工程中配线子系统、干线子系统、工作区、管理的设计方法。

5.2.1　设备间与电信间设计

1. 设备间位置的选择

设备间是 CD 的安装地点，通常将设备间放在建筑物的中部附近，从而使电缆的距离最短。主设备间应尽量处于干线子系统的中间位置，要便于接地；宜尽可能靠近建筑物电缆引入区；尽量靠近服务电梯，以便运载设备；避免放在高层或地下室以及用水设备的下面；要尽量避免强振动源、强噪声源和强电磁场等；尽量远离有害气体源，以及腐蚀、易燃和易爆炸物。

2. 电信间位置选择

电信间是 FD 的安装地点，通常每层楼设一个电信间。当楼层的办公面积超过 1000m² （或 200 个信息点）时，可增加电信间。当某一层楼的用户很少时，可与其他楼层共用一个电信间。电信间的数目应从服务的楼层范围来考虑。如果配线电缆长度都在 90m 范围以内，宜设置一个电信间；当超出这一范围时，可设两个或多个电信间，电信间之间要设置干线通道。

3. 设备间使用面积的计算方法

设备间的面积应根据能安装所有屋内通信线路设备的数量、规格、尺寸和网络结构等因素综合考虑,并留有一定的人员操作和活动面积。设备间内应有足够的设备安装空间,其面积最低不应小于 $10m^2$。

(1)当计算机系统设备已选型时,可按下式计算:

$$A = K \cdot \sum S$$

式中:A——设备间使用面积(平方米);K——系数,取值为 $5 \sim 7$;S——计算机系统及辅助设备的投影面积(平方米)。

(2)当计算机系统的设备尚未选型时,可按下式计算:

$$A = K' \cdot N$$

式中:A——设备间使用面积(平方米);K'——单台设备占用面积,可取 $4.5 \sim 5.5$(平方米/台);N——设备间所有设备的总台数。

4. 设备间建筑结构标准

设备间梁下高度为 $2.5 \sim 3.2m$;门(高,宽)为 $2m \times 0.9m$;地板承重为 A 级 $\geqslant 500kg/m^2$,B 级 $\geqslant 300kg/m^2$。

在地震区的区域内,设备安装应按规定进行抗震加固,并符合 YD 5059—2005《电信设备安装抗震设计规范》的相应规定。

5. 设备安装规范

(1)机架或机柜前面的净空尺寸不应小于 800mm,后面净空尺寸不应小于 600mm。

(2)壁挂式配线设备底部离地面的高度不宜小于 300mm。

(3)在设备间安装其他设备时,设备周围的净空尺寸要求按该设备的相关规范执行。

6. 设备间的环境条件

(1)温度:设备间室温应保持在 $10 \sim 30℃$。

(2)湿度:相对湿度应保持在 $20\% \sim 80\%$,并应有良好的通风。

设备间温度和湿度对电子设备的正常运行及使用寿命有很大的影响,所以对于温度和湿度是有严格要求的,一般将温度和湿度分为 A、B、C 3 级。设备间可按某一级执行,也可按某级综合执行,具体指标如表 5.4 所示。

表 5.4　设备间温度和湿度要求分级表

级别 指标 项目	A 级		B 级	C 级
	夏季	冬季		
温度/℃	22 ± 4	18 ± 4	$12 \sim 30$	$8 \sim 35$
相对湿度/%	$40 \sim 65$	$35 \sim 70$	$30 \sim 80$	$20 \sim 80$
温度变化率/℃·h⁻¹		<5 要不凝露	>0.5 要不凝露	<15 要不凝露

(3)照明:设备间内在距地面 0.7m 处,要求照度不应低于 200lx;同时还应设置事故照明,在距地面 0.7m 处,照度不应低于 50lx。

(4)尘埃:设备间应防止有害气体(如 SO_2、H_2S、NH_3、NO_2 等)侵入,并应有良好的防尘措施,尘埃含量限值宜符合表 5.5 的规定。

表 5.5   尘埃限值

项目	A 级(夏季)	A 级(冬季)	B 级	C 级
灰尘颗粒的最大直径	0.5	1	3	5
灰尘颗粒的最大浓度/粒子数/每米	1.4×10	7×10	2.4×10	1.3×10

注:灰尘粒子应是不导电的、非铁磁性和非腐蚀性的。

设备间的温度、湿度和尘埃对微电子设备的正常运行及使用寿命都有很大的影响,过高的室温会使元件失效率急剧增加,使用寿命下降。过低的室温又会使磁介等发脆,容易断裂。温度的波动会产生"电噪声",使微电子设备不能正常运行。相对湿度过低,容易产生静电,对微电子设备造成干扰;相对湿度过高,会使微电子设备内部焊点和插座的接触电阻增大。尘埃或纤维性颗粒积聚、微生物的作用还会使导线被腐蚀断裂。所以在设计设备间时,除了按 GB/T 2887—201《计算机场地通用规范》执行外,还应根据具体情况选择合适的空调系统。

(5)供电系统:设备间应提供不少于两个 220V、10A 带保护接地的单相电源插座,依据设备的性能允许以上参数的变动范围如表 5.6 所示。

设备间内供电容量的计算是将设备间内存放的每台设备用电量的标称值相加后,再乘以系数。设备间内设备用的配电柜应设置在设备间内,并应采取防触电措施。设备间内的各种电力电缆应为耐燃铜芯屏蔽的电缆。各电力电缆如空调设备、电源设备所用的电缆等,不得与双绞线走向平行。交叉时,应尽量以接近于垂直的角度交叉,并采取防延燃措施。各设备应选用铜芯电缆,严禁铜、铝混用。

表 5.6   设备的性能允许电源变动范围

级别 指标 项目	A 级	B 级	C 级
电压变动/%	−5～+5	−10～+7	−15～+10
频率变化/Hz	−0.2～+0.2	−0.5～+0.5	−1～+1
波形失真率/%	<±5	<±5	<±10

(6)噪声:设备间的噪声应小于 70dB,如果长时间在 70～80dB 噪声的环境下工作,不但影响人的身心健康和工作效率,还可能导致人为的噪声事故。

(7)电磁场干扰:设备间内无线电干扰场强,在频率为 0.15～1000MHz 范围内不大于 120dB;设备间内磁场干扰场强不大于 800A/m。

(8)安全:安全包括两个方面,一是防火,二是防盗。设备间的耐火等级不应低于 3 级耐火等级。设备间进行装修时,装饰材料应选用阻燃材料或不易燃烧的材料。要在机房里、工作房间内、活动地板下、天花板上方及主要空调管道等地方设置烟感或温感传感器,进行监测。要准备消防器材,注意严禁使用水、干粉和泡沫等容易产生二次破坏的灭火剂,还要防止失窃与人为损坏。

5.2.2　干线子系统设计

　　干线子系统通常采用电缆竖井法。电缆竖井是指在每层楼板上开出一些方孔,使电缆可以穿过这些电缆竖井,从某层楼延伸到相邻的楼层,电缆竖井的大小根据所用电缆的数量而定。电缆捆在或箍在支撑用的钢绳上,钢绳靠墙上金属条或地板三脚架固定住。离电缆竖井很近的墙上安装立式金属桥架可以支撑很多电缆。电缆竖井的选择性非常灵活,可以让粗细不同的各种电缆以任何组合方式通过,如图 5.6 所示。

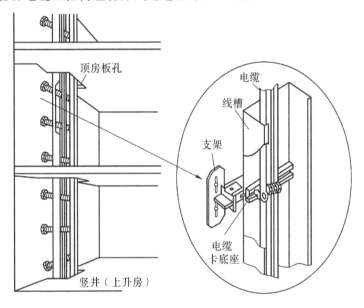

图 5.6　干线子系统示意图

　　综合布线系统中的干线子系统并非一定是垂直布置的。从概念上讲它是楼内的主干通信系统。在某些特定环境中,如在低矮而又宽阔的单层平面的大型厂房,干线子系统就是平面布置的,它同样起着连接各配线间的作用。而在大型建筑物中,干线子系统一般敷设在弱电井内,这样以后移动、增加或改变就比较容易。设计干线子系统时,我们要了解建筑物结构、高度以及布线距离的限定,确定干线通道的类型和电信间的数目、干线通道中缆线的数量。

　　在干线子系统中常用以下五种线缆:

　　(1) 6 类及以上 4 对双绞线电缆(UTP 或 STP)——一般用于传输数据和图像。

　　(2) 3 类 100Ω 大对数对绞电缆(UTP 或 STP)——一般用于电话语音传输。

　　(3) 75Ω 同轴电缆——用于有线电视系统。

　　(4) $62.5/125\mu m$ 多模光纤。

　　(5) $8.3/125\mu m$ 单模光纤。

　　干线子系统所需要的电缆总对数和光纤总芯数,应满足工程的实际需求,并留有适当的备份容量。主干缆线宜设置电缆与光缆,并互相作为备份路由。

　　为了便于综合布线的路由管理,干线电缆、干线光缆布线的交接不应多于两次。从楼层配线架到建筑群配线架之间只应通过一个配线架,即建筑物配线架(在设备间内)。

干线子系统布线的建筑方式:弱电井(也称电缆竖井)和电信间。干线子系统通常是由设备间提供建筑中最重要的铜线或光纤线主干线路到不同楼层的电信间,也可连接单层建筑的不同电信间,是整个大楼的信息交通枢纽。

由于建筑智能化系统的广泛应用,弱电竖井与强电竖井一样被普遍采用。竖井的位置和数量应根据建筑物规模、建筑物的沉降缝设置和防火分区等因素确定。

选择弱电竖井位置时,应考虑下列因素:

(1)弱电竖井应设置在设备间所在位置,各楼层的竖井需上下层相应对齐,便于垂直干线线缆敷设。

(2)不得和电梯井、管道井共用同一竖井。弱电和强电线路,一般应分别设置在弱电竖井和强电竖井内。如受条件限制必须合用时,弱电与强电线路应分别布置在竖井两侧或采取隔离措施,以防止强电对弱电的干扰。

(3)避免邻近烟道、热力管道及其他散热量大或潮湿的设施。

(4)使用专业材料做竖井的,竖井的井壁应是耐火极限不低于 1h 的非燃烧体。竖井在每层楼应设维护检修门并应开向公共走廊,其耐火等级不应低于丙级。

(5)竖井面积大小要能容纳弱电桥架,能够安装各种必需安装在竖井道内的配线箱,并且要留有操作空间。当设备、桥架、管线安装完毕后,要用防火材料封堵竖井。

5.2.3 配线子系统设计

设计配线子系统时要详细了解建筑物的平面结构,包括建筑物面积分布、墙体、地板,由于绝大多数的线缆是走地板下或天花板,如图 5.7 所示。故对地板和吊顶内的情况了解得要很清楚,就是说要准确地知道,什么地方能布线,什么地方不易布线,并向用户方说明。

配线子系统的设计目标是要寻找最短和最便捷的布线路径,虽然两点间最短的距离是直线,但不一定就是敷设电缆最佳路径。在选择布线路由时,要考虑便于施工,便于操作。有时

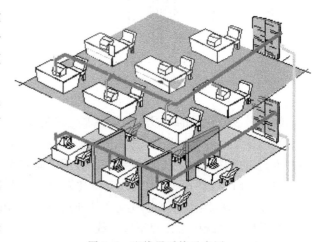

图 5.7 配线子系统示意图

候选择较长的路由可以省去很多安装的工序,即使花费更多的线缆也要这样做。从成本的角度看,宁可多花费 100 米线缆,也不采用需要多花费 10 个工时的方案,因为通常材料要比劳动力费用便宜。

根据环境的不同,配线子系统的路由设计可以考虑天花板的布线方法、预埋 PVC 管的布线方法和线槽明线的布线方法。如图 5.8 所示,我们可以选择在每一层各自如虚线所画的路由布线,这是通常会考虑的思路,不过也可考虑两层共用一层天花板的布线方法,采用何种方式需要权衡哪种具体工序更简单。

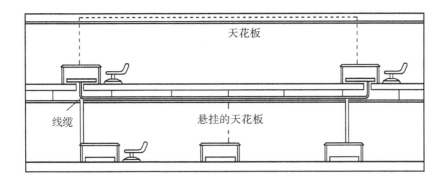

图 5.8 天花板的布线方法

在新建的楼房中往往采用预埋 PVC 管配合电缆桥架走线的方式,如图 5.9 所示。

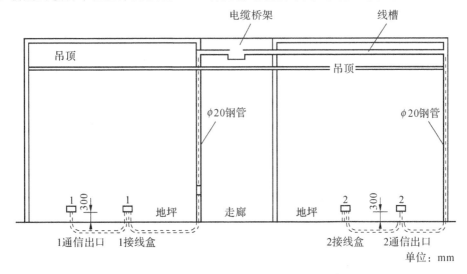

图 5.9 预埋 PVC 管的布线方法

预埋 PVC 管的施工现场如图 5.10 所示。

图 5.10 预埋 PVC 管的施工现场(注入水泥前)

在原有建筑上重新进行布线的场合下,我们一般采用线槽明线的布线方法,如图 5.11

所示。

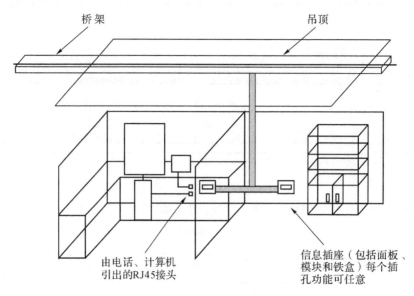

图 5.11　线槽明线的布线方法

　　在一个工作区内重新进行布线的场合下,我们也可以采用挖地槽预埋 PVC 管布线的方法,如图 5.12 所示。这种方法需要重新铺地板或地砖。

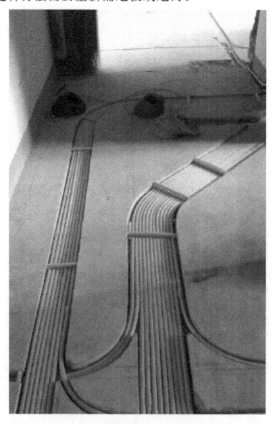

图 5.12　挖地槽预埋 PVC 管布线

5.3 桥架系统设计

本节任务：了解桥架的分类，认识桥架的各种附件，学会如何选择桥架规格及如何设计桥架系统，了解桥架安装的注意事项。

桥架是一个支撑和放置电缆的支架。桥架在工程上用得很普遍，只要铺设电缆就要用桥架。电缆桥架作为布线工程的一个配套项目，目前尚无专门的规范指导，因此，设计选型过程应根据弱电各个系统缆线的类型、数量，合理选定适用的桥架。电缆桥架具有品种全、应用广、强度大、结构轻、造价低、施工简单、配线灵活、安装标准、外形美观等特点。

5.3.1 桥架的分类

1. 梯级式电缆桥架

梯级式电缆桥架如图 5.13 所示，它具有重量轻、成本低、造型别致、安装方便、散热、透气好等优点，适用于一般直径较大电缆的敷设，环境干燥清洁或无外界影响的一般场合，不得用于有防火要求的区段，或易遭受外界机械损害的场所，更不得在有腐蚀性液体、气体或有易燃粉尘等场合使用。

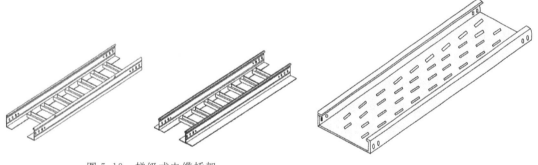

图 5.13　梯级式电缆桥架

图 5.14　托盘式电缆桥架

2. 托盘式电缆桥架

托盘式电缆桥架是石油、化工、轻工、电信等方面应用最广泛的一种，如图 5.14 所示。它具有重量轻、载荷大、造型美观、结构简单、安装方便等优点。它适用于敷设环境无电磁波干扰，不需要屏蔽接地的地段，或环境干燥清洁、无灰、无烟等不会污染或要求不高的一般场合。

3. 槽式电缆桥架

槽式电缆桥架是一种全封闭型电缆桥架，如图 5.15 所示。它最适用于敷设计算机电缆、通信电缆、热电偶电缆及其他高灵敏系统的控制电缆等。它对控制电缆的屏蔽干扰和重腐蚀环境中电缆的防护都有较好的效果。

4. 大跨距电缆桥架

大跨距电缆桥架如图 5.16 所示,在布线项目中很少被用到。大跨距电缆桥架比一般电缆桥架的支撑跨度大,且由于结构上设计精巧,因而与一般电缆桥梁相比具有更大的承载能力。

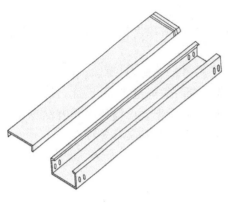

图 5.15　槽式电缆桥架

图 5.16　大跨距电缆桥架

5.3.2　桥架组件

在普通桥架中,主要组件如下:平面三通、平面弯通、平面四通、下垂直弯通、上垂直弯通、直通线槽、下垂直三通、上垂直三通、吊杆、支架等等,如图 5.17 所示。

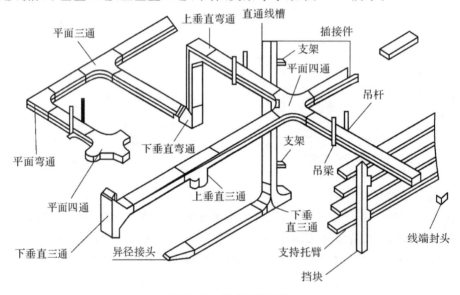

图 5.17　槽式桥架系统

在梯级式桥架中有以下主要配件供组合:固定压板、竖直支架、调角片、垂直弯通、连接片、水平三通、调宽片、直通桥架、水平弯道、Ⅰ字形钢立柱、水平四通、托臂、盖板等等,如图 5.18所示。

金属桥架多由厚度为 0.4～1.5mm 的钢板制成,具有结构轻、强度高、外形美观、无须焊

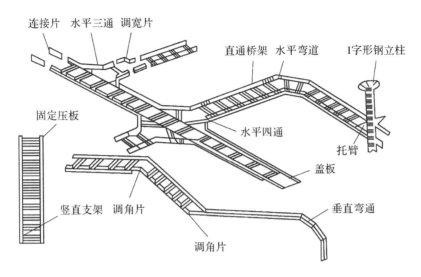

图 5.18 梯级式桥架系统

接、不易变形、连接款式新颖和安装方便等特点,它是铺设线缆的理想配套装置。

1. 腐蚀性环境

桥架、线槽及其支吊架在有腐蚀性环境中使用,应采用耐腐蚀的刚性材料制造,或采取防腐蚀处理,防腐蚀处理方式应满足工程环境和耐久性的要求。对耐腐蚀性能要求较高或要求洁净的场所,宜选用铝合金电缆桥架。

2. 防火要求较高的场所

桥架在有防火要求的区段内,可在电缆梯架、托盘内添加具有耐火或难燃性能的板、网等材料构成封闭或半封闭式结构,并采取在桥架及其支吊架表面涂刷防火涂层等措施。其整体耐火性能应满足国家有关规范或标准的要求。在工程防火要求较高的场所,不宜采用铝合金电缆桥架。

3. 容易积聚粉尘的场所或需要屏蔽电磁干扰的场所

这类场所应选用无孔托盘式电缆桥架,并选用盖板。

5.3.3 桥架设计

在工程设计中,桥架的布置应根据经济合理性、技术可行性、运行安全性等因素综合比较,以确定最佳方案,还要充分满足施工安装、维护检修及电缆敷设的要求。对于缆线的通道敷设方式,在新建或扩建的建筑中应采用暗敷管路或桥架的方式。一般不宜采用明敷管槽方式,以免影响内部环境美观,不能满足使用要求。

电信间主桥架采用槽式桥架和梯级式桥架,是为了预留空间,满足将来扩容需要,也是为了线缆的良好散热。主体采用槽式桥架,在机柜的上方选用梯级式桥架,这样做方便线缆的引入机柜,也便于桥架拆装,机柜的移动,不需要在桥架上重新开孔。

弱电系统垂直桥架,安装在各层的电信间电缆竖井内,干线电缆通过垂直桥架在各层引出。水平线缆水平主桥架由各层电信间进入各个区域,再采用管槽方式进入工作区。

1. 垂直桥架的设计

（1）垂直桥架安装在弱电竖井内，自下而上，贯通整个大楼。

（2）桥架应固定在墙面上，要求桥架为全密封结构，可通过锁扣开启盖子，桥架之间通过配套的连接片和螺栓连接。

（3）桥架底面要求冲穿线环，提供可以固定线缆的支架，以免线缆因重力损伤。根据布线标准，要求每隔 600mm 高度冲一排穿线环（每排均布 4 个穿线环），要求没有毛刺。

（4）垂直桥架与各层的水平桥架连接，并且要求与各楼层配线间高架抗静电地板下的桥架连接。

（5）根据布线系统的穿线工艺要求，桥架的内截面尺寸应大于所穿线缆截面积之和的 3 倍。

（6）桥架转弯处应采用弧线形弯头或折线形弯头，以免发生线缆损坏。

（7）桥架施工时间应在内装修期间，与强电工程同步进行。

（8）桥架施工完毕后，应校验、检查、验收。

2. 水平桥架的设计

水平桥架采用槽式电缆桥架，这种方式适用于大型建筑物，为水平线系统提供机械保护和支持。槽式电缆桥架是一种闭合式的金属托架，安装在吊顶内，从弱电井引向各个设有信息点的区域。

弱电系统的综合布线系统、监控系统等的布线是放射型的，线缆用量较大，所以桥架容量的计算很重要。按照标准的桥架设计方法，应根据水平线的外径来确定桥架的容量。计算公式如下：

$$S = \sum P \times 3$$

式中：S—— 表示要选择的桥架截面积；

　　　P—— 线缆截面积，表示选用的线缆截面积；

　　　3—— 常量，表示要用 3 倍的空间。

桥架的材料一般为冷轧合金板，表面进行相应处理，如镀锌、喷塑、烤漆等。为保证线缆的转弯半径，桥架须配以相应规格的分支辅件。金属软管、电缆桥架及各分配线箱均需整体连接，整体接地。如果不能确定信息出口的准确位置，布线时可先将线缆盘在吊顶内的出线口，待具体位置确定后，再引到各信息点。

5.3.4 桥架安装

桥架安装工艺上讲究横平竖直，铅垂线和水平直尺是保证安装质量的最好检验工具。水平线槽和竖井梯架连接处，以及水平线槽和管线各连接处须配以相应规格的分支附件，不能断接，以保证线路路由的弯曲自如以及线路的安全。桥架作为线缆的路由与保护体，一定要严格按照规范设计和施工，要求如下：

（1）桥架宜采用金属线槽，截面利用率不应超过 50%；

（2）桥架要高出地面 2.2m 以上，距楼板不宜小于 300mm；在过梁或其他障碍物处不宜小于 50mm；

（3）桥架安装位置应符合施工图规定，左右偏差不应超过 50mm；

（4）水平桥架水平偏差不应超过 2mm；

（5）垂直桥架垂直度偏差不应超过 3mm；

（6）线槽截断处及两线拼接处应平滑、无毛刺；

（7）吊架和支架安装应保持垂直，整齐牢固，无歪斜现象；

（8）金属桥架及线槽节与节间应接触良好，安装牢固。

（9）桥架连接处要求通过接地连接线彼此连接。接地连接线如图 5.19 所示。

图 5.19　桥架接地连接线

5.4　机柜理线

本节任务：了解机柜的内部结构，懂得逆向理线和正向理线，了解理线架的用法，了解机柜内部的捆扎工艺，了解机柜大样图所要表达的意思，学会制作配线架接口对应表。

5.4.1　机柜的内部结构

标准机柜的结构比较简单，主要包括基本机架、内部支撑系统、布线系统和通风系统。标准机柜结构如图 5.20 所示。

机柜内用于固定的膨胀螺钉应安装紧固，绝缘垫片、大平垫片和螺母（螺栓）的安装顺序要正确，且支架或支脚的安装孔与膨胀螺钉的配合要好。

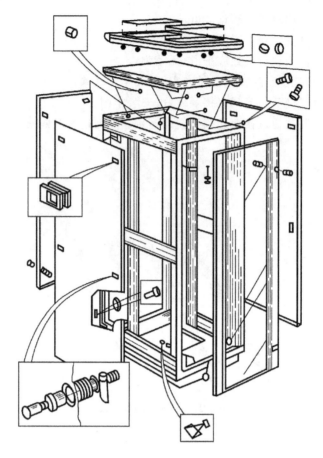

图 5.20   机柜构造图

5.4.2   机柜的摆放位置

机柜的排列位置和设备朝向都应按设计安装,并符合实际测定后的机房平面布置图的要求。

机柜安装完工后,其水平度和垂直度都应符合厂家规定,若无规定时,其前后左右的垂直度偏差均不应大于 3mm。机柜要安装牢固可靠,如有抗震要求时,必须按抗震标准要求加固。各种螺丝必须拧紧,无松动、缺少和损坏,机架没有晃动现象。

为便于施工和维护,机架和设备前应预留 1.5m 的过道,其背面距墙面应大于 0.8m。相邻机架和设备应互相靠近,排列平齐。

5.4.3   机柜的底座安装

机架固定应可靠且符合工程设计文件上的抗震要求,机柜的底座安装如图 5.21 所示。

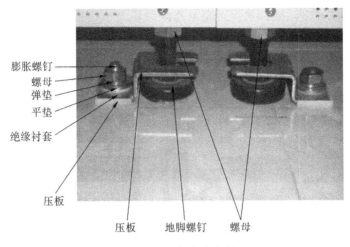

膨胀螺钉
螺母
弹垫
平垫
绝缘衬套

压板

压板   地脚螺钉   螺母

图 5.21 机柜底座安装

5.4.4 机柜内部走线

较早时,对机柜内双绞线进行简单的绑扎后便立即上配线架,双绞线从配线架的模块上直接垂荡下来,或由数根尼龙扎带随意绑扎在机柜的两侧,大家关心的重点是每根双绞线的性能测试合格,这种理线方式叫瀑布型理线。这种理线方式安装网络设备时容易破坏造型,甚至出现不易将网络设备安装到位的现象;每根双绞线自身重量变成了拉力,作用在配线架模块的后侧,时间一长模块连接处容易出现接触不良。由于瀑布型理线方式对双绞线不采用绑扎,因此时间一长机柜内的线会变得较乱。

随着布线水平的提高,布线系统的工程商已经通过施工工艺及层层把关,有把握达到每根线都能够通过性能测试。这时,人们关心的重点就转向了美观,因此出现了逆向理线和正向理线。

1. 逆向理线和正向理线

平时我们所说的机柜理线,主要是指线缆从机柜进线孔到铜缆配线架各端口模块之间的走线方式。机柜的理线有两种方式:逆向理线和正向理线。

逆向理线也称为反向理线。逆向理线是在配线架的模块端接完毕并通过测试后,再进行理线,其方法是从模块开始向机柜外理线。逆向理线一般为人工理线,凭借肉眼和双手完成理线。由于机柜内有大量的电缆,在穿线时彼此交叉、缠绕,因此这一方法耗时很多、工作效率无法提高。逆向理线的优点是理线在测试后,不会因某根双绞线测试通不过而需要重新理线,缺点是由于两端(进线口和配线架)已经固定,在机房内的某一处必然会出现大量的乱线(一般在机柜的底部)。

正向理线也称前馈型理线。正向理线是在配线架端接前进行理线。它往往从机房的进线口开始(如果是从机柜到机柜之间的双绞线理线,则是从其中某一机柜内的配线架开始进行理线),将线缆逐段整理,直到配线架的模块后端为止,在理线后再进行端接和测试。

正向理线所要达到的目标是:自机房(或机房网络区)的进线口至配线机柜的水平双绞线以每个 16/24/32/48 口配线架为单位,形成一束束的水平双绞线线束,每束线内所有的双绞线全部平行,各线束之间全部平行。正向理线的优点是在机房(主机房的网络区或弱电间)中自进线口至配线架之间全部整齐、平行,十分美观;缺点是施工人员要对自己的施工质量有充分的把握,只有在不会重新端接的基础上才能进行正向理线施工。

2. 捆扎工艺

机柜内部走线如果按直线绑扎后再弯曲的话,那么弯角处的线缆束就会出现变形。弯曲时也要保持自然的平行状态,横平竖直,并且保证线缆在弯角处的弯曲半径不要超过标准规定的要求。这样,全程的理线都是平行整齐,给人一种和谐、美观的感觉,如图 5.22 所示。

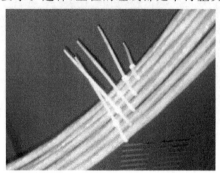

图 5.22　机柜走线效果图 1

机柜的所有出线进线口应被封闭,机柜出线的封闭处理如图 5.23、图 5.24 所示。

图 5.23　机柜走线效果图 2

3. 理线架

理线架是整理跳线的一种装置,确保跳线看上去不会太过杂乱。一般是 1U 高度,用于规整配线架前端的跳线,让前端跳线走线更加规则整齐。通常一个配线架下方会搭配一个理线架使用,如图 5.25、图 5.26 所示。

图 5.24　机柜走线效果图 3

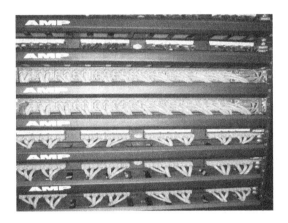

图 5.25　机柜正面

图 5.26　理线架

5.4.5　机柜大样图

下例中给出了一个 42U 的机柜大样图（图 5.27），请认真理解机柜中各设备的安装位置，以及设备之间的关系。

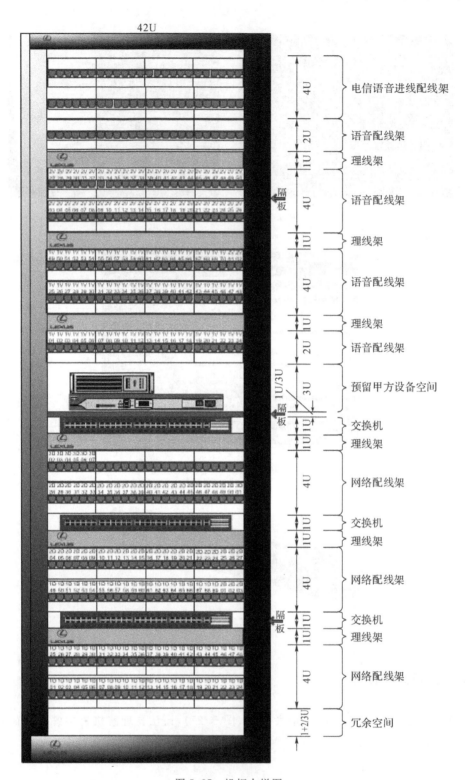

图 5.27　机柜大样图

【思考题】

机柜大样图的作用是什么？

5.4.6　配线架接口对应表

⊙机柜大样图的作用

为了让网络综合布线管理工作更加规范，也为了方便工程施工和日常管理维护，因此要制定信息点编号规则，如图 5.28 所示。

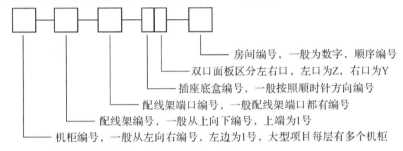

　　　　　　　　　　　　　　　　　房间编号，一般为数字，顺序编号
　　　　　　　　　　　　　　　双口面板区分左右口，左口为Z，右口为Y
　　　　　　　　　　　　　插座底盒编号，一般按照顺时针方向编号
　　　　　　　　　　　配线架端口编号，一般配线架端口都有编号
　　　　　　　　配线架编号，一般从上向下编号，上端为1号
　　　　　机柜编号，一般从左向右编号，左边为1号，大型项目每层有多个机柜

图 5.28　信息点编号规则

综合布线工程配线架接口对应表应该在进场施工前完成，并且打印带到现场，方便现场施工编号。接口对应表是综合布线施工必需的技术文件，主要规定房间编号、信息点编号、配线架编号、机柜编号等，如表 5.7 所示。设计表格前，首先分析接口对应表需要包含的主要信息，确定表格列数量。其次确定表格行数，一般第一行为类别信息，其余按照信息点总数量设置行数，每个信息点一行。各信息点标号与相对应的配线架端接位置标号相同，特殊标号另行注明。标签颜色统一使用白底黑字宋体。

表 5.7　配线架接口对应表

项目名称：　　　　　　建筑物名称：　　　　楼层：　　机柜：　　　文件编号：

序号	信息点编号	机柜编号	配线架编号	配线架端口编号	插座底盒编号	房间编号

编制人签字：＿＿＿＿＿＿＿　╳　　审核人签字：＿＿＿＿＿＿　　审定人签字：＿＿＿＿＿＿

编制单位：＿＿＿＿＿＿＿＿＿＿＿＿　　时间：＿＿＿＿年＿＿＿＿月＿＿＿＿日

接口对应表编制要求如下：

（1）表格设计合理：一般使用 A4 幅面竖向排版的文件，要求表格打印后，表格宽度和文字大小合理，编号清楚，特别是编号数字不能太大或者太小，一般使用小四或者五号字。

（2）编号正确：信息点端口编号一般由数字＋字母串组成，编号中必须包含工作区位置、端口位置、配线架编号、配线架端口编号、机柜编号等信息，能够直观反映信息点与配线架端口的对应关系。

（3）文件名称正确：接口对应表可以按照建筑物编制，也可以按照楼层编制，或者按照 FD 配线机柜编制。无论采取哪种编制方法，都要在文件名称中直接体现端口的区域，能够直接反映该文件内容。

（4）签字和日期正确：作为工程技术文件，编写、审核、审定、批准等人员签字非常重要，如果没有签字就无法确认该文件的有效性，也没有人对文件负责，更没有人敢使用。日期直接反映文件的有效性，因为在实际应用中，可能会经常修改技术文件，一般是用最新日期的文件替代以前日期的文件。

5.5　综合布线标识设计

在弱电工程中，设备的联结点及信息点经常移动、增加和变化。一旦标识不清楚或不正确，都会给工程施工和系统维护带来不必要的麻烦。TIA/EIA-606《商业及建筑物电信基础结构的管理标准》为弱电标标识提供了依据，该标准包括电缆文档（标签、记录、图纸、报告和工单）、端接硬件、跳接和交叉联结设备、管道、其他电缆路径、设备间和其他设备空间。标识的设计原则是简洁易懂、信息表达充分、使用简便。

5.5.1　标识分类

弱电系统的标识根据设备及位置不同可分为机架、电源柜标识、终端设备标识、线缆标识、信息口面板标识、配线架位置标识、插座位置标识等。根据打标签方式的不同可分为电缆标识、场标识和插入标识，其中电缆标识应用最多。

1. 电缆标识

电缆标识主要用来标明电缆来源和去处。在电缆连接设备前电缆的起始端和终端都应做好电缆标识。电缆标识由背面为不干胶的白色材料制成，可以直接贴到各种电缆表面。

线缆标签分为覆盖保护膜标签、非覆盖保护膜标签、吊牌标签等三类。

（1）覆盖保护膜标签：常用于单根线缆。这种标签带有黏性并且在打印部分之外带有一层透明保护薄膜，可以保护标签打印字体免受磨损，如图 5.29 所示。

（2）非覆盖保护膜标签——旗形标签、热伸缩套管式标签，常用于单根线缆，如图 5.30、图 5.31 所示。

（3）吊牌标签：用于成捆的线缆，形状如图 5.32 所示。

这种吊牌标签可以通过尼龙扎带或毛毡带与线缆捆绑固定，用记号笔可以在吊牌上书

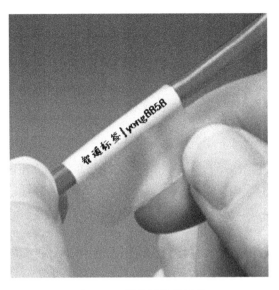

图 5.29　覆盖保护膜标签

图 5.30　旗形标签

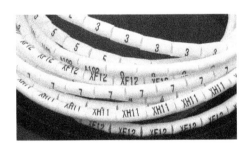

图 5.31　热缩管标签

图 5.32　吊牌标签

写标签内容。

2. 场标识

场标识又称为区域标识，一般用于设备间、配线间和二级交接间的管理器件及相关设备
（如：房间、机柜、设备相关信息），以区别管理器件及设备连接线缆的区域范围。由背面为不
干胶的材料制成，可贴在设备醒目的平整表面上。

3. 插入标识

插入标识一般贴在配线架上,如110配线架、网络配线架。插入标识是硬纸片,可以插在1.27cm×20.32cm的透明塑料夹里。通过配线架色标应用方案,可以清楚地了解配线架各区域线缆插入标识的色标应用情况。

5.5.2　标识的要求

按照"永久标识"的概念选择材料,标签寿命应能与布线系统相同,因此标签材料应符合UL969认证规定,材质为乙烯覆盖保护膜、聚丙烯、尼龙等材料;标签应能打印,应能保持清晰、准确、完整美观,并能满足环境的要求。

1. 标签的材料要求

线缆标签要有一个耐用的底层,材质要柔软,易于缠绕。如乙烯基材质均匀,柔软易弯曲,适合于包裹缠绕。一般推荐使用的线缆标签由两部分组成,上半部分是白色的打印涂层,下半部分是透明的保护膜。使用时可以用透明保护膜覆盖打印的区域,起到保护作用。透明的保护膜应该有足够的长度以包裹电缆一圈或一圈半。

2. 标签在线缆中的位置要求

(1)配线子系统和干子系统电缆在每一端都必须做上标签;在电缆中间不同位置,如导线端头、主干接线点、入孔、拉线盒处,也可能需要有附加电缆标签。

(2)将标签固定在电缆的每一端,而不是在电缆上做标识;标识符号应平行于线缆,位置在距线缆末端约300mm处,标识于线缆外层的可见部分。

3. 通道电缆的标识要求

各种管道、线槽应用良好的、明确的中文标识系统,标识的信息包括建筑物名称、建筑物位置、区号、起始点和功能等。

路径标识:路径要在所有位于通信柜、设备间或设备入口的末端进行标识。另外,在中间位置或路径平均的分配点上添加标识是非常好的。封闭的环形路径(像电缆盘的环形)要在平均间隔上添加标识。

接合标识:每一个接合终止处或它的标签上要标识标识符。

4. 空间的标识要求

所有的空间都要求被标识。建议贴标签到每个空间的入口处。在各交换间管理点,应根据应用环境用明确中文标识插入条来标出各个端接场。

5. 端接硬件的标识要求

信息插座上的每个接口位置应用中文明确标明语音、数据、光纤等接口类型,以及楼层信息点序列号。

信息插座的一个插孔对应一个信息点编码。信息点编码一般由楼层号、区号、设备类型代码和层内信息点序号组成。此编码将在插座标签、配线架标签和一些管理文档中使用。

跳接面板/110模块标识:每一个端接硬件或它的标签都应该标识一个标识符。位于工作区域的连接硬件的重复的标签是可选的。例如,如果一个连接器的标识符被电缆使用的话,那么面板或箱子就不需要用一个分开的标识符。

配线架布线标识方法应按照以下规定设计。

(1)FD(楼层配线架)出线:标明楼层信息点序列号和房间号。

(2)FD 入线:标明来自 BD 的配线架号、缆线号和芯/对数。

(3)BD(建筑物配线架)出线:标明去往 FD 的配线架号、缆线号。

(4)BD 入线:标明来自 CD 的配线架号、缆线号和芯/对数(或引线引入的缆号)。

(5)CD(建筑群配线架)出线:标明去往 BD 的配线架号、缆线号和芯/对数。

(6)CD 入线:标明由外线引入的缆线号和线序对数。

(7)当使用光纤时,应明确标明每芯的衰减系数。

5.5.3　线缆标识选择

1.在端子做好以前还是做好后做标识

覆盖保护膜线缆标签:可以在端子连接之前或者之后使用,标识的内容清晰。标签完全缠绕在线缆上,并有一层透明的薄膜缠绕在打印内容上,可以有效地保护打印内容,防止刮伤或腐蚀。

管套标识:只能在端子连接之前使用,通过电线的开口端套在电线上。有普通套管和热缩套管之分。热缩套管在热缩之前可以随便更换标识,具有灵活性;经过热缩后,套管就成为能耐恶劣环境的永久标识。

2.线缆的直径

线缆的直径决定了所需缠绕式标签的长度或者套管的直径。大多数缠绕式标签适用于各种尺寸的线缆,如贝迪缠绕式标签适用于各种不同直径的线缆。对于非常细的线缆标签(如光纤跳线标签),可以选用旗帜标签。

3.现场打印标识和预印标识

现场打印标识:用户可以根据自己的需要打印各种内容的标签。

预印标识:有多种多样的预印内容可供用户选择;预印标识使用方便,运输便利,适用于各种应用场合。

5.5.4　标签的标识方法

标签的标识方法一般包括直接写在组件上作为标识、使用预先打印的标签、使用手写的标签、使用借助标签软件设计和印刷的标签、使用手持式热转印打印机印刷的标签、使用颜色代码标签等。

1.直接标识

当然,最经济节省的方法是直接使用永久性标识符,在组件上简单地做标识。许多厂商,就在许多组件上提供空白可书写区域,以便在其上添加标识。

2.预先打印的标签

有文字和符号两种。常见的印有文字的标签包括"Data(数据)""Voice(语音)""Fax(传真)""Lan(局域网)"和"TV(电视)"。其他预先打制的标签包括电话、传真机或计算机的符号。通常它会被用户用于工作区域,以便于他们可以确定哪条引出线引向哪个设备。

3.借助软件设计的标签

对于需求数量较大的标签而言,最好的方法莫过于使用软件程序,这类软件程序在印制标准的标签或设计与印制用户的专用标签时可提供最大的灵活性,在标签内可插入公司的徽标、条形码、图案、文字(字母和数字)或其他类似的内容等,也可制作用户自定义的标签。

4.便携式热转印打印机印制的标签

对于印制少量的标签来说,有多种类型的手持印字机可以使用。手持印字机可以"现场"制作标签。在安装施工期间,你可能会搞不清楚何时需要标签。手持印字机可以节省时间。

5.颜色代码标签

颜色代码标签是一种非常不错的简化管理系统的方法。一些生产厂家提供颜色编码组件。颜色编码可用于区别不同的服务功能(如数据和语音)、应用(如以太网和计算机辅助设计)以及部门(如工程与财会部门)。它提供一种清晰易见的管理方案。

5.6 接地系统设计

本节任务:了解接地线、接地母线(层接地端子)、接地干线、主接地母线(总接地端子)、接地引入线、接地体等基本概念,了解机柜接地的方法。

5.6.1 接地系统概念

综合布线系统作为建筑智能化不可缺少的基础设施,其接地系统的好坏将直接影响综合布线系统的运行质量,故而显得尤为重要。

根据商业建筑物接地和接线要求的规定:综合布线系统接地的结构包括接地线、接地母线(层接地端子)、接地干线、主接地母线(总接地端子)、接地引入线、接地体六部分,在进行系统接地的设计时,可按上述 6 个要素分层次地进行设计。

1. 接地线

接地线是指综合布线系统各种设备与接地母线之间的连线。所有接地线均为铜质绝缘导线,其截面积应不小于 4mm^2。当综合布线系统采用屏蔽电缆布线时,信息插座的接地可利用电缆屏蔽层作为接地线连至每层的机柜。若综合布线的电缆采用穿钢管或金属线槽敷设时,钢管或金属线槽应保持连续的电气连接,并应在两端具有良好的接地。

2. 接地母线

接地母线(层接地端子)是水平布线子系统接地线的公用中心连接点。每一层的楼层机柜均应与本楼层接地母线相焊接,与接地母线同一配线间的所有综合布线用的金属架及接地干线均应与该接地母线相焊接。接地母线均应为铜母线,其最小的尺寸应为 6mm(厚)×50mm(宽),长度视工程实际需要来确定。接地母线应尽量采用电镀锡以减小接触电阻,如不是电镀,则在将导线固定到母线之前,须对母线进行清理。

　　3. 接地干线

　　接地干线是由总接地母线引出,连接所有接地母线的接地导线。在进行接地干线的设计时,应充分考虑建筑物的结构形式,建筑物的大小以及综合布线的路由与空间配置,并与综合布线电缆干线的敷设相协调。接地干线应安装在不受物理和机械损伤的保护处,建筑物内的水管及金属电缆屏蔽层不能作为接地干线使用。接地干线应为绝缘铜芯导线,最小截面积应不小于 16mm^2。

　　4. 主接地母线

　　一般情况下,每栋建筑物有一个主接地母线(总接地端子)。主接地母线作为综合布线接地系统中接地干线及设备接地线的转接点,其理想位置宜设于进线间或设备间。设备间的所有机柜均应与主接地母线良好焊接。当外线引入电缆配有屏蔽或穿金属保护管时,此屏蔽和金属管也应焊接至主接地母线。主接地母线应采用铜母线,其最小截面尺寸为 6mm(厚)×100mm(宽),长度可视工程实际需要而定。和接地母线相同,主接地母线也应尽量采用电镀锡以减小接触电阻。

　　5. 接地引入线

　　接地引入线指主接地母线与接地体之间的连接线,宜采用 40mm(宽)×4mm(厚)或 50mm(宽)×5mm(厚)的镀锌扁钢。接地引入线应做绝缘防腐处理,在其出土部位应有防机械损伤措施,且不宜与暖气管道同沟布放。

　　6. 接地体

　　接地体分自然接地体和人工接地体两种。当综合布线采用单独接地系统时,接地体一般采用人工接地体,并应满足以下条件:

　　(1)距离工频低压交流供电系统的接地体不宜小于 10m。

　　(2)距离建筑物防雷系统的接地体不应小于 2m。

　　(3)接地电阻不应大于 4Ω。

　　当综合布线采用联合接地系统时,接地体一般利用建筑物基础内钢筋网作为自然接地体,其接地电阻应小于 1Ω。在实际应用中通常采用联合接地系统,这是因为与前者相比,联合接地方式具有以下几个显著的优点:

　　(1)当建筑物遭受雷击时,楼层内各点电位分布比较均匀,工作人员及设备的安全能得到较好的保障。同时,大楼的框架结构对中波电磁场能提供 10~40dB 的屏蔽效果。

　　(2)容易获得较小的接地电阻。

　　(3)可以节约金属材料,占地少。

5.6.2　机柜接地

　　根据国家建筑规范,不管是否采用了屏蔽布线系统,综合布线系统所用的机柜都要求接地。接地方式可分为保护接地和工作接地。

　　保护接地可消除静电所产生的危害,防止在绝缘损坏或意外情况下金属外壳带电时强电流通过人体,以保证人身安全。综合布线系统常用的接地方案是在设备间、电信间中建立独立的弱电接地导线,该导线在建筑物的总接地桩上与其他接地导线共地,机柜直接同本楼层接地母线相焊接。机柜内部接地系统使用机柜配套接地线连接起来,包括机柜与底部、机柜与门、机柜与顶部、机柜与穿孔面板的接地线连接,如图 5.33 和图 5.34 所示。

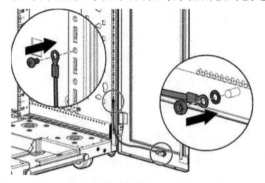

图 5.33　机柜与机柜门之间接地连接

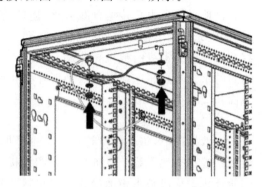

图 5.34　机柜与机柜顶部之间接地连接

如果是屏蔽布线系统,接地应与保护接地完全分离,单独接至大楼底部的接地体上,这种方式属于工作接地,如图 5.35 所示。

在电信间中,如果有多个机柜,其接地线也应以星型结构连接到电信间的接地桩上,建议使用 $6mm^2$ 以上的网状接地线。为了防止网状接地线短路,在接地线外应套塑料软管。每个机柜均应使用接地线连接到机房的接地桩上,确保配线架对地的接地电阻小于 1Ω。

5.7　了解综合布线防火标准

本节任务:了解综合布线防火的要点,介绍北美、欧盟缆线防火测试的相应标准。

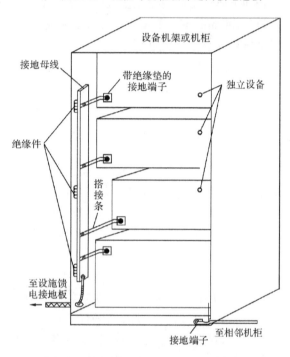

图 5.35　机柜、机架设备的接地系统

根据建筑物的防火等级和对材料的耐火要求,综合布线应采取相应的措施。在易燃的区域和大楼竖井内布放电缆或光缆,应采用阻燃的电缆和光缆。在大型公共场所宜采用阻燃、低燃、低毒的电缆或光缆。相邻的电信间应采用阻燃型配线设备。

智能化建筑中的易燃区域、上升房或电缆竖井内,综合布线系统所有的电缆或光缆都要采用阻燃护套。如果这些缆线是穿放在不可燃的管道内或在每个楼层均采取切实有效的防火措施,如用防火堵料和防火板堵封严密时,可以不设阻燃护套。

在上升房或易燃区域中,所有敷设的电缆或光缆宜选用防火和防毒的产品。这样万一发生火灾,因电缆或光缆具有防火、低烟、阻燃或非燃等性能,不会或很少散发有害气体,对于救火人员和疏散人流都危害较小。目前,采用的有低烟无卤阻燃型(LSHF-FR)、低烟无卤型(LSOH)、低烟非燃型(LSNC)和低烟阻燃型(LSLC)等多种产品。此外,配套的接续设备也应采用阻燃型材料和结构。如果电缆和光缆穿放在钢管等非燃烧的管材中,且不是主要段落时,可考虑采用普通外护层。当重要布线段落是主干缆线时,考虑到火灾发生后钢管受到烧烤,管材内部形成高温空间会使缆线护层发生变化或损伤,也应选用带有防火和阻燃护层的电缆或光缆,以保证通信线路安全。

对于防火缆线的应用分级,北美、欧盟的相应标准中主要以缆线受火的燃烧程度,以及着火以后火焰在缆线上蔓延的距离、燃烧的时间、热量与烟雾的释放、释放气体的毒性等指标,并通过实训室模拟缆线燃烧的现场状况实测取得。表 5.8～表 5.10 分别列出缆线防火等级与测试标准,仅供参考。

表 5.8　通信缆线国际测试标准

IEC 标准		
测试标准	测试内容	对应国内标准
IEC 60332-1	单根线缆倾斜布放时的阻燃能力	GB/T 12666.2-2008
IEC 60332-2	单根线缆垂直布放时的阻燃能力	GB/T 12666.3-2008
IEC 60332-3	束线缆垂直燃烧时的阻燃能力	GB/T 18380.31-2008

注:参考现行 IEC 标准。

表 5.9　通信电缆欧盟测试标准及分级

欧盟标准(草案)(自高向低排列)	
测试标准	缆线分级
prEN 50399-2-2 和 EN 50265-2-1	B1
prEN 50399-2-1 和 EN 502652-1	B2
	C
	D
EN 60332-1-2:2005	E

注:欧盟 EUCPD 草案。

表 5.10　通信缆线北美测试标准及分级

测试标准	NEC 标准(自高向低排列)	
	电缆分级	光缆分级
UL 910(NFPA262)	CMP(阻燃级)	OFNP 或 OFCP
UL 1666	CMR(主干级)	OFNR 或 0FCR
UL 1581	CM、CMG(通用级)	OFN(G)或 0FC(G)
VW-1	CMX(住宅级)	

注:参考现行 NEC2002 版。

对欧盟、北美、国际的缆线测试标准进行同等比较以后,建筑物的缆线在不同的场合与采用不同安装敷设方式时,建议选用符合相应防火等级的缆线,并按以下几种情况分别列出:

（1）在通风空间内（如吊顶内及高架地板下等）采用敞开方式敷设缆线时，可选用 CMP 级（光缆为 OFNP 或 OFCP）或 B1 级。

（2）在缆线竖井内的主干缆线采用敞开的方式敷设时，可选用 CMR 级（光缆为 OFNR 或 OFCR）或 B2、C 级。

（3）在使用密封的金属管槽做防火保护的敷设条件下，缆线可选用 CM 级（光缆为 OFN 或 OFC）或 D 级。

5.8　大楼线缆敷设施工案例

本节任务：在本节中，我们以 6 层高的新教学楼为案例，重点学习线缆敷设具体流程和方法。线缆敷设是综合布线的主体工作，也是最耗时间和最耗成本的工作，布线工作可以最直接地体现工艺水平，影响工程质量。

5.8.1　综合布线图纸

新教学楼共有 6 层，每层 9 间多媒体教室和 1 间办公室，每个教室包含 5 个信息点，楼层办公室有 2 个信息点，每层共计 47 个信息点，整个建筑物共计 282 个信息点。目前已完成预埋 PVC 线管、桥架架设等工作。建筑物的平面布线路由图如图 5.36 所示。

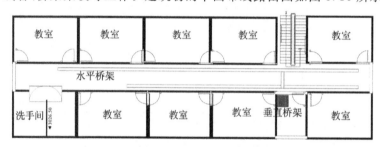

图 5.36　建筑物平面布线路由图

考虑到场地和管理等因素，每楼层不设电信间，本楼的设备间和电信间都设在三层设备间内，所有信息点都直接连接到三层的机柜中的楼层配线架（FD），每个楼层都设置 2 个配线架，都连接到同一机柜内的建筑物配线架（BD），由建筑物配线架引入校园网。这种方式我们称之为"建筑物 FD-BD 结构"，如图 5.37 所示。

在弱电隐蔽工程施工时，已预埋 PVC 线管，每个教室只有 1 个线管入口，位置设在水平桥架附近。线管入口通往教室讲台下面的地插暗盒，教室的前部和后部各需 2 个信息点，已预埋 PVC 线管通往地插暗盒，如图 5.38 所示。

5.8.2　布线准备工作

线缆敷设前必须做好周密的准备工作，包括测试线缆的质量，熟悉工程图纸和信息点分布情况，熟悉施工现场情况，应做好以下三点：

1. 保证布线缆线的质量

为保障双绞线的通信质量,避免由于通信线缆质量而引起的返工,所以在布线前要对双绞线进场检查,包括性能测试和单端测试两项测试。性能测试是指在整批双绞线中任意取3箱,各截取90m接模块后进行链路性能测试。单端测试是指测出每对双绞线的电气长度,一箱线的长度为305m左右,通过测试我们可以发现是否有断线现象。如果采用光缆,可以使用OTDR测试仪检测,也可以在另一端用肉眼检查,采用侧看以避免伤害眼睛。

2. 熟悉施工图纸,核对信息点编号

在施工前,最重要的工作是详细查阅图纸。根据图纸中对信息点的编号,核对每个信息点的编号

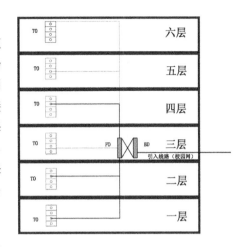

图5.37　建筑物FD-BD结构

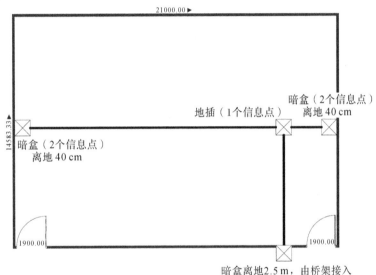

图5.38　教室信息点示意图

是否正确,不得出现编号重复、未编号等现象。如果工作区的编号一时无法形成则应形成临时使用的水平线缆编号图纸,并根据该图纸指导施工,同时留有记录,准备形成信息点编号与布线编号之间一一对应的对照表。制作如表5.11所示的布线记录表,以便在施工时留下记录。

表5.11　布线记录表

线缆编号	起始米标	终止米标

布线日期:

放线人签字:

3. 熟悉施工现场环境

观看工作场地,确保有空间可以摆放双绞线,沿途的障碍是否都可以克服;派专人检查电线管中的引导钢丝是否完好;准备好剪刀(斜口钳)、梯子、扎线、电工胶布(俗称"黑胶布")和笔等必要的工具;根据穿线路径的长度、高度、弯角数量,凭经验确定每个穿线组的人数,一般不宜少于5人。

5.8.3 桥架布线

首先要确定人员问题,布线小组通常以5～6人一组为宜,逐步形成能够默契配合的穿线组,以提高施工效率,其次要确定布线方向,布线方向决定了布线施工的工序。

1. 确定布线方向

首先放线起点设在工作区附近的桥架下,向电信间方向布线,线缆到达电信间后,再从工作区附近的桥架向工作区内部各信息点方向穿线。

这样做可以使工作区的"线缆箱"容易摆放,施工操作方便。由于在工作区中,每根双绞线的长度不同,而在配线间中,当整束的线缆穿到配线间后,其头部的绑扎可以不必拆开以利于寻找线号,由于配线架的位置相对固定,因此在电信间内的预留长度固定。但是,我们必须估算好线缆在工作区的预留长度,特别要注意在线缆标准预留量的基础上再加上预埋线管的深度,包括进管的深度和出管的深度。

2. 通过桥架布线

(1)准备布线工具、材料。

在桥架中穿线时需要的工具如表5.12所示。

表 5.12 桥架布线工具

名称	数量	单位	备注
剪刀(或斜口钳)	1	把	用于剪线
梯子	若干	把	用于爬到桥架处穿线
记号笔	若干	支	用于写线缆标签,箱上记录线号、米标,穿线表
扎线	若干	根	用于将线缆扎成小捆并固定在桥架上
布线记录表	若干	张	用于计算箱中剩余线缆的长度
手套	若干	付	防止手受伤

施工图纸是必须要有的,布线前核对该工作区所拥有的信息点数量,以实际数量为单位。在本工程中,每个工作区设置5个信息点,因此搬运5箱双绞线到该工作区。为方便抽线,双绞线箱子应相对集中放置。在一般布线工程中,一次放线的数量不超过24根,因此最多时将会集中摆放24箱线。

一般双绞线采用箱装,线缆箱体上就会留有穿线引导孔,便于放线。如果采用轴装线,则需在现场制作若干个"轴装支架",拉线时使"轴"能够旋转,以免线缆缠绕。

(2)穿线工序。

布线时,施工小组的几人就要开始相互配合(以5人为例):一人看图纸(即"看图人")、一人抽线头(即"抽线人")、一人用记号笔在线上记录线号(即"贴标人")、一人用笔在布线记录表上记录(即"记录人")、一人将所有的线头汇总到一起(即"持线人")。

① 看图人根据图纸确定最佳的双绞线箱堆放区域,其他人员将所需的双绞线包装箱搬到此处,依次平放在地上,所有双绞线的出线方向应面向同一方向。

② 看图人将从信息点到机房所需的双绞线长度报给抽线人,并告知线号。

③ 抽线人要确认剩余的双绞线长度必须够用,将线号的起始米标和线号写在包装箱上,并抽出线头交给贴标人。

④ 记录人将线号、起始米标记录在布线记录表上。

⑤ 贴标人用笔在线头上写线号(也可以贴标签),一次写在距线头 100～200mm 处,然后后退 300～400mm 再写一次,写完后将线头交给持线人。

⑥ 持线人将线头捏在一起,保证各路线头的长度一样。

⑦ 重复上述步骤②～⑤,直到 5 个线头全部到持线人手中。

⑧ 当这束双绞线全部写完线号后,使用黑胶布或扎带将所有的线束绑扎在一起。

⑨ 在线缆箱处留 1 人放线,其他人员登梯子将线缆放入桥架,在弯角处要留人拉线,直到整段双绞线全部通过桥架引入电信间。

⑩ 抽线人估算从工作区入口处经线管到信息点面板长度,根据这一数据从箱内抽出相应长度的双绞线,预留长度 0.5m,在剪断双绞线时,报出线号和剪断处的米标(终止米标),并将终止米标写在包装箱上起始米标的后面,形成完整记录。

⑪ 记录人将终止米标填在记录表该线号所对应的"终止米标"栏中。

⑫ 贴标人用笔在双绞线的末端写上两处线号,要求与起始处一样:一次写在距线头 100～200mm 处,然后后退 300～400mm 再写一次。

5.8.4　线管穿线

线缆牵引,即用一条拉线将线缆牵引穿入墙壁管道、吊顶和地板管道。应使拉线和线缆的连接点尽量平滑,所以要用电工胶带在连接点外面紧紧缠绕,以保证平滑和牢固。从理论上讲,线的直径越小,则拉线的速度越快。拉线时,应该采取慢速而又平稳地拉线,而不是快速地拉线,原因是快速拉线会造成线的缠绕或打结。拉力过大,线缆易变形,导致传输性能下降。线缆最大允许的拉力如下:

(1)1 根 4 对线电缆,拉力为 100N。

(2)2 根 4 对线电缆,拉力为 150N。

(3)3 根 4 对线电缆,拉力为 200N。

(4)n 根线电缆,拉力为 $(n×50+50)$N。

不管多少根对线电缆,最大拉力不能超过 400N。

管道在浇筑混凝土时已把管道预埋在地板中,管道内预先穿放着牵引电缆的钢丝或铁丝。施工时只需通过施工图纸了解管道布局。对于没有预埋管道的新建筑物,布线施工可以与建筑物装潢同步进行,这样便于布线又不影响建筑物的美观。

双绞线穿入线管具有较强的技巧性,通常需 2 人配合,基本动作是一拉一送,所需工具如表 5.13 所示。

表 5.13　线管穿线工具

名称	数量	单位	备注
剪刀(或斜口钳)	1	把	用于剪线
梯子	1	把	用于爬到桥架处穿线
记号笔	若干	支	用于写线缆标签,箱上记录线号、米标,穿线表
扎线	若干	根	用于将线缆扎成小捆并固定在桥架上
胶带	1	卷	用于包裹线头
手套	2	付	防止手受伤

在线管中应事先穿好引导钢丝,将该管内应穿的线缆束与钢丝共同扎成一束(保证前端平滑)后,在电线管的另一头拉动引导钢丝,将线缆拉出线管到达信息点的"暗盒"位置,并预留 0.5m 剪断。双绞线的前 200mm 可能因绞距松动而废弃、150～200mm 在底盒内预留、100～150mm 用于模块端接,如果剪去部分写有线号,应重新在线头上填写线号。

5.8.5　线缆头部保护

在布线工程中,从穿线完毕到模块端接、配线架制作,往往都要等待一个漫长的周期。穿线完毕时,应立即进行线头保护。如果线头损坏,最坏情况就是要重新布线。

1. 线缆的预留长度

穿线时在电信间和信息点面板处都要预留双绞线。当线缆拉到电信间后,应根据机柜、配线架的位置和种类预留线缆。通常的预留标准如表 5.14 所示。

表 5.14　双绞线、光纤穿线预留标准

名称	线缆类型	预留量	备注
墙面面板	双绞线	0.5m	0.2m 左右缠绕在底盒内
墙面面板	光缆	1.5m	0.5m 左右缠绕在底盒内
配线机柜	双绞线	5～6m	进机柜前缠绕 1m,机柜内 4m 左右
配线机柜	光缆	7m	进机柜前缠绕 1m,机柜内 4m 左右
地面插座	双绞线	0.8m	0.2m 左右缠绕在底盒内
地面插座	光缆	2m	0.5m 左右缠绕在底盒内

2. 线缆的标签和捆扎

线缆在布放前两端贴有标签,以表明起始和终端位置,标签书写清晰、端正、正确并粘贴牢固,做到在拉线过程中避免损伤或磨掉;布放于水平桥架的双绞线,每隔 3～5m 进行绑扎固定,布放于垂直桥架的双绞线每隔 1.5m 进行绑扎固定,以降低线缆自身的挤压及自身重量的影响。

3. 对预留短线头的保护

在信息点暗盒位置预留的线缆往往比较短,可以将预留部分盘绕后塞入底盒内进行保护,也可以缠绕后装入小塑料袋进行保护。线头处千万不能进水,否则水会在双绞线内漫延,造成回波损耗值下降。在地面插座盒内,预留的线缆要求盘绕后装入塑料袋内,封紧袋口,袋口向上,进行严格的防水保护。千万不可在底盒内就剥去护套,否则在进行地面清洗、做地坪等施工作业时所产生的水会进入双绞线,造成其传输性能下降。

4. 预留长线头的保护

在电信间一定会有大量的线缆预留,堆积起来可能占好几个平方米。对于这样多的线缆,极有可能被各种施工人员踩踏,因此需要适当的保护。在现场保护时,要将线缆盘绕后安放在安全的、不易被人(或物)碰到的地方,最好能设置警告牌。推荐使用包装袋将线缆全部藏入其中,万一受到硬物伤害,也容易及时发现。

5.8.6　案例总结

1. 穿线组织策划

要组织好穿线,关键在于项目的管理人员和实施人员。相关人员应做到:

(1) 理解布线系统总体结构,不要穿错路线方向。

(2) 能明确区分要敷设的各种电缆,不要用错电缆。

(3) 根据管线图纸严格施工,对于图中不正确的路由应该及时改正。

(4) 有丰富的穿线经验,懂得预防典型的影响穿线质量和进度的问题。

(5) 对各类弱电线缆进行分组,一组一组地敷设,不多穿,不漏穿。每组应不超过 20 个信息点,否则同时穿放的电缆量大,穿放费力,容易导致电缆损伤,也容易缠绕、打结,非常影响进度。

(6) 严谨地做线缆的标签,记录长度刻度。

(7) 严格地组织测试,用测线仪逐条电缆测通断。

2. 穿线技术要求

穿线技术要求如表 5.15 所示。

表 5.15　穿线技术要求

穿线项目	具体要求
所有的管口都要安放塑料护口	穿线人员应携带护口,穿线时随时安放
余长	电缆在出线盒外余长 50cm,控制箱外约 1.5m。余线应仔细缠绕好收在出线盒内或控制箱内。在配线箱处从配线柜入口算起余长为配线柜的(长＋宽＋深)＋50cm
分组绑扎	余线应按分组表分组,从线槽出口整齐排列并绑扎好,绑扎点间距不大于 50cm。不可用铁丝或硬电源线绑扎
转弯半径	50 芯电缆转弯半径应不小于 162mm
垂直电缆	通过过渡箱转入垂直钢管往下一层走时要在过渡箱中绑扎悬挂,避免电缆重量全压在弯角的里侧电缆上,这样会影响电缆的传输性。在垂直线槽中的电缆要每隔 1m 绑扎悬挂一次

续表

穿线项目	具体要求
线槽内布放电缆	应平直,无缠绕,无长短不一。如果线槽开口朝侧面,电缆要每隔 1m 绑扎固定一次
电缆按照计算机平面布线路由图标号	每个标号对应一条线缆,对应的房间和插座位置不能弄错。两端的标号位置距末端 25cm,贴浅色塑料胶带,上面用油性笔写标号,或贴纸质号签再缠透明胶带。此外,在配线架端末到配线柜入口每隔 1m 要在电缆皮上用油性笔写标号,或用标签机打印标签后贴于电缆上

3.电缆保护

(1)穿管时管两端要加护套;所有电缆经过的管槽连接处都要处理光滑,不能有任何毛刺,以免损伤电缆。

(2)拽线时每根线拉力应不超过 110N,多根线拉力最大不超过 400N,以免拉伸电缆导体。

(3)电缆一旦外皮损伤以至芯线外露或其他严重损伤,损伤的电缆段应更换,不得续接。

(4)整个工程中电缆的贮存、穿线放线都要耐心细致,避免电缆受到任何挤压、碾、砸、钳、割或过度拉伸。布线时既要满足所需的余长,又要尽量节省,避免任何不必要的浪费。

(5)布线期间,电缆拉出电缆箱后尚未布放到位时如果要暂停施工,应将电缆仔细缠绕收起,妥善保管,不能随意散置在施工现场。

5.9 寻线器的使用方法

寻线器用于追踪无强电状态下的所有金属电缆,并且能在连接任何交换机、路由器、PC 终端的情况下直接找线。用于判断线路状态,识别线路故障;是网络安装、维护的实用性工具,如图 5.39 所示。

▶寻线器使用
方法介绍

5.9.1 寻线器的功能

(1)追踪电缆线路时,无须剥开线路外皮,简单、快捷,并可以判别线路断点的位置;

(2)可以在连接任何型号以太网交换机、路由器开机状态下直接找线;

(3)可用于寻找任何金属线缆线路;

(4)支持交换机开机状态下的线序校对;

(5)可完全代替网络测试仪;

(6)发射器有低电压提示功能,接收器有照明灯功能。

图 5.39　寻线器

5.9.2 寻线器工作原理

寻线器由信号震荡发声器和信号探测器及相应的适配线组成。它是网络线缆、通信线缆、各种金属线路施工工程和日常维护过程中查找线缆的必备工具。它可以迅速、高效地从大量的线束线缆中找到所需线缆。

寻线器利用感应寻线原理来寻找线缆，无须打开线缆的绝缘层，在线缆外皮上的不同部位找到断点。利用这一原理可以在线缆群束中、地毯下、装饰墙内、天花板上迅速找到所需电缆以及它的断点的大概位置。

寻线器通常需要两个人配合起来使用，一个人将信号震荡发声器接在目标线缆的 RJ45/RJ11 接口上使目标线缆周围产生声音信号场，另一个人用信号探测器靠近目标线缆时会发出信号声，因此可以根据信号声的强弱迅速找到目标线缆。

5.9.3 寻线器的使用技巧

支持电话交换机和网络交换机在开机状态下直接使用，不用把网络和电话线缆从交换机上取下来。

注意：要判断声音大小，声音最大的是你要寻找的目的线缆，如果感觉确认不准确，可以把你认为是正确的线缆从交换机或配线架上取下来直接插在寻线器接收器的线续接口上，指示灯 1 和灯 4 会亮，这样就能更准确地确认你要查找的目的线缆；另外还要注意交换机强电干扰，尽量离交换机远些，这样声音效果会更清楚。

在机房有配线架的情况下，如果配线架和交换机之间有跳线连接，可以直接寻找跳线，为确认准确，可以把你初步确认的目的线缆同其他跳线分开几厘米左右的距离，如发出非常响亮的声音，证明就是正确的；如果没有接跳线直接查找配线架端口时，可以把接收器的探头直接插到 RJ45 的接口里，这样你要找的目的线缆和其他线缆有明显的声音区别。

注意：因为配线架的端口之间距离很近，所以其他的端口会有微弱的声音产生，要以最大的声音来定位你所找的线缆。

5.10 综合布线测试

本节任务：熟悉综合布线工程测试的标准和测试类型；完成综合布线系统的电缆传输通道测试和光缆传输通道测试，解决测试过程中遇到的问题；为工程的顺利验收做好准备。

5.10.1 选择测试标准

1.北美标准

(1)EIA/TIA 568A；

(2)EIA/TIA 568B。

2. 国家标准

我国目前使用的最新国家标准为《综合布线系统工程验收规范》(GB/T 50312－2016)，该标准包括了目前使用最广泛的 5 类电缆、5E 类电缆、6 类电缆和光缆的测试方法。

5.10.2   测试的类型

1. 验证测试

验证测试又叫随工测试，是边施工边测试，主要检测线缆的质量和安装工艺，及时发现并纠正问题，避免返工。验证测试不需要使用复杂的测试仪，只需要使用能测试接线通断和线缆长度的测试仪。

2. 认证测试

认证测试又叫验收测试，是所有测试工作中最重要的环节，是在工程验收时对综合布线系统的安装、电气特性、传输性能、设计、选材和施工质量的全面检验。认证测试通常分为两种类型：

(1)自我认证测试；

(2)第三方认证测试。

5.10.3   测试模式

1. 基本链路模型

基本链路包括三部分：最长为 90m 的在建筑物中固定的水平布线电缆、水平电缆两端的接插件(一端为工作区信息插座 TO，另一端为楼层配线架 FD)和两条与现场测试仪相连的 2m 测试设备跳线，如图 5.40 所示。

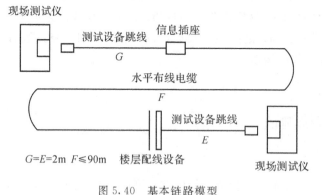

图 5.40   基本链路模型

2. 信道模型

信道指从网络设备跳线到工作区跳线的端到端的连接，它包括了最长 90m 的在建筑物中固定的水平布线电缆、水平布线电缆两端的接插件(一端为工作区信息插座 TO，另一端为配线架 FD)、一个靠近工作区的可选的附属转接连接器、最长 10m 的在楼层配线架和用户终端的连接跳线，信道最长为 100m，如图 5.41 所示。

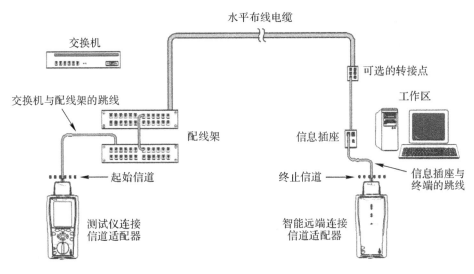

图 5.41　信道模型

3. 永久链路模型

永久链路又称固定链路,由最长为 90m 的水平布线电缆、水平布线电缆两端的接插件(一端为工作区信息插座 TO,另一端为楼层配线架 FD)和链路可选的转接连接器组成,不再包括两端的 2m 测试电缆,如图 5.42 所示。

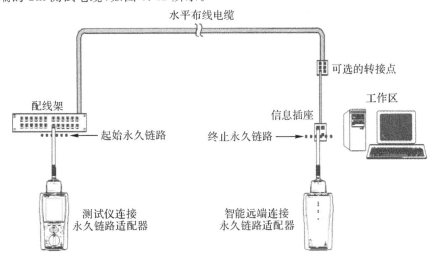

图 5.42　永久链路模型

5.10.4　常用电缆测试设备

1. 测试仪的性能要求

(1)应能测试基本链路模型、信道模型和永久链路模型的各项性能指标。

(2)针对不同布线系统等级应具有相应的精度。

(3)应定期检测测试仪精度,每次现场测试前,测试仪厂家应出示测试仪的精度有效期限证明。

（4）测试仪应具有测试结果的保存功能并提供输出端口，能将所有储存的测试数据输出至计算机和打印机。

（5）测试仪应能提供所有测试项目的概要和详细报告。

（6）测试仪表宜提供汉化的通用人机界面。

2. 常用电缆测试设备

常用电缆测试设备有音频生成器和音频放大器、网络万用表、连通性测试仪、电缆分析仪等，如图 5.43 所示。

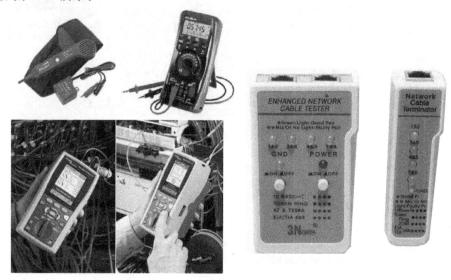

图 5.43　常用电缆测试仪器

5.10.5　综合布线测试的主要参数

通常情况下，衡量布线系统健康与否有几项重要的指标，如近端串扰（NEXT）、衰减、长度、接线图、特性阻抗与噪声等等。

1. 接线图（Wire Map）

接线图测试通常是一个布线系统的最基本测试，因而对于 3～5 类布线系统，都要求进行接线图测试。在施工过程中由施工人员边施工边测试，这种方法就是导通测试，它可以保证所完成的每一个连接都正确。

接线图必须遵照 EIA 568A 或 568B 的定义，保证线对正确连接是非常重要的测试项目，接线图如图 5.44 所示。

接线图未通过的故障原因可能是两端的接头有断路、短路、交叉或破裂，或是因为跨接错误等。常见的连接错误有电缆标签的错误和接线的连接错误，如开路（或称断路）、短路、反接、交接和差接等。

（1）开路和短路。在施工中，由于工具、接线技巧或墙内穿线技术欠缺等问题，会产生开路或短路故障。

（2）反接。同一对线在两端针位接反，比如一端为 1—2，另一端为 2—1。

（3）交接。将一对线接到另一端的另一对线上，比如一端是 1—2，另一端接在 4—5 上。

（4）差接。将原来的两对线分别拆开后又重新组成新的线对。由于出现这种故障时端对端的连通性并未受影响，所以用普通的万用表不能检查出故障原因，只有通过使用专用的电缆测试仪才能检查出来。差接故障不易发现是因为当网络低速度运行或流量很低时其表现不明显，而当网络繁忙或高速运行时其影响极大。这是因为差接造成的串绕会引起很大的近端串扰（NEXT）。

2. 链路长度（Length）

长度是指连接的物理长度。对铜缆长度进行的测量应用了一种称为时间域反射测量（TDR）的测试技术。测试仪从铜缆一

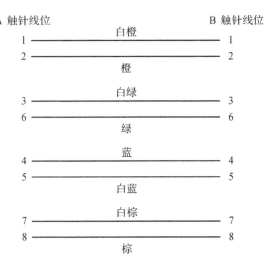

图 5.44　接线图

端发出一个脉冲波，在脉冲波行进时如果碰到阻抗的变化，就会将部分或全部的脉冲波能量反射回测试仪。测试仪就可以计算出脉冲波接收端到该脉冲波返回点的长度。

3. 衰减（Attenuation）

信号通过双绞线会产生衰减。电信号强度会随着电缆长度而逐渐减弱，这种信号减弱就称为衰减。

4. 衰减串扰比（ACR）

所谓 ACR 就是指串扰与衰减量的差异量。由于衰减效应，接收端所收到的有用信号是最微弱的，但接收端得到的串扰信号并没有减弱。对非屏蔽电缆而言，最主要的串扰是从电缆本身发送端感应到接收端的串扰。ACR 体现的是电缆的性能，也就是在接收端有用信号的富裕度，因此 ACR 值越大越好。

由于每对线对的近端串扰（NEXT）值都不尽相同，因此每对线对的 ACR 值也是不同的。测量时以最差的 ACR 值为该电缆的 ACR 值。

5. 近端串扰（NEXT）

NEXT 损耗是测量在一条链路中从一对线对到另一对线的信号耦合，也就是当信号在一对线上运行时，同时会感应一小部分信号到其他线对，这种现象就是串扰。频率越高这种影响就越大。实验证明 40m 内测得的 NEXT 是较真实的。

近端串扰未通过的故障原因可能是近端连接点的问题，或者是因为串对、外部干扰、远端连接点短路、链路电缆和连接硬件性能问题，不是同一类产品以及电缆的端接质量问题等等。

6. 综合近端串扰（PS NEXT）

综合近端串扰是所有串扰线对串扰的总和，是为测试 5 类大对数线缆的串扰性能而开发的，最初应用于 25 对线缆，后来应用于 25 对连接件。

7. 结构回波损耗（SRL）

结构回波损耗（Structural Return Loss，SRL）所测量的是电缆阻抗的一致性。由于电缆的结构无法完全一致，因此会引起阻抗发生少量变化。阻抗的变化会使信号产生损耗。

8. 远端串扰(FEXT)与等效式远端串扰(EL FEXT)

FEXT 类似于 NEXT,但信号是从近端发出的,而串扰杂讯则是在远端测量到的。FEXT 也必须从链路的两端来进行测量。电缆长度对测量到的 FEXT 值的影响会很大,因此,FEXT 并不是一种很有效的测试指标。必须以 EL FEXT 值的测量来代替 FEXT 值的测量。EL FEXT 值其实就是 FEXT 值减去衰减量后的值,也可以将 EL FEXT 理解成远端的 ACR。

9. 传播时延(Propagation Delay)

传播延迟是指一个信号从电缆一端传到另一端所需要的时间。一般 5 类 UTP 的延迟时间在 5～7ns/m 左右。ISO 则规定 100m 链路最差的时间延迟为 $1\mu s$。延迟时间是局域网要有长度限制的主要原因之一。

10. 特性阻抗(Characteristic Impedance)

特性阻抗是指在双绞线输入端施以交流信号电压时,输入电压与电流的比值。非屏蔽超 5 类双绞线的阻抗为 100Ω,同轴电缆阻抗为 75Ω。

5.10.6 测试内容

1. 5 类电缆系统的测试标准及测试内容

GB/T 50312—2016 规定 5 类电缆布线的测试内容分为基本测试项目和任选测试项目。基本测试项目有链路长度、接线图、衰减和近端串扰;任选测试项目有衰减串扰比、环境噪声干扰强度、传播时延、回波损耗、特性阻抗和直流环路电阻等内容。

2. 5e 类电缆系统的测试标准及测试内容

EIA/TIA 568-5-2000 和 ISO/IEC 11801:2000 是正式公布的 5E 类 D 级双绞线电缆系统的现场测试标准。5E 电缆系统的测试内容既包括长度、接线图、衰减和近端串扰这四项基本测试项目,也包括回波损耗、衰减串扰比、综合近端串扰、等效远端串扰、综合远端串扰、传播时延、直流环路电阻等参数。

3. 6 类电缆系统的测试标准及测试内容

EIA/TIA 568B1.1 和 ISO/IEC 11801:2002 是正式公布的 6 类 E 级双绞线电缆系统的现场测试标准。6 类电缆系统的测试内容包括接线图、长度、衰减、近端串扰、传播时延、时延偏离、直流环路电阻、综合近端串扰、回波损耗、等效远端串扰、综合等效远端串扰、综合衰减串扰比等参数。

5.10.7 Fluke 测试仪使用说明

工程项目在竣工验收的过程中通常要使用第三方认证/测试报告作为验收合格的参考,这里我们采用 Fluke 测试仪对本工程进行模拟验收测试,并导出测试结果。下面以永久链路模拟测试为例,说明电气性能测试的过程。

⊙ Fluke 测试仪
使用方法介绍

具体实训步骤:

(1) 安装 Fluke 测试仪的永久链路模块在主机端和远端上,开启主机端和远端的电源;

（2）将旋钮转至 SETUP；

（3）选择"Twisted Pair"；

（4）选择"Cable Type"；

（5）选择"UTP"；

（6）选择"Cat 6 UTP"，如图 5.45 所示；

（7）选择"Test Limit"；

（8）选择"TIA Cat 6 Perm. Link"；

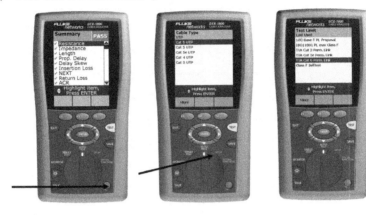

图 5.45　Fluke 测试仪

（9）把主机端和远端分别接插在工作区面板和配线间（FD）上，按 TEST 键，进行测试；

（10）通过 Link Ware 保存测试结果，在测试仪中为测试结果命名，测试结果名称可以是"预先下载""手动输入""自动递增""自动序列"。

最后按"SAVE"键保存结果，如图 5.46 所示（测试失败项目）。

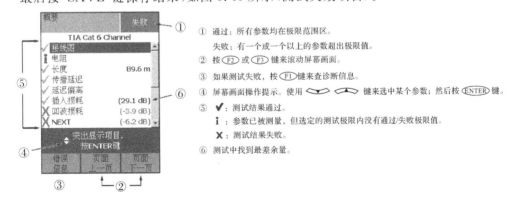

图 5.46　测试功能

用数据线把主机端连接到计算机，使用 Link Ware 软件进行导出测试结果并打印输出，如图 5.47 所示（测试成功项目）。

LW **LINKWARE**
CABLE TEST MANAGEMENT SOFTWARE

电缆识别名: DN-79   测试结果:通过

日期/时间: 01/23/2017 11:47:56 AM   操作人员: CHEN BING   型号: DTX-1800
余量: 8.3 dB (NEXT 12-45)   软件版本: 2.7400   主机S/N: 2483013
测试限: TIA Cat 6 Channel   测试限版本: 1.9300   远端S/N: 2483014
电缆类型: Cat 6 UTP   NVP: 69.0%   主机端适配器: DTX-CHA002
校准日期: 01/09/2017   远端适配器: DTX-CHA002

长度 (m), 极限值 100.0	[线对 12]	89.7	
传输时延(ns), 极限值 555	[线对 36]	299	
□传输时延(ns), 极限值 555	[线对 36]	8	
电阻值 (欧姆)	[线对 78]	12.4	
□插入损耗 余量 (dB)	[线对 36]	14.8	
频率 (MHz)	[线对 36]	100.0	
极限值 (dB)	[线对 36]	24.0	

89.7 m

接线图 (T568B)
通过
1——1
2——2
3——3
4——4
5——5
6——6
7——7
8——8
S   S

□□插入损耗 (dB)

	最差余量		最差值	
通过	主机	SR	主机	SR
最差线对	12-45	12-45	45-78	45-78
NEXT (dB)	9.0	8.3	10.0	12.7
频率 (MHz)	13.3	13.3	98.5	93.0
极限值 (dB)	45.0	45.0	30.2	30.6
最差线对	12		45	45
PS NEXT (dB)	11.4	10.9	12.6	14.3
频率 (MHz)	13.3	13.3	99.0	93.0
极限值 (dB)	42.0	42.0	27.2	27.6
通过	主机	SR	主机	SR
最差线对	36-45	36-45	45-36	36-45
ACR-F (dB)	13.5	13.5	14.5	14.6
频率 (MHz)	1.3	1.3	98.3	98.3
极限值 (dB)	55.5	55.5	17.6	17.6
最差线对	36		45	36	36
PS ACR-F (dB)	16.2	16.1	16.5	16.9
频率 (MHz)	1.0	1.0	98.3	100.0
极限值 (dB)	54.4	54.4	14.6	14.4
不适用	主机	SR	主机	SR
最差线对	12-45	12-45	45-78	45-78
ACR-N (dB)	14.0	13.3	24.8	27.0
频率 (MHz)	13.1	13.1	98.5	93.3
极限值 (dB)	36.9	36.9	6.4	7.5
最差线对	12		45	45	45
PS ACR-N (dB)	16.4	15.9	27.5	28.7
频率 (MHz)	13.3	13.1	99.0	93.0
极限值 (dB)	33.8	33.9	3.3	4.5
通过	主机	SR	主机	SR
最差线对	45	12	45	12
RL (dB)	3.5	7.7	3.5	9.0
频率 (MHz)	23.0	23.1	23.0	94.8
极限值 (dB)	16.4	16.4	16.4	10.2

NEXT (dB) — NEXT 远端测试仪 (dB)
ACR-F (dB) — ACR-F 远端测试仪 (dB)
ACR-N (dB) — ACR-N 远端测试仪 (dB)
RL (dB) — RL 远端测试仪 (dB)

满足的标准:
10BASE-T   100BASE-TX   100BASE-T4
1000BASE-T   ATM-25   ATM-51
ATM-155   100VG-AnyLan   TR-4
TR-16 Active   TR-16 Passive

LinkWare | * 9.1

项目: 2017
FLUKE TEST REPORT.flw

FLUKE
networks

图 5.47   生成测试报告

5.10.8 网络故障诊断

综合布线存在的故障包括接线图错误、电缆长度的问题、衰减过大、近端串扰过高和回波损耗过高等。超5类和6类标准对近端串扰和回波损耗的链路性能要求非常严格,即使所有元件都达到规定的指标且施工工艺也可达到满意的水平,但链路测试非常有可能失败。为了保证工程的合格,故障需要及时解决,因此对故障的定位技术和定位的准确度提出了较高的要求,诊断能力强可以节省大量的故障诊断时间。DTX电缆认证分析仪采用先进的高精度时域反射分析和高精度时域串扰分析对故障定位分析。

1. 高精度时域反射分析

高精度时域反射(High Definition Time Domain Reflectometry,HDTDR)分析,主要用于测量长度、传输时延(环路)、时延差(环路)和回波损耗等参数,并针对有阻抗变化的故障进行精确的定位,用于与时间相关的故障诊断。

该技术通过在被测试线对中发送测试信号,同时监测信号在该线对的反射相位和强度来确定故障的类型,通过信号发生反射的时间和信号在电缆中传输的速度可以精确地报告故障的具体位置。测试端发出测试脉冲信号,当信号在传输过程中遇到阻抗变化就会产生反射,不同的物理状态所导致的阻抗变化是不同的,而不同的阻抗变化对信号的反射状态也是不同的。当远端开路时,信号反射并且相位未发生变化;而当远端为短路时,反射信号的相位发生了变化,如果远端有信号终结器,则没有信号反射。测试仪就是根据反射信号的相位变化和时延来判断故障类型和距离的。

2. 高精度时域串扰分析

高精度时域串扰(High Definition Time Domain Crosstalk,HDTDX)分析,是通过在一个线对上发出信号的同时,在另一个线对上观测信号的情况来测量串扰相关的参数以及故障诊断。以往对近端串扰的测试仅能提供串扰发生的频域结果,即只能知道串扰发生在哪个频点,并不能报告串扰发生的物理位置,这样的结果远远不能满足现场解决串扰故障的需求。由于是在时域进行测试,因此根据串扰发生的时间和信号的传输速度可以精确地定位串扰发生的物理位置。这是目前唯一能够对近端串扰进行精确定位并且不存在测试死区的技术。

3. 故障诊断步骤

在高性能布线系统中两个主要的"性能故障"分别是近端串扰(NEXT)和回波损耗(RL)。下面介绍这两类故障的分析方法。

图5.48　按"故障信息"键(F1键)获取故障信息

使用HDTDX诊断NEXT:

(1)当线缆测试不通过时,先按"故障信息键"(F1键),如图5.48所示。此时将直观显示故障信息并提示解决方法。

(2)深入评估NEXT的影响,按"EXIT"键返回摘要屏幕。

（3）选择"HDTDX Analyzer"，HDTDX 显示更多线缆和连接器的 NEXT 详细信息。如图 5.49 所示，左图故障是 58.4m 集合点端接不良导致 NEXT 不合格；右图故障是线缆质量差，或是使用了低级别的线缆造成整个链路 NEXT 不合格。

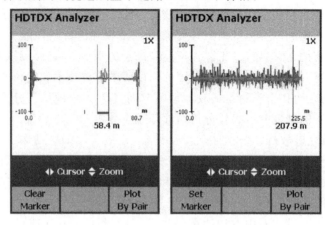

图 5.49　HDTDX 分析 NEXT 故障结果

使用 HDTDR 诊断 RL：

（1）当线缆测试不通过时，先按"故障信息键"（F1键），此时将直观显示故障信息并提示解决方法。

（2）深入评估 RL 的影响，按"EXIT"键返回摘要屏幕。

（3）选择"HDTDR Analyzer"，HDTDR 会显示更多线缆和连接器的 RL 详细信息。如图 5.50 所示，70.6m 处 RL 异常。

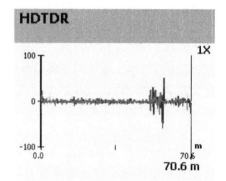

5.10.9　故障排除

1. 电缆接线图未通过

电缆接线图和长度问题主要包括开路、短路、交叉等几种错误类型。开路、短路在故障点都会有很大的阻抗变化，对这类故障可以利用 HDTDR 技术来进行定位。故障点会对测试信号造成不同程度的反射，并

图 5.50　使用 HDTDR 诊断 RL

且不同的故障类型的阻抗变化是不同的，因此测试设备可以通过测试信号相位的变化以及相位的反射时延来判断故障类型和距离。当然定位的准确与否还受设备设定的信号在该链路中的标称传输率（NVP）值影响。

2. 长度问题

长度未通过的原因可能有：

（1）NVP 设置不正确，可用已知长度的好线缆校准 NVP；

（2）实际长度超长；

（3）设备连线及跨接线的总长过长。

3. 衰减（Attenuation）

信号的衰减同很多因素有关，如现场的温度、湿度、频率、电缆长度和端接工艺等。在现场测试工程中，在电缆材质合格的前提下，衰减大多与电缆超长有关。通过前面的介绍很容易知道，对于链路超长可以通过 HDTDR 技术进行精确的定位。

4. 近端串扰

产生原因：端接工艺不规范，如接头处打开双绞部分超过推荐的 13mm，造成了电缆绞距被破坏、跳线质量差、不良的连接器、线缆性能差、串绕、线缆之间过分挤压等。对这类故障可以利用 HDTDX 发现它们的故障位置，无论故障是发生在某个接插件还是在某一段链路。

5. 回波损耗

回波损耗是由于链路阻抗不匹配造成的信号反射。产生的原因：跳线特性阻抗不是100Ω；线缆线对的绞结被破坏或是有扭绞；连接器不良；线缆和连接器阻抗不恒定；链路上线缆和连接器非同一厂家产品；线缆不是 100Ω 的（例如使用了 120Ω 线缆）等。知道了回波损耗产生的原因是由于阻抗变化引起的信号反射，就可以利用针对这类故障的 HDTDR 技术进行精确定位了。

5.11　综合布线系统图绘制实训

▶综合布线系统图
绘制实训指导

综合布线系统图，也叫综合布线系统拓扑图，专门用于描述建筑物或建筑群的综合布线总体结构，能够表达建筑物之间布线的逻辑关系，明确CD、BD、FD 的立面楼层位置和数量，如图 5.51 所示。

综合布线系统图中的图标可以自行绘制，但必须注明图例，请参考中国工程建设标准化协会、中国建筑标准设计研究院在 2008 年 3 月 1 日发布的《综合布线系统工程设计与施工图集》（08X101-3）。其推荐图标如图 5.52 所示。

【实训任务】

请参考图 5.51 和图 5.52，设计一个具有多幢建筑物的系统图（图 5.53）。

要求：

（1）进一步熟练应用 Visio 软件，学会自制图库元素，能用 Visio 绘制系统结构图。

（2）掌握综合布线工程结构图中所使用的各种图标，并能正确地应用于综合布线工程。

（3）了解综合布线工程设计的基本理论、技巧以及布线工程之结构规范。

（4）熟悉综合布线系统结构的构成以及设计与之对应的综合布线子系统。

（5）绘制的图形符合设计规范。

（6）符合综合布线的结构设计要求。

（7）能说明各条通道所采用的综合布线工程结构原理。

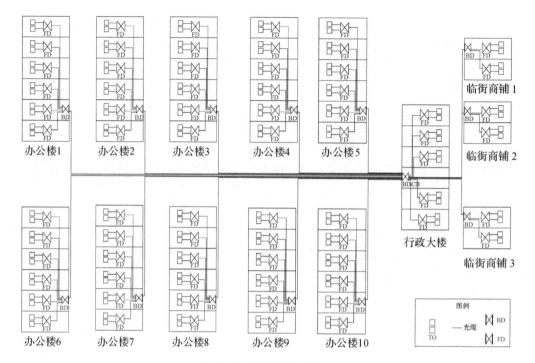

图 5.51　综合布线系统图

序号	符号	名称	符号来源	序号	符号	名称	符号来源
1	形式1: CD ⊠ 形式2: CD ⊠	建筑群配线架（系统图，含跳线连接）	GB50311-2016	8	MDF ⊠	用户总配线架（系统图，含配线连接）	—
2	形式1: BD ⊠ 形式2: BD ⊠	建筑物配线架（系统图，含跳线连接）	GB50311-2016	9	⎴*	配线架柜的一般符号（平面图） *可用以下文字表示不同的配线架: CD—建筑群;BD—建筑物;FD—楼层	—
3	形式1: FD ⊠ 形式2: FD ⊠	楼层配线架（系统图，含跳线连接）	GB50311-2016	10	SB	模块配线架式的供电设备（系统图）	—
4	FD □	楼层配线架（系统图，无跳线连接）	GB50311-2016	11	HDD	家居配线箱	—
5	形式1: CP □ 形式2: CP	集合点配线箱	GB50311-2016	12	HUB	集线器	GB50311-2016
				13	SW	网络交换机	GB50311-2016
6	ODF ⊠	光纤配线架（光纤总连接盘，系统图，含跳线连接）	—	14	PABX	程控用户交换机	—
				15	IP	网络电话	—
7	LIU*	光纤连接盘（系统图）	—	16	AP	无线接入点	—
				17	TO ○	信息点（插座）	09DX001

图 5.52　综合布线系统图推荐图标

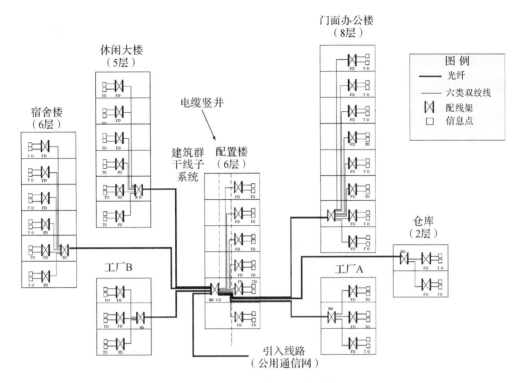

图 5.53　建筑群综合布线系统图

【实训步骤】

（1）熟悉综合布线工程系统图的图标及格式。

（2）打开 Microsoft Office Visio，选择网络之详细网络图。

（3）自建工程结构图形元素库。在 Visio 绘图时，选择形状→我的形状→收藏夹，在图形绘制区绘制图形元素，完成后，将图形元素拖到收藏夹元素库中，选择编辑该模板，完成后可以更改图形元素的名称，同时在收藏夹栏目上右击选择另存为工程结构库。

（4）根据提供的样图，进行实际操练。

5.12　机柜安装实训

▶机柜安装实训指导

　　在安装机柜之前首先对可用空间进行规划，为了便于散热和设备维护，建议机柜前后与墙面或其他设备的距离不应小于 0.8m，机房的净高不能小于 2.5m。

　　如果机柜安装在水泥地面上，机柜固定后，则可以直接进行机柜配件的安装。将机柜安放到规划好的位置，确定机柜的前、后面，并使机柜的地脚对准相应的地脚定位标记。要确保机柜平稳，推荐在机柜顶部平面两个相互垂直的方向放置水平尺，检查机柜的水平度。用扳手旋动地脚上的螺杆调整机柜的高度，使机柜达到水平状态，然后锁紧机柜地脚上的锁紧螺母,使锁紧螺母紧贴在机柜的底平面。

U是一种表示网络设备外部尺寸的单位,是 Unit 的缩略语,详细的尺寸由作为业界团体的美国电子工业协会(EIA)所决定。

之所以要规定网络设备的尺寸,是为了使网络设备保持适当的尺寸以便放在标准机架上。机架上有固定网络设备的螺孔,以便它能与网络设备的螺孔对上号,再用螺丝加以固定,可以实现采用统一的机架安装不同网络设备。

规定的尺寸是网络设备的宽(19inch＝48.26cm)与高(4.445cm 的倍数)。由于宽为19inch,所以有时也将满足这一规定的机架称为"19inch 机架"。高度以 4.445cm 为基本单位,1U 就是 4.445cm。

【实训任务】

在机柜内安装设备,要求:
(1)了解机柜以 U 为型号的概念。
(2)掌握方块螺母卡接在 U 条的方法。
(3)将配线架、交换机等设备安装到机柜上。

【实训步骤】

(1) 确定好需要安装的设备和安装的位置、间隔。采用一字螺丝刀,将方块螺母卡接在 U 条的相应孔位上,如图 5.54 所示。应确保方块螺母稳固、不易脱落,如图 5.55 所示。

图 5.54　使用一字螺丝刀安装

图 5.55　完成效果

(2) 设备上架,如图 5.56～图 5.58 所示。

图5.56　进线间安装完成

图5.57　交换机安装

图5.58　设备安装完成

5.13　语音配线架端接实训

【实训任务】

在 110 配线架上完成一组 25 对电缆的端接任务,要求:

(1)严格按照线序规范。

(2)走线平整、条理清晰。

【实训步骤】

(1)将标记好的 25 对室内大对数电缆、光缆和双绞线向下垂放,敷设到位后,采用扎带把电缆绑扎在机架上。

(2)将数据干线电缆端接在进线间/设备间和配线间。线缆在端接前,必须核对电缆标识内容是否正确。线缆弯曲角度不得小于 90°,同时应预留足够的线缆长度。

(3)将语音干线电缆绑扎到机架理线处,确认剥皮长度后(图 5.59),用剥线刀在 25cm 处将大对数电缆外皮切开;然后将大对数穿过配线架进线孔,将大对数电缆外皮去掉并把撕裂绳剪掉。

(4)将 25 对大对数按标准排序:先进行主色分线,如图 5.60 所示;再进行副色分线卡接。大对数排序标准的线缆主色为白、红、黑、黄、紫,分为五个区,如图 5.61 所示。

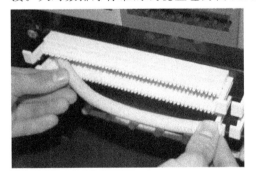

图 5.59　确定剥皮长度

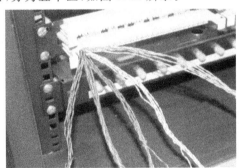

图 5.60　按主色分线

白区					红区					黑区					黄区					紫区				
1	2	3	4	5	6	7	8	9	10	11	12	13	14	15	16	17	18	19	20	21	22	23	24	25
110C-4					110C-4					110C-4					110C-4					110C-4				110C-5

图 5.61　语音配线架主色区示意图

在各区中,线缆副色为蓝、橙、绿、棕、灰,如图 5.62 所示。

这样就可以确定 25 对线缆的线序了,排法如表 5.16 所示。

(5)采用打线工具将已按序排列的线对的露出部分切断。

(6)然后采用五对打线刀,把 110 语音连接端子(5 个 4 对、1 个 5 对)冲压入槽内,如图 5.63 所示。最后卡上编号标签。

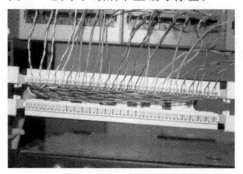 

图 5.62　按副色分线并预固定　　　　　　图 5.63　把 110 语音端子冲压入槽内

表 5.16　语音配线架 25 对线排法

主色 ＼ 副色	1 蓝色	2 橙色	3 绿色	4 棕色	5 灰色
白区	白蓝	白橙	白绿	白棕	白灰
红区	红蓝	红橙	红绿	红棕	红灰
黑区	黑蓝	黑橙	黑绿	黑棕	黑灰
黄区	黄蓝	黄橙	黄绿	黄棕	黄灰
紫区	紫蓝	紫橙	紫绿	紫棕	紫灰

5.14　机架图绘制实训

▶机架图绘制实训指导

【实训任务】

某企业新建阳光商业大楼一幢,其 5 楼设为办公室,该层共有 42 间办公室,每间办公室设语音信息点 1 个,网络信息点 2 个。请计算出该层 FD 机柜的型号,绘制该机柜的大样图,并编制该层楼配线架信息点对应表。

【实训步骤】

(1)参考图 5.64 样式绘制。

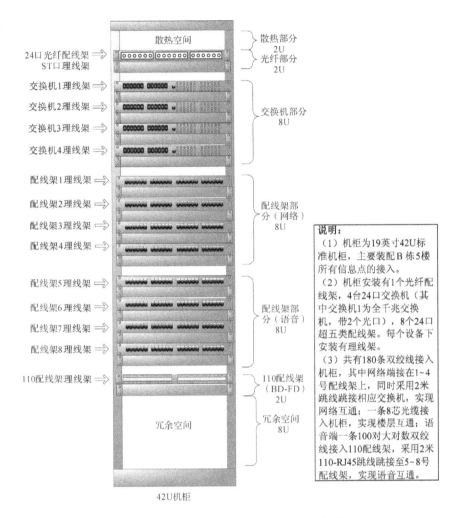

图 5.64 ×××商业大楼机柜大样图(机架图)

（2）按参考样表 5.17 样式编制配线架信息点对应表。

表 5.17 配线架信息点对应表

序号	信息点编号	机柜编号	配线架编号	配线架端口编号	插座底盒编号	房间编号
1	A3-1-1-AZ-301	A3	1	1	AZ	301
2	A3-1-2-AY-301	A3	1	2	AY	301
3	A3-1-3-B-301	A3	1	3	B	301
23	A3-1-23-A-318	A3	1	23	A	318
24	A3-1-24-B-318	A3	1	24	B	318

（3）新建一个 Word 文档,将机架图(图 5.64)和配线架信息点对应表插入该文档,命名为"学号＋姓名＋机架图.doc",并提交作业。

5.15　桥架设计与安装实训

【实训任务】

设计一个具有配线子系统、干线子系统、工作区、设备间的桥架系统，并按照设计思想施工。

要求：

（1）桥架系统至少要包括一个上三通、一个下三通、一个内弯、一个外弯、一个平面弯角、一个平面四通以及相应的附件。

（2）桥架布线材料数量的计算准确。

（3）安装施工符合规范。

（4）场地整洁，材料摆放有序。

【实训步骤】

1．了解各部件及其配套设施

了解槽式金属桥架的各个部件及其配套设施，如图 5.65 所示。

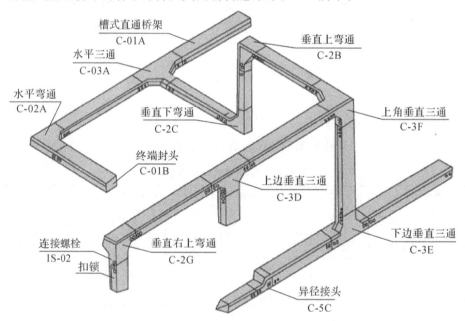

图 5.65　桥架系统

2．了解桥架组合方式

参考图 5.66，设计出符合实训要求的桥架系统结构，最好能体现个性化设计思想，并计算相应的部件材料数量。

图 5.66   桥架设计的参考图

3. 领料

完成材料计算,并填写表 5.18,向实训库房领料。

表 5.18   综合布线实训领料单

第_____实训小组   领料人:_____

材料名称	单位	数量	备注

备注:每组默认配套的工具为活动扳手和梅花扳手,以及防护手套 2 副。

4.桥架安装

领到相应材料后,至各自分组所在场地进行桥架架设实训。

5.验收

桥架架设完成后,通知场地实训教师,进行验收评分。

6.拆除桥架并对材料归类

拆除搭建好的桥架,并按类别归还所领的材料和工具,保持场地洁净。

5.16   大楼布线施工综合实训

▶大楼布线施工
综合实训指导

【实训任务】

在桥架设计与安装实训的基础上,完成 4 个信息点的布线任务。

要求：

(1)完成模拟干线子系统桥架架设实训。

(2)完成模拟水平子系统桥架架设实训。

(3)掌握金属桥架上的布线方法和技巧。

(4)掌握线缆贴标签的方法。

(5)掌握桥架布线需要材料的计算方法。

【实训步骤】

(1) 在桥架设计与安装实训的基础上，计算出布线所需要的实训材料。

(2) 领取实训材料和工具。

(3) 完成信息点到桥架的穿线工序。

(4) 完成桥架到机柜的布线工序。

(5) 完成线缆贴标签的工序。

(6) 完成机柜端接及机柜理线工序。

(7) 完成信息点模块端接。

(8) 验收：测试配线架与信息点模块的连接性，检查施工工艺。

5.17   大楼综合布线设计综合实训

▶大楼综合布线设计
综合实训指导

【实训任务】

自拟一个题目，内容为设计一个楼宇综合布线工程，至少具有 400 个及以上信息点和 100 个及以上语音点，要求包括需求分析、图纸绘制、综合布线设计、设备材料相关计算等内容。

评分标准如表 5.19 所示。

表 5.19   大楼综合布线设计评分标准

序号	评价项目	评价内容	分值	得分
1	项目概述	项目背景、建设目标是否描述清楚？	5	
2	需求分析	需求分析是否充分？	10	
3	信息点编号	信息点编号是否规范？	5	
4	综合布线系统图	综合布线系统图设计是否规范？	10	
5	平面布线路由图设计	平面结构图设计是否规范？	20	
6	机架图设计	机柜大样设计是否正确？	10	
7	网络设备选型	设备选型是否符合项目要求？	10	
8	设备及材料预算	设备及材料预算是否完整？计算是否正确？	30	
合计			100	

【实训步骤】

（1）要有需求调查和功能分析的相关内容。

（2）根据需求分析来规划网络功能，设计大楼的综合布线方案。

（3）要有信息点数量统计表。

（4）要符合国家标准 GB 50311—2016，要具有 BD、FD 设计。

（5）要有设备间、电信间、进线间、工作区的设计。

（6）要具有综合布线系统图（干线子系统）、综合布线平面布线路由图（配线子系统）、机架图以及信息点端口对应表。

（7）图纸可以用 AutoCAD 或 Visio 绘制。

（8）要全部计算综合布线工程所需各种材料的数量，并且要有计算过程。

（9）要详细列出工程的各种预算明细表，并加以汇总。

5.18　项目总结

在本项目中我们以某学院学生宿舍 5 号楼宿舍楼综合布线工程方案为例，进一步认识了工作区、配线子系统、集合点、干线子系统、建筑群子系统、设备间、电信间、进线间、管理等 9 个综合布线的组成部分；重点学习了如何确定电信间、设备间的位置，如何设计配线子系统和干线子系统；了解了接地系统和防火材料；学会了网络配线架、语音配线架的端接、桥架系统安装、网络测试等技能。

5.19　习题

1. 安装线槽的施工应该选在建筑物装修施工之前还是之后？请说明原因。

2. 配线架用于什么场合？理线架用于什么场合？

3. 信息插座与地面的安装距离要求是多少？

4. 在 25 对的 110 系列配线架基座上安装时，应选择几个 4 对连接块和几个 5 对连接块？

5. 在普通桥架中，有哪几种主要配件可供组合？说出其名称。

6. 在设计布线路由时应该考虑哪些因素？

7. 为了保护、隐藏或引导布线，一般用哪几种材料和方式作为布线路径？

8. 设备间在安装设备机架过程中，水平和垂直误差在没有特殊要求时分别为多少？

9. 按综合布线系统机房和设备的不同作用分为哪几种接地？

10. 在布线施工前应该进行哪些准备工作？

11. 综合布线的地线设计要注意哪几个要点？

12. 敷设暗管和暗槽时,对规格、型号有什么要求?

13. 桥架敷设施工的基本要求是什么?

14. 综合布线系统的测试,通常有哪两类标准被用于安装电缆的测试?

15. 通道(Channel)和基本链路(Basic Link)作为测试的链路有什么区别?

16. 综合布线工程现场测试有哪几项内容?

17. 已知有一教学楼为六层建筑,每个楼层有信息点 20 个,每个楼层的最远信息插座距离管理间均为 60m,每个楼层的最近信息插座距离管理间均为 10m,试估算该教学楼的用线量。

18. 已知某教学楼需要实施综合布线工程,根据用户需求分析得知,第六层有网络信息点 60 个,各信息点要求接入速率为 100Mbps,另有 45 个电话语音点,六层的电信间到楼内设备间的距离为 60 米。试确定该教学楼第六层的干线电缆类型及线对数。

19. 某一建筑物的某一个楼层有计算机网络信息点 100 个,语音点有 50 个,请计算出楼层配线间所需要使用配线架的型号及数量。

20. 已知某幢建筑物的计算机网络信息点数为 200 个且全部汇接到设备间,则在设备间应安装何种规格配线架? 数量是多少?

园区网络工程设计

在本项目中,我们要了解网络互联涉及的主要技术,要学会看懂网络拓扑图,理解网络分层设计的思想,能够规划 IP 地址分配方案,完成一个园区网的系统集成项目方案设计,并且要掌握光纤熔接、盘纤等技能。

本项目的学习重点:
- 网络组建的主要技术;
- 分层设计思想;
- IP 地址规划;
- 光纤熔接、盘纤技能;
- 园区网系统集成设计。

6.1　了解网络互联涉及的主要技术

本节任务:简要介绍 VLAN、VPN、UPS、QoS、链路聚合、生成树、冗余、负载均衡、防火墙、存储、集群服务器、无线企业网等组网技术,为进一步学习网络系统集成设计做好准备。

6.1.1　VLAN 技术

虚拟局域网(Virtual Local Area Network,VLAN)是一种将局域网设备从逻辑上划分成一个个网段,从而实现虚拟工作组的数据交换技术。这一技术主要应用于交换机和路由器中,但主流应用于交换机之中,如图 6.1 所示。

1. 技术选择依据

(1)减少广播,提升网络性能。

(2)制定访问控制策略。

(3)保障网络安全性。

2. 常用划分方案

(1)网管 VLAN：包含网络设备网管端口、SMTP 协议端口。

(2)服务器 VLAN：细化为管理类服务器、应用类服务器、数据库服务器。

(3)用户部门 VLAN：根据建筑物位置、职能部门或业务流程自由划分。

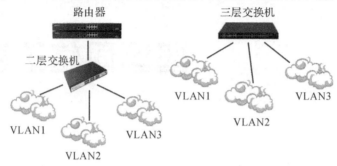

图 6.1　VLAN 应用

【思考题】

如何实现 VLAN 之间的通信？

6.1.2　链路聚合与堆叠技术

◉实现 VLAN 之间
通信的设备

1. 链路聚合

链路聚合(Link Aggregation)，是指将多个物理端口捆绑在一起，成
为一个逻辑端口，以实现流量在各成员端口中的负荷分担，如图 6.2 所示。交换机根据用户
配置的端口负荷分担策略决定报文从哪一个成员端口发送到对端的交换机。当交换机检测
到其中一个成员端口的链路发生故障时，就停止在此端口上发送报文，并根据负荷分担策略
在剩下的链路中重新计算报文发送的端口，故障端口恢复后重新计算报文发送端口。链路
聚合在增加链路带宽、实现链路传输弹性和冗余等方面是一项很重要的技术。

链路聚合的主要功能：

(1)将多个数据信道聚合成一个信道。

(2)组合链路应考虑负载均衡。

(3)多用于主干链路的设备连接。

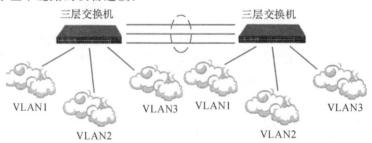

图 6.2　链路聚合

链路聚合的优点是增加网络带宽，提高网络连接的可靠性；链路聚合的缺点是耗费交换

机物理接口。

　　链路聚合的方式主要有静态 Trunk、动态 LACP 两种。静态 Trunk 是将多个物理链路直接加入 Trunk 组，形成一条逻辑链路。链路聚合控制协议（Link Aggregation Control Protocol，LACP）是一种实现链路动态汇聚的协议。LACP 协议通过链路聚合控制协议数据单元（Link Aggregation Control Protocol Data Unit，LACPDU）与对端交互信息。

　　2. 堆叠

　　堆叠（Stack）是指将一台以上的交换机组合起来共同工作，以便在有限的空间内提供尽可能多的端口。多台交换机经过堆叠形成一个堆叠单元。可堆叠的交换机性能指标中有一个"最大可堆叠数"的参数，它是指一个堆叠单元中所能堆叠的最大交换机数，代表一个堆叠单元中所能提供的最大端口密度。堆叠技术需要专门的堆叠接口和堆叠线缆，常见的如图 6.3、图 6.4 所示。

图 6.3　华为堆叠接口板　　　　　　　　图 6.4　思科 3750G 堆叠线缆

　　堆叠与级联这两个概念既有区别又有联系。堆叠可以看作是级联的一种特殊形式。它们的不同之处在于级联的交换机之间可以相距很远（在媒体许可范围内），而一个堆叠单元内的多台交换机之间的距离非常近，一般不超过几米；级联一般采用普通端口，而堆叠一般采用专用的堆叠接口和堆叠线缆；一般来说，不同厂家、不同型号的交换机可以互相级联，堆叠则不同，它必须在可堆叠的同品牌、同类型交换机之间进行；级联仅仅是交换机之间的简单连接，堆叠则是将堆叠的各单元合成为一台交换机来使用，这不但意味着端口密度的增加，而且意味着系统带宽的增加。多台交换机堆叠后，具有足够的系统带宽，堆叠后每个端口仍能达到线速交换。

【思考题】

堆叠技术的应用场合是什么？

◉堆叠技术的
应用场合

6.1.3　网络冗余技术

　　网络冗余的目的是减少网络中存在单故障点。单故障点是指其故障能导致隔离用户和服务的设备、设备上的接口或连接。冗余技术提供备用连接以绕过那些故障点，冗余技术还提供安全的方法以防止服务丢失。但是如果缺乏恰当的规划和实施，冗余的连接和连接点会削弱网络的层次性和降低网络的稳定性。网络冗余技术包括了链路冗余、设备冗余、路由冗余 3 类，如图 6.5 所示。

　　1. 链路冗余

　　单一链路的连接很容易实现，但一个简单的故障就会造成网络的中断，因此在实际网络组建的过程中,为了保持网络的稳定性,在多台交换机组成的网络环境中,通常都使用一些备份连接,以提高网络的健壮性、稳定性。这里的备份连接也称为备份链路或者冗余链路。备份链路之间的交换机经常互相连接,形成一个环路,通过环路可以在一定程度上实现冗余。

链路的冗余备份能为网络带来健壮性、稳定性和可靠性等好处,但是备份链路也会使网络存在环路。环路问题是备份链路所面临的最为严重的问题,交换机之间的环路将导致网络新问题的发生,可以通过生成树协议避免环路。

2. 设备冗余

设备冗余是为了保障重要系统设备不停止运转而采取的一些技术措施。以计算机为例,其服务器及电源等重要设备,都采用一用二备甚至一用三备的配置。正常工作时,几台服务器同时工作,互为备用。电源也是这样,一旦遇到停电或者机器故障,自动转到正常设备上继续运行,确保系统不停机,数据不丢失。

3. 路由冗余

一般来说指的是"负载均衡",使路由器为整个局域网提供多个网络接入端,当其中一个接入端故障,另一个接入端仍可以提供接入服务。

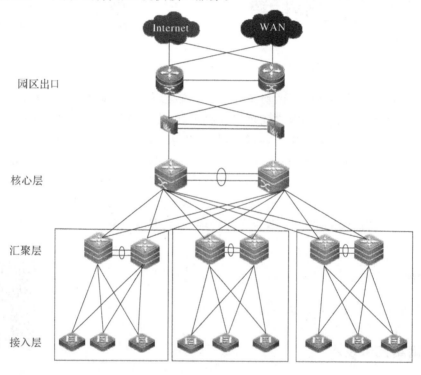

图 6.5　在冗余网络找单故障点

【思考题】

请找出图 6.5 中的单故障点。

🔊单故障点的位置

6.1.4　生成树协议

在交换网络中,当接收到一个目的地址未知的数据帧时,交换机会将这个数据帧广播出去,如果局域网中存在物理环路,就会产生双向的广播循环,导致广播风暴,交换机因资源耗尽而死机。既要用物理环路来提高网络的可靠性,又要避免物理环路产生的广播风暴,就需用生成树协议(Spanning Tree Protocol,STP)来解决这个矛盾。在实际的网络环境中,物理环路可以提高网络的可靠性,当一条物理线路断掉的时候,另外一条线路仍然可以传输数据。

生成树协议能够提供链路冗余,通过生成树算法将环路上路径在逻辑上断开。如图 6.6 所示,PC 与 Server 之间经过交换机 A、C、B 的路径已断开,使 PC 与 Server 之间中只有一条有效路径,即 PC 经过交换机 A、B 到达 Server。如果 A 与 B 之间网络链路断开,生成树算法将重新计算生成树,激活阻塞的端口,PC 与 Server 之间经过交换机 A、C、B 的路径会自动打通。

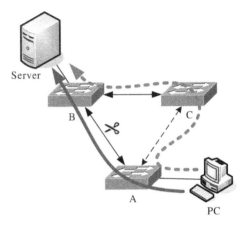

图 6.6　生成树协议原理图

STP 最大的缺点是当网络拓扑发生变化,需要 50 秒左右时间才能消除新网络拓扑中可能的环路,而在这期间存在 2 个转发端口,导致出现临时环路。RSTP 是从 STP 发展出来的,其实现的基本思想与 STP 一致,这种协议在网络结构发生变化时,能更快地收敛网络(最快 1 秒以内)。

6.1.5　负载均衡技术

负载均衡技术可以实现多链路冗余备份,保证核心设备的负荷分担和热备份。当中心交换机和双汇聚交换机中的某台交换机出现故障时,这种技术会迅速切换三层路由设备和虚拟网关,保证整网稳定性。比较典型的有 HSRP、VRRP、GLBP 协议。

1. 热备份路由器协议 HSRP

热备份路由器协议(Hot Standby Router Protocol,HSRP)是 Cisco 的私有协议,其目标是支持特定情况下 IP 流量失败转移不会引起混乱,并允许主机使用单路由器,以及即使在实际第一跳路由器使用失败的情况下,仍能维护路由器间的连通性。就是说,当源主机不能动态知道第一跳路由器的 IP 地址时,HSRP 协议能够保护第一跳路由器不出故障。该协议中含有多种路由器,对应一个虚拟路由器。HSRP 协议只支持一个路由器代表虚拟路由器实现数据包转发过程。终端主机将它们各自的数据包转发到该虚拟路由器上。

负责转发数据包的路由器称为主动路由器(Active Router)。一旦主动路由器出现故障,HSRP 将激活备份路由器(Standby Router)来取代主动路由器。HSRP 只有一个 Active Router 和一个 Standby Router。HSRP 协议提供了一种决定使用主动路由器还是备份路由器的机制,并指定一个虚拟的 IP 地址作为网络系统的默认网关地址。如果主动路由器出现故障,备份路由器继承主动路由器的所有任务,并且不会导致主机连通中断现象,如图 6.7 所示。

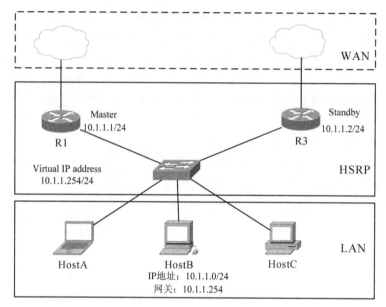

图 6.7 热备份路由器协议 HSRP

HSRP 运行在 UDP 上,采用端口号 1985。路由器使用它们的实际 IP 地址转发协议数据包,而并非虚拟地址,正是基于这点,HSRP 路由器间能相互识别。

2. 虚拟路由冗余协议 VRRP

虚拟路由冗余协议(Virtual Router Redundancy Protocol,VRRP)是由 IETF 提出的解决局域网中配置静态网关出现单点故障现象的路由协议,1998 年已推出正式的 RFC2338 协议标准。VRRP 是一种路由容错协议,一个局域网络内的所有主机都设置了默认网关,当网内主机发出的目的地址不在本网段时,报文将被通过默认网关发往外部网络,从而实现了主机与外部网络的通信。当默认网关出现故障之后,内部主机将无法与外部通信,VRRP 将启用默认网关的虚拟 IP 地址绑定给备份路由器,从而实现网络内的主机不间断地与外部网络进行通信,如图 6.8 所示。

一组 VRRP 路由器协同工作,共同构建一台虚拟路由器。该虚拟路由器对外表现为一个具有唯一固定 IP 地址和 MAC 地址的逻辑路由器。同一 VRRP 组的路由器有两个角色,即主控路由器和备份路由器。一个 VRRP 组中有且只有一台主控路由器,一台或多台备份路由器。VRRP 协议使用选择策略选出一台作为主控,负责 ARP 响应和转发 IP 数据包,组中的其他路由器作为备份的角色处于待命状态。当主控路由器发生故障时,备份路由器能在几秒钟的时延后升级为主路由器,由于切换迅速且无须改变 IP 地址和 MAC 地址,所以对网络用户而言一切都是透明的。

HSRP、VRRP 都必须选定一个活动路由器,而备用路由器将处于闲置待命状态。

3. 网关负载均衡协议 GLBP

网关负载均衡协议(Gateway Load Balancing Protocol,GLBP)也是 Cisco 的专有协议,

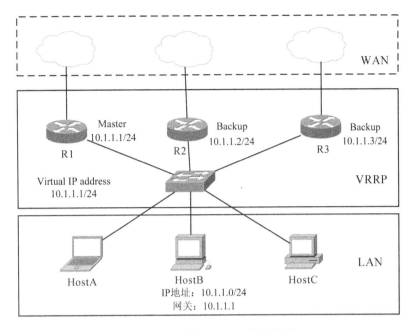

图 6.8 虚拟路由冗余协议 VRRP

不仅能提供冗余网关,还能在各个网关间提供网络负载均衡。GLBP 可绑定多个虚拟 MAC 地址到一个共用虚拟 IP,从而允许客户端使用不同的路由器作为默认网关,而网关地址仍使用相同的虚拟 IP,从而实现负载均衡和冗余,如图 6.9 所示。

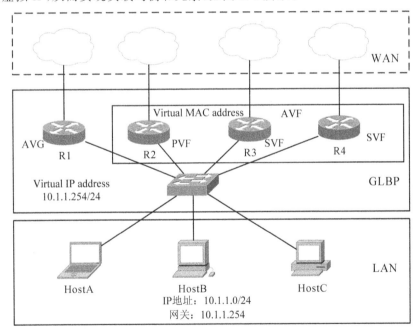

图 6.9 网关负载均衡协议 GLBP

GLBP 组中最多可以有 4 台路由器作为 IP 默认网关,这些网关被称为活跃虚拟转发器 (Active Virtual Forwarder,AVF)。GLBP 自动管理虚拟 MAC 地址的分配,决定由谁负责处理转发工作。负责管理 GLBP 的路由器只有一台,即活跃虚拟网关(Active Virtual Gateway,AVG),它是由 4 台路由器中根据优先级推举出来的,负责响应 ARP 请求,向客户机动态提供虚拟 IP 地址对应的 AVF 路由器 MAC 地址,并根据负载均衡策略来实现负载均衡。

GLBP 的 AVG 选举根据路由器优先级,即 Priority,可以通过命令"glbp 组号 priority 数值"修改,优先级范围为 1～255,默认为 100,优先级为 0 即为不参加推举。若优先级相同,则 IP 地址的值最高的路由器成为 AVG。

当某路由器被推举为 AVG 后,AVG 分配虚拟的 MAC 地址给 AVF。直接由 AVG 分配虚拟 MAC 地址的 AVF 称为 PVF(Primary Virtual Forwarding),由 Hellos 包来识别身份并分配到虚拟 MAC 地址的 AVF 称为 SVF(Secondary Virtual Forwarding),因此 SVF 不知道 AVG 真实的 MAC 地址。如果 AVG 失效,那么要从 AVF 路由器中推举 AVG。

6.1.6　QoS 技术

园区网中,除传统的 Web、E-Mail、FTP 等数据业务,还可能承载着语音电话、电视会议、视频监控、生产调度等业务,这些业务有一个共同特点,即对带宽、时延、时延抖动等传输性能有着不同的需求。视频监控、电视会议需要高带宽、低时延抖动,语音业务虽然不一定要求高带宽,但对时延抖动非常敏感,要求在拥塞发生时能优先传输,生产调度、控制系统等业务对带宽要求低但对时延和可靠性要求很高,因此要有一种网络服务质量保证机制来提供保障。

服务质量(Quality of Service,QoS)是网络的一种服务质量保证机制。对于关键应用、实时应用和多媒体应用来说,QoS 就十分必要。因为当网络过载或拥塞时,QoS 能确保重要业务的数据包不被延迟或丢弃,同时保证网络的高效运行。

采用适宜的 QoS 技术满足不同网络应用业务对网络提出的不同传输服务要求,是 QoS 设计的目标。通常 QoS 品质的度量指标如下:

(1) 带宽:表示分配给业务流的传输速率。通常通过流量监管(CAR)、流量整形(GTS)实现带宽调度。

(2) 时延(Delay):表示业务流穿过网络时需要的平均时间。一般通过队列调度保证业务的时延需求。

(3) 时延抖动(Jitter):表示业务流穿过网络的时间的变化,可通过拥塞避免等技术防止流量抖动。

(4) 丢包率(Drop Ratio):在网络中传输数据包时丢弃数据包的最高比例。数据包丢失一般是由网络拥塞引起的。可通过丢包算法来调整丢包率。

为满足不同网络应用对带宽、时延、时延抖动、丢包率等传输性能的要求,不同的 QoS 技术在本质上都是采取分级/分类、标记、识别、排队、队列调度、丢包策略等技术来实现的。

IEEE 802.1P 是 IEEE 802.1Q(VLAN 标签技术)标准的扩充协议,它们协同工作。IEEE 802.1Q 标准定义了为以太帧添加的 VLAN 标签。VLAN 标签有两部分:VLAN ID(12bit)和优先级(3bit)。IEEE 802.1Q 没有定义和使用优先级字段,而 IEEE 802.1P 中定义了该字段,使得第二层交换机能够提供流量优先级和动态组播过滤服务,标记了优先级的数据包会在园区网中的交换机、路由器中通过排队和调度机制得到相应的处理。

IEEE 802.1P 中定义的优先级有 8 种。优先级 0,是缺省值,在没有设置其他优先级值的情况下自动启用;优先级 1~4,主要用于受控负载(Controlled-Load)应用程序,如流式多媒体(Streaming Multimedia)和关键性业务流量(Business-Critical Traffic);优先级 5 和 6,主要用于时延敏感(Delay-Sensitive)应用程序,如交互式视频和语音;最高优先级 7,应用于关键性网络流量,如路由选择信息协议(RIP)和开放最短路径优先(OSPF)协议的路由表更新。

6.1.7 防火墙技术

防火墙(Firewall)是由 Check Point 创立者 Gil Shwed 于 1993 年发明并引入国际互联网(US5606668(A)1993-12-15)的。它是一种位于内部网络与外部网络之间的网络安全系统,由软件和硬件组合而成,包含将内部网和外部网分开的隔离技术。数据包经过防火墙时,防火墙会根据访问策略,允许数据包通过或拒绝数据包通过。

1. 防火墙的作用

(1)过滤进出网络的数据包。

(2)管理进出网络的访问行为。

(3)封堵某些禁止的访问行为。

(4)记录通过防火墙的信息内容和活动。

(5)对网络攻击进行告警。

2. 防火墙的局限性

(1)不能防范不经过防火墙的攻击,如内部攻击等。

(2)病毒等恶性程序可利用 E-mail 夹带闯关。

(3)不能防止策略配置不当或错误配置引起的安全威胁。

(4)不能防止利用标准网络协议中的缺陷进行的攻击。

(5)不能防止利用服务器系统漏洞所进行的攻击。

(6)不能防止数据驱动式的攻击。

(7)防火墙不能防止本身的安全漏洞的威胁。

3. 防火墙部署方式

(1)透明模式,顾名思义,首要的特点就是对用户是透明的(Transparent),即用户意识不到防火墙的存在。要想实现透明模式,防火墙必须在没有 IP 地址的情况下工作,不需要对其设置 IP 地址,用户也不知道防火墙的 IP 地址。内部网络和外部网络必须处于同一个子网,如图 6.10 所示。

(2)路由模式,当防火墙位于内部网络和外部网络之间时,需要将防火墙与内部网络、外部网络以及 DMZ 三个区域相连的接口分别配置成不同网段的 IP 地址,重新规划原有的网络拓扑,此时相当于一台路由器。如图 6.11 所示,防火墙内网接口和外网接口分别处于两个不同的子网中。

透明模式工作时在网络里相当于二层交换机,路由模式在网络里起到路由的功能。这两者都对通过的数据包进行检测,它们在状态检测能力上是相同的。协议处理上,虽然路由

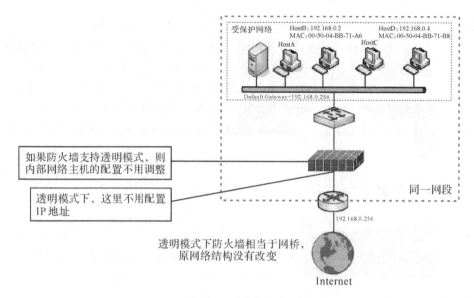

图 6.10　透明模式

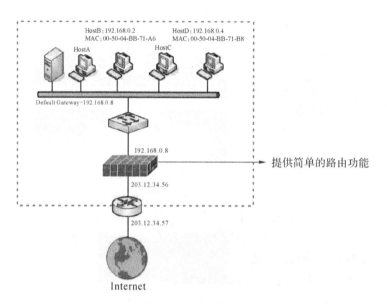

图 6.11　路由模式

模式下增加了路由表查找的负担,但是如果网络结构简单路由表比较小,两者性能差别不大。安全性上,透明模式由于没有 IP 地址,可以防止外界对防火墙的攻击;而路由模式则是肯定要有 IP 的。

(3) 混合模式,如果防火墙既存在工作在路由模式的接口(接口具有 IP 地址),又存在工作在透明模式的接口(接口无 IP 地址),则防火墙工作在混合模式下,如图 6.12 所示。混合模式主要用于透明模式做双机备份的情况,此时启动 VRRP 功能的接口需要配置 IP 地址,其他接口不配置 IP 地址。

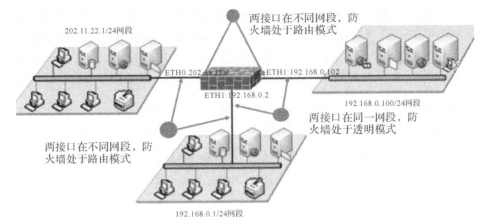

图 6.12　混合模式

【思考题】

　　普通的家用无线路由器带有 1 个 WAN 口和 4 个 LAN 口,也具有防火墙的功能,请问属于哪种模式?

6.1.8　VPN 技术

◉家用路由器的
网段数量

　　虚拟专用网络(Virtual Private Network,VPN)属于远程访问技术,简单地说就是利用公网链路架设私有网络。虚拟专用网络的功能是在公用网络上建立专用网络,进行加密通信,可通过服务器、硬件、软件等多种方式实现,如图 6.13 所示。

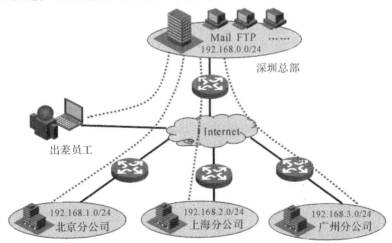

图 6.13　虚拟专用网络

　　公司员工出差到外地,他想访问企业内网的服务器资源,这种访问就属于远程访问。怎么才能让外地员工访问到内网资源呢? VPN 的解决方法是在内网中架设一台 VPN 服务器,VPN 服务器有两块网卡,一块连接内网,一块连接公网。外地员工在当地连上互联网后,通过互联网找到 VPN 服务器,然后利用 VPN 服务器作为跳板进入企业内网。为了保证数据安全,VPN 服务器和客户机之间的通信数据都进行了加密处理。有了数据加密,就可以认为数据是在一条专用的数据链路上进行安全传输,就如同专门架设了一个专用网络一样。

根据不同的划分标准,VPN 可以按几个标准进行分类划分:

1. 按 VPN 的协议分类

VPN 的隧道协议主要有三种,即 PPTP、L2TP 和 IPSec。其中 PPTP 和 L2TP 协议工作在 OSI 模型的第二层,又称为二层隧道协议;IPSec 是第三层隧道协议。

2. 按 VPN 的应用分类

(1) 远程接入 VPN(Access VPN):客户端到网关,使用公网作为骨干网在设备之间传输 VPN 数据流量。

(2) 内联网 VPN(Intranet VPN):网关到网关,通过公司的网络架构连接来自同一个公司的资源。

(3) 外联网 VPN(Extranet VPN):与合作伙伴企业网构成 Extranet,将一个公司与另一个公司的资源进行连接。

3. 按所用的设备类型进行分类

网络设备提供商针对不同客户的需求,开发出不同的 VPN 网络设备,主要有:

(1) 路由器式 VPN:部署较容易,只要在路由器上添加 VPN 服务即可,一些家用路由器上也有这个功能。

(2) 交换机式 VPN:主要应用于连接用户较少的 VPN 网络。

(3) 防火墙式 VPN:是最常见的一种 VPN 的实现方式,许多厂商都提供这种配置类型。

6.1.9　网络存储技术

计算机存储常用的存储介质为磁盘和磁带。数据存储组织方式因存储介质而异:在磁带上数据仅按顺序文件方式存取;在磁盘上则可按使用要求采用顺序存取或直接存取方式。目前常采用容量大、速度快的磁盘阵列存储方式。

磁盘冗余阵列(Redundant Arrays of Inexpensive Disks,RAID),有"价格便宜且多的磁盘阵列"之意。原理是利用数组方式来做磁盘组,配合数据分散排列的设计,提升数据的安全性。磁盘冗余阵列是由很多便宜、容量较小、稳定性较高、速度较慢的磁盘,组合成一个大型的磁盘组,利用个体磁盘提供数据所产生的加成效果提升整个磁盘系统效能。同时利用这项技术,将数据切割成许多区段,分别存放在各个硬盘上。磁盘冗余阵列还能利用奇偶校验(Parity Check)的观念,在数组中任一个硬盘故障时,仍可读出数据,在数据重构时,将数据经计算后重新置入新硬盘中。

目前,网络存储已成为一个热门产业,一些规模较大的信息服务商在网络建设时要考虑网络存储的设计。网络存储主流技术包括了 DAS、NAS、SAN 这几种。

1. 直连式存储 DAS

直连式存储(Direct-Attached Storage,DAS)是一种计算机单机存储系统,依赖服务器主机操作系统进行数据的 IO 读写和存储维护管理,其他计算机无法获取数据,如图 6.14 所示。

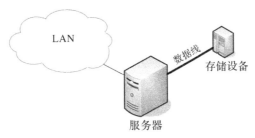

图 6.14　直连式存储 DAS

对于计算机来说,硬盘驱动器就是直连式存储的常见形式,通过 SCSI、SATA、USB 及 SAS 接口直接连接到计算机的硬盘或驱动器组都属于 DAS。由于 DAS 能为终端用户提供比网络存储更高的性能,这是企业为高性能需求的应用仍采用 DAS 的主要原因。DAS 还有便捷地扩充存储容量、方便随身携带存储设备等优点。

2. 网络附属存储 NAS

网络附属存储(Network Attached Storage,NAS),顾名思义是指直接连接在网络上具有数据存储功能的装置,也称为"网络存储器",是一种专用数据存储服务器,如图 6.15 所示。它采用嵌入式操作系统,以数据为中心,集中管理数据,其成本远远低于使用服务器存储,而效率却远远高于后者,可以提供跨平台文件共享功能。

图 6.15　NAS 存储

NAS 实质上是一种结构简单,专门用于网络存储的专用计算机,有网络接口和硬盘接口,大部分 NAS 设备集成了 USB 接口,但没有键盘、鼠标、屏幕、音效卡、喇叭等接口。其外观就像家电产品,只有电源开关与简单的控制按钮,所以操作也比较简单。

NAS 的缺点是存取速度易受网络上其他流量的影响,当网络上有其他大数据流量时会严重影响系统性能,由于存储数据通过普通数据网络传输,因此容易产生数据泄漏等安全问题。

3. 存储区域网络 SAN

存储区域网络(Storage Area Network,SAN)主要用于存储量大的工作环境,如 ISP、银行、电子商务、游戏服务商。在云计算、大数据背景下,SAN 有着更广阔的应用前景。

早期的 SAN 采用光纤通道[Fibre Channel,FC(美国),也可写成 Fiber Channel(英国)],通过 FC 光纤通道交换机连接存储阵列和服务器主机,建立专用于数据存储的区域网络。等到 iSCSI 协议出现以后,为了区分,业界就把 SAN 分为 FC SAN 和 IP SAN。其中

FC-SAN 通过光纤通道协议转发 SCSI 协议,IP-SAN 通过 TCP/IP 协议转发 SCSI 协议,这种技术称为 iSCSI。iSCSI 标准是由 Cisco 和 IBM 两家发起的,并且得到了各大存储厂商的大力支持。iSCSI 可以实现在 IP 网络上运行 SCSI 协议,使其能够在高速以太网上进行快速数据存取,突破了光纤通道协议的限制。

SAN 的网络架构隔离了网络服务提供层与数据存储层,SAN 交换层起到了桥架作用。通过 SAN 交换机,应用服务器能在存储服务器上实现快速存取数据,其网络架构如图 6.16 所示。

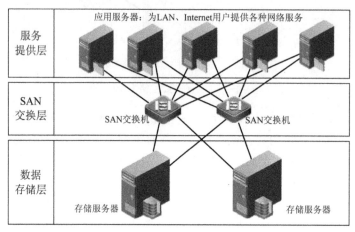

图 6.16　存储区域网架构

【思考题】

图 6.16 中一台应用服务器和一台存储服务器最少需要各配置几台网络适配器?

SAN 网络与局域网相互独立,互不影响带宽,因此存取速度很快。SAN 是一个存储专用网络,因此扩展性很强,不管在 SAN 系统中增加 SAN 服务器数量,还是在 SAN 服务器中增加存储空间,都非常方便。SAN 存储服务器的外形如图 6.17 所示。

◉服务器网络
适配器的数量

图 6.17　SAN 存储服务器

SAN 技术支持大型数据库,支持集群服务器的部署,适应云计算、虚拟化技术等技术发展,广泛应用于园区网数据中心建设。

6.1.10　集群服务器技术

集群(Cluster),通俗地说,是将多个系统连接到一起,使多台服务器能够像一台机器那样工作或者看起来好像一台服务器。采用集群系统通常是为了提高系统的可靠性和网络中心的数据处理能力及服务能力。

常用的服务器集群方法有两种,一是主备(Master/Standby)方式,将备份服务器连接在主服务器上,当主服务器发生故障时,备份服务器才投入运行,把主服务器上所有任务接管过来,提供服务器冗余功能,提高服务器的可靠性。二是负载均衡方式,将多台服务器连接,这些服务器一起分担同样的应用和数据库计算任务,改善关键大型应用的响应时间。同时每台服务器还承担一些容错任务,一旦某台服务器出现故障时,系统可以在系统软件的支持下将这台服务器与系统隔离,并通过各服务器的负载转嫁机制完成新的负载分配。

一旦在服务器上安装并运行了集群服务,该服务器即可加入集群。集群化操作可以减少单点故障数量,并且实现了集群化资源的高可用性。

从集群中的其他节点和集群服务管理接口的角度看,当形成集群时,集群中的每个节点可能处于三种不同状态中的一种。事件处理器会记录这些状态,而事件日志管理器会将这些状态复制到集群的其他节点。集群服务状态包括:

1. 脱机

此时的节点不是完全有效的集群成员。该节点及其集群服务器可能在运行,也可能未运行。

2. 联机

此时的节点是完全有效的集群成员。它遵从集群数据库的更新、对仲裁算法施加自己的影响、维护心跳通信,并可以拥有和运行资源组。

3. 暂停

它只能支持它当前已拥有的那些资源组。之所以提供暂停状态,是为了允许执行某些维护。大多数服务器集群组件会将联机和暂停视为等价状态。

6.1.11　企业级无线网技术

无线局域网(WLAN)技术对于现代化企业而言,成了继有线网之后的又一种主流网络应用技术。有线以太网虽然物理端口接入稳定、管理丰富,但其可移动性却得不到满足,企业员工要求在企业的任何地方访问网络的需求就得不到满足。这时,无线技术作为一种补充的手段,就逐步为各企业所关注,其越来越完善的管理和安全特性也促使其有能力充当网络的一部分,如图 6.18 所示。

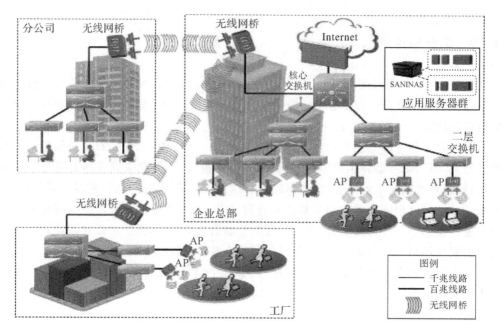

图 6.18　无线企业网

【思考题】

无线企业网与家用无线局域网有什么不同？

无线企业网络要在用户接入访问控制、访问行为、传输安全等方面都缜密考虑，不能使无线网络成为整个网络的安全隐患。企业级 AP 应支持802.1Q VLAN 功能，协助接入层无线用户与接入层交换机用户同样接受全网统一管理和 VLAN 的划分，这样可以彻底解决无线用户无法管、不方便管的疑难问题。

◉企业无线设备
的不同点

为了便于严格控制企业内部的网络信息安全，避免泄密、数据丢失等严重事件的发生，针对每个用户的上网行为的控制非常必要。无线网络认证方式可分为基于 WEB 认证方式和基于 802.1X 认证两种。前者的优点体现在用户认证的方便性方面，无须安装客户端认证软件，通过认证体设备下推认证页面到上网用户的浏览器进行认证。后者则可以有效实施基于标准的用户名、密码的身份认证及计费，以及基于扩展 802.1X 的多元素控制和更加细致的计费策略。

无线企业网络的无线接入设备有别于普通无线路由器，我们称之为瘦 AP。瘦 AP 是需要无线控制器（Access Point Controller，AC）进行管理、调试和控制的 AP，不能独立工作，必须与无线控制器配合使用。无线控制器用来集中化控制无线 AP，是一个无线网络的核心，负责管理无线网络中的所有无线 AP，对 AP 管理包括下发配置、修改相关配置参数、射频智能管理、接入安全控制等。无线企业网拓扑结构如图 6.19 所示。

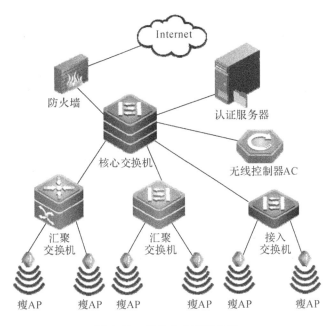

图 6.19 无线企业网拓扑图

6.2 不间断电源 UPS 设计

本节任务:简要介绍 UPS 不间断电源技术,学会 UPS 功率、蓄电池数量、型号等相关计算方法,能够完成对中小型机房的 UPS 设备选型。

▶不间断电源
UPS 介绍

6.2.1 UPS 技术

不间断电源(Uninterruptible Power Supply,UPS),是一种含有储能装置,以逆变器为主要组成部分的恒压恒频的不间断电源,给单台计算机、计算机网络系统或其他电力电子设备提供不间断的电力供应。当市电输入正常时,UPS 将市电稳压后供应给负载使用,此时的 UPS 就是一台交流市电稳压器,同时还向电池充电;当市电中断(事故停电)时,UPS 立即释放电池电能,通过逆变转换的方法向负载继续供应 220V 交流电,使负载维持正常工作并保护负载软、硬件不受损坏。UPS 设备通常对电压过大和电压太低都提供保护。

UPS 可以保障计算机系统在 UPS 电源整体解决方案停电之后继续工作一段时间,以使用户能够紧急存盘,使用户不致因停电而影响工作或丢失数据。它在计算机系统和网络应用中,主要起到两个作用:一是应急使用,防止突然断电而影响正常工作,给计算机造成损害;二是消除市电上的电涌、瞬间高电压、瞬间低电压、电线噪声和频率偏移等“电源污染”,改善电源质量,为计算机系统提供高质量的电源。UPS 的外形如图 6.20 所示。

图 6.20 UPS 外形

1. UPS 的组成

从基本的应用原理上讲,UPS 是一种含有储能装置,以逆变器为主要元件,稳压稳频输出的电源保护设备。它主要由整流器、逆变器、切换开关、滤波器和蓄电池等几部分组成。

(1)整流器:是一个整流装置,简单地说就是将交流电(AC)转化为直流电(DC)的装置。它有两个主要功能:第一,将交流电(AC)变成直流电(DC),经滤波后供给负载,或者供给逆变器;第二,给蓄电池提供充电电压。因此,它同时又起到一个充电器的作用。

(2)逆变器:是一种将直流电(DC)转化为交流电(AC)的装置。它由逆变桥、控制逻辑和滤波电路组成。

(3)切换开关:分为转换型和并机型两种。转换型开关主要用于两路电源供电的系统,其作用是实现从一路到另一路的自动切换;并机型开关主要用于并联逆变器与市电或多台逆变器。切换开关决定了 UPS 的停电连接能力。

(4)滤波器:利用输出变压器的漏电感和并联电容 C 组成 L 形滤波网络来抑制逆变器输出电压中的谐波分量,改善瞬态响应能力,限制负载短路时浪涌电流的上升率,具有一定的"续流"效应。

(5)蓄电池:是 UPS 用来作为储存电能的装置,它由若干个电池串联而成,其容量大小决定了其维持放电(供电)的时间。其主要功能是当市电正常时,将电能转换成化学能储存在电池内部;当市电故障时,将化学能转换成电能提供给逆变器或负载。

2. UPS 的分类

目前,主流的 UPS 厂商为 EAST(易事特)、深圳山特、东莞优玛电气 UMART、APC、伊顿、爱默生等,都提供各种级别的 UPS 满足不同用户群的需求。

(1) 按供电方式分,UPS 可分为后备式和在线式。后备式 UPS:由市电输入,经 UPS 内部的转换继电器直接为计算机系统供电。当市电中断才由蓄电池对逆变器供电,并由 UPS 的逆变器对计算机系统提供交流电。其成本较低、价格便宜。在线式 UPS:由市电输入,经交直流变换和蓄电池并接后供给逆变电路,为计算机系统供电,具有稳压、稳频的特性。当市电中断时无切换延迟时间,价格比较贵。

(2) 按输出波形分,可分为方波和正弦波两种。正弦波供电质量好,价格也贵。

(3) 按输出容量分,可分为小容量(3kVA 以下)、中小容量(3~10kVA)、中大容量(10kVA 以上)。

(4) 按输入输出方式分,可分为三类:单相输入单相输出、三相输入单相输出、三相输入三相输出。

6.2.2 确定 UPS 功率

UPS 功率也称 UPS 容量,有两种表达方式,一种是瓦特(W),一种是伏安(VA)。W 常用来表示功率小于 1kW 的,超过 1kW 用 VA 标识。W 和 VA 之间有什么区别呢? 其换算公式为

$$P_L = P_{VA} \times \varphi$$

式中:P_L——UPS 输出功率(W);

φ——功率因数,表示负载实际功率比率,取值在 0~1 之间,一般取 0.7;

P_{VA}—UPS 输出功率(VA)。

UPS 的功率的计算步骤:先统计断电时需要电池供电的各种用电设备的功率;再确定 UPS 负载容量大小,即求出负载功率(kW 或 kVA),再根据负载功率选择 UPS,实际负载功率为 UPS 输出功率的 70% 为佳。当负载功率单位为伏安时,计算公式为

$$P_{VA} = \sum P_s \div 0.7$$

式中:P_{VA}——UPS 输出功率(VA);

$\sum P_s$—— 实际负载功率总和(VA)。

当 UPS 功率(容量)单位为瓦特时,计算公式为

$$P_{VA} = (\sum P_s \div 0.7) \div \varphi$$

式中:P_{VA}——UPS 输出功率(VA);

$\sum P_s$—— 实际负载功率总和(W)。

6.2.3 确定蓄电池数量及规格

蓄电池性能的重要性能指标是电池容量,它表示在一定条件下(放电率、温度、终止电压等)电池放出的电量,即电池的容量,通常以安培时(Ah)为单位。

蓄电池的数量计算方法很简单,只需知道电池组的电压和单节电池的电压就可以了,公式如下:

$$n = \frac{V_{bat}}{V_{single}}$$

式中:n——电池数量(节);

V_{bat}——电池组电压(V);

V_{single}——单节电池电压(V),标准电压为 12V。

电池容量的计算通常有两种方法:一种是根据能量守恒原理,称为恒电流模式计算;另一种是根据功率守恒原理,称为恒功率模式计算。

1. 恒电流模式计算

根据能量守恒原理,计算出电池的容量,再根据不同品牌选取合适的电池规格型号。计算公式如下:

$$C = \frac{P_\mathrm{L} \times T}{V_\mathrm{bat} \times \eta \times K}$$

式中：C——蓄电池容量（Ah）；

　　　P_L——UPS 输出功率（W）；

　　　T——电池后备时间（h）；

　　　V_bat——电池组电压（V）；

　　　η——UPS 电池逆变效率（0.90～0.95，根据机型选取）；

　　　K——电池放电效率（系数），取值范围如表 6.1 所示。

表 6.1　电池放电效率（系数 K）取值

K	放电时间≤1h	1h<h≤2h	2h<h≤4h	4h<h≤8h	>8h
电池放电效率	0.6	0.7	0.8	0.9	1

【例 6-1】　某机架式高性能小容量 UPS 电源功率为 6.86kVA，电池组电压 192V DC（采用 12V 的直流电池串联），UPS 电池逆变效率 0.94，支持后备 2h，请确定电池的数量及规格型号。

解：电池数量 n＝192/12＝16（节）。

　　电池的容量 C＝（6860×0.7）×2/（192×0.94×0.7）＝76.02（Ah）。

　　选取容量为 76.02Ah 以上的电池即可，本例中可选择 12V80Ah 电池 16 节。

2. 恒功率模式计算

根据功率守恒原理，先计算出单格 2V 电池所需功率，再通过电池厂家提供的恒功率放电表查找可满足要求的电池型号。计算公式如下：

$$W = \frac{P_\mathrm{L}}{N \times \eta \times K}$$

式中：W——单格电池所需功率（Watts/Cell）；

　　　P_L——UPS 额定输出功率（W）；

　　　N——电池组中 12V 电池数量（节）；

　　　η——UPS 电池逆变效率（0.90～0.95，根据机型选取）；

　　　K——功率表度量系数，功率表度量单位为 Watts/Cell 取 1，Watts/Block 取 6。

通常电池厂家给出的功率表为单格 2V/Cell 的功率，定义为 Watts/Cell。也有厂家给出的功率表为 12V/Cell 的功率，称为 Watts/Block，一节 12V 的电池需要由 6 格 2V 的电池串联组成，因此要乘上系数 6。

每种型号的电池都有不同的恒放电功率表，一般先求出单格 2V 电池所需功率，再选择电池的品牌，从这个品牌中选择某个型号，查出电池恒放电功率表，将单格电池所需功率除以查表得到的终止放电电压的临界值，得到电池组的数量，这个值应尽可能接近整数，否则要对照功率表选择其他电池型号。

【例 6-2】　某校新建网络中心，已确定 UPS 额定功率为 28kVA，电池组电压 384V DC，UPS 电池逆变效率 0.95，支持后备 2h，请验证 12V80Ah 电池是否适用该网络中心。12V80Ah 电池恒放电功率如表 6.2 所示。

表 6.2 12V80Ah 电池恒放电功率表

终止放电电压：1.75V/Cell　温度：25℃

放电电压	10min	15min	30min	45min	1h	2h	3h	5h	8h	10h
1.60V	319	248	158	119	98	57.3	39.7	26.2	17.7	14.7
1.65V	315	246	154	118	96.2	55.8	39.7	26.2	17.7	14.7
1.67V	311	245	152	116	96.2	55.8	39.7	26.2	17.7	14.7
1.70V	307	242	150	115	96.2	55.8	39.7	26.2	17.7	14.7
1.75V	286	227	142	114	95.5	54.8	39.1	25.8	17.5	14.5
1.80V	267	213	140	111	92.8	53.8	38.5	25.5	17.3	14.3
1.85V	221	186	131	102	86.6	51.8	37.3	23.8	16.2	13.6

解：电池数量 $n=384/12=32$ 节（单节电池 12V，因此 K 值取 6）。

单节电池所需功率 $W=(28000\times0.7)/(32\times0.95\times6)=107.46$（Watts/Cell）。

如恒放电功率表所示，电池恒放电 2h 后，终止放电电压为 1.75V/Cell，功率表的值为 54.8，故

$$107.46/54.8\approx1.96$$

1.96 向上取整得 2，故本例中可选择 12V80Ah 电池 2 组，每组 32 节，共 64 节。

6.3 精密空调设计

▶精密空调介绍

本节任务：了解机房专用精密空调技术，了解精密空调的分类，了解精密空调的选型。

6.3.1 了解精密空调系统

精密空调是能够充分满足机房环境条件要求的机房专用精密空调机（也称恒温恒湿空调），是在近 30 年中逐渐发展起来的一个新机种。早期的机房使用舒适性空调机时，常常出现由于环境温、湿度参数控制不当而造成机房设备运行不稳定，数据传输受干扰，出现静电等问题。

精密空调主要由压缩机、冷凝器、膨胀阀和蒸发器组成。一般来说，空调机的制冷过程为，压缩机将经过蒸发器后吸收了热能的制冷剂气体压缩成高压气体，然后送到室外机的冷凝器；冷凝器将高温高压气体的热能通过风扇向周围空气中释放，使高温高压的气体制冷剂重新凝结成液体，然后送到膨胀阀；膨胀阀将冷凝器管道送来的液体制冷剂降温后变成液、气混合态的制冷剂，然后送到蒸发器回路中去；蒸发器将液、气混合态的制冷剂通过吸收机房环境中的热量重新蒸发成气态制冷剂，然后又送回到压缩机，重复前面的过程。精密空调的室内机和室外机如图 6.21 所示。

图 6.21　精密空调的室内机和室外机

在普通用户眼中,机房空调和普通空调没什么区别,价格却要相差许多。因此,在建设机房的时候,往往采用价格更为优惠的家用空调或者办公场所使用的空调。但正是这种普通的空调,一旦应用到机房,不仅不能起到保卫机房环境的作用,反而会成为机房的"杀手"。

机房使用的空调对出风口温度有严格的要求。当出风口温度低于 8℃时,空气中的水蒸气就是凝结成水滴,这会造成离出风口较近的设备的微电路短路。机房精密空调将其出风口温度设计在 10～14℃,而不是舒适型空调的 6～8℃,有效避免了冷凝水的问题。同时,为了保证机房的整体降温问题,精密空调的换气次数为每小时 30～60 次(对应的,舒适型空调的换气次数为每小时 5～15 次),高效率的换气能力保证了机房温度的调节精度在 ±1℃,感应点在整个机房,温度无波动。

机房的显著特点是发热量很大,其空调即使在冬天也需要具备降温功能。因此,机房使用的空调必须要严格适应各类室外温度变化的环境。机房精密空调的室外环境温度适应能力强,能够正常工作在 -40℃ 到 +45℃ 的环境中;相对应的,舒适型空调只能适用于 -5℃ 到 +35℃。机房精密空调的湿度控制功能,能够保证将机房环境的湿度有效控制在设备所需要的范围内,控制精度可达到 1%。

同时,机房精密空调具有高效的空气过滤能力,普通的舒适型空调只具备简单的过滤功能,不提供过滤网备件,一般在应用 1～2 个月后即无过滤功能。一般精密空调严格按照 $0.5\mu m/L < 18000$(B 级)设计,配合以每小时 30 次的风量循环,保障机房洁净。机房洁净对设备运行非常重要。

机房空调需要有较长的使用寿命和更低的运行成本。机房空调是一年 365 天使用的,每天 24 小时不间断运行,在这种运行条件下,舒适型空调的使用寿命往往都小于 2 年,这种设备更换的费用是很高的。运行成本包括使用过程中的耗电量和维护成本,这些成本的节约会让用户机房的整体运行成本下降,节约用户的资金。机房精密空调设计使用寿命更长,运行成本更低。其设计使用寿命是 10 年,起码相当于 5 台舒适型空调的使用寿命之和。在发挥同样制冷效果的前提下,机房精密空调的耗电量仅相当于普通舒适型空调的 2/3,维护量仅相当于普通舒适型空调的 1/2。此外,机房精密空调具备远程监控及来电自启动功能,在机房处于无人值守的状态时能远程监控和来电自启动。

一般机房专用精密空调厂家的设计寿命是 10 年,连续运行时间是 86400 小时,平均无故障连续运行时间达到 25000 小时。在实际运用过程中,如果使用环境良好,再加上维护到位,机房专用精密空调可运行 15 年左右。

精密空调相关国家标准如下

GB/T 19413—2010《计算机和数据处理机房用单元式空气调节机》(140平方米以上大中型机房适用)。

GB/T 17758—2010《单元式空气调节机》。

GB 50174—2008《电子信息系统机房设计规范》(140平方米以下的小型机房适用)。

6.3.2　精密空调的分类

机房精密空调的种类有风冷型、水冷型、双冷源型及自由制冷型。

1. 风冷型机房精密空调

风冷型精密空调的应用较为广泛。风冷,即空调的制冷剂通过风来冷却,安装在室外的冷凝器(精密空调室外机)将冷凝剂的热量带走,使制冷剂放出热量。风冷型冷凝器主要由若干组铜管和风机组成,由于空气的传热性能很差,通常会在铜管外增加肋片,以增加空气侧的传热面积,同时用风机来加速空气流动,增加散热效果,其中风机的速度有恒速的,也有可调的。根据不同厂家设备的要求,对室内机与室外机之间铜管的距离,即室内、外机之间的高度差也有要求,在选型时要与实际情况相结合。

风冷型一般采用下送风,上回风,由于大多数数据中心均采用防静电地板,把防静电地板(离楼板高度一般为40~45cm之间)下的空间作为空气静压箱,在设备机柜吸气方向设置出风口,冷风经过设备机柜后变成热风,再通过回风管或顶部吊顶回风或者直接返回精密空调的回风口,因此精密空调的摆放位置很重要。

风冷型机房精密空调具有以下缺点:外机的噪声和发热大,对周边环境的影响大;在夏季高温期,室外机可能因为散热不良导致高压报警;室外机肋片容易积累灰尘,若不经常清洗会影响空调的制冷效果;制冷效率较低,低于水冷型;在严寒地区应用效果不佳;存在室内、外机之间铜管长度及室内外机之间高度差的要求。

2. 水冷型机房精密空调

水冷型机房精密空调的结构跟风冷型的差别不大,主要的差别是:水冷型机房精密空调在室内机设置水冷板式冷凝器(跟风冷型精密空调相比,制冷剂的内循环只在室内机,压缩机的工作压力就要小得多),制冷剂在经过水冷板式冷凝器时放出热量,而水冷板式冷凝器的冷水吸收热量后经水泵(一般安装在精密空调外部)排到大楼冷却塔,再由冷却塔将热量排放到空气中去。由于冷却塔为热湿型交换设备(空气与水直接接触),所以冷却效果好。也有的选用干冷型室外冷凝器。

由于水冷型机房精密空调冷却水为循环水,长期与空气接触后会非常脏,在水循环管路上必须安装水过滤器;机房内电子设备是怕潮湿和怕水管漏水的,因此对与精密空调连接的水管提出了极高的要求,包括水管本身质量、水管走向、水管焊接技术,需要经常检测,因此维护费用较高。

3. 自由制冷型机房精密空调

自由制冷型主要用在北方寒冷地区,也可以算是水冷型机房精密空调。一旦室外温度低于0℃时,在水中加入乙二醇溶液,保证冷却水不结冰。与一般水冷型机房精密空调不同,自由制冷型机房精密空调在室外安装干式冷却塔,跟风冷型机房精密空调的室外机类似,只是管道内的物质不同,前者是热水,后者是高温冷凝剂。

4. 冷冻水制冷型机房精密空调

设置冷冻水型机房精密空调的前提是要有冷冻水,可以利用中央空调的冷冻水,或者新建冷冻水系统。

冷冻水机房精密空调的室内机主要由冷冻水盘管、风机、电加热器、加湿器和水阀组成,一般不设压缩制冷系统,因此这种机型的前期投资比较小。但是其依赖于冷冻水,如果冷冻水无法供应,则系统瘫痪。双冷源型精密空调可以解决这个问题。

5. 双冷源型精密空调

为确保机房精密空调的制冷,同时充分利用大楼中央空调的冷冻水,可以采用双冷源机房精密空调。有下面两种组合:

(1)风冷冷凝+冷冻水,以冷冻水系统为主用,风冷系统为备用。

(2)水冷冷凝+冷冻水,以冷冻水系统为主用,水冷系统为备用。

双冷源型精密空调的优点是双系统互为备份,安全可靠性高;可以充分利用大楼中央空调冷却水,起到节能的效果。缺点是初期投资较大;管线较多,占用空间大,安装复杂。

6.3.3　精密空调选型

1. 精密功率估算

(1) 根据机房面积估算精密空调功率。按照机房内空间面积进行相应估算,在一般小型集中机房中,我们一般按照 $300\sim550\text{W}/\text{m}^2$ 来估算机房内的空调负荷,而每平方米的空调负荷量要根据机房内设备的发热及密集程度确定,一般常规小型机房选取 $400\ \text{W}/\text{m}^2$ 就可以。对于设备特别密集的机房需要单独估算机房制冷负荷以及气流方式。

(2) 根据机房设备供电量估算精密空调功率。按照机房内总配电功率乘以相应系数进行估算。系数大小根据机房设备的种类以及使用频率确定,一般选取 $0.8\sim1.2$。

2. 机房空调的风量计算方法

(1) 按机房新风负荷计算风量。在恒温恒湿机房中,新风除了给人员提供新鲜的空气,能保持房间的正压之外,其给机房环境控制带来的影响是负面的,所以机房当中的新风选择比例远远小于常规办公空间(为30%)。一般机房的新风量选择都在5%~10%。

(2) 按机房换气次数估算风量。为了保证机房内部的温、湿度足够均匀,我们一般将机房内换气次数选取为30~50次,设备冷风比不小于3.5。但是我们也不建议风量过大,风量过大时会使机房内的气流速度过快,影响设备及人员的工作,严重时还会产生噪音过大的问题。

(3) 按设备冷风比估算风量。在计算出了设备机房的冷量负荷之后,根据机房实际情况选取冷风比,一般为2~4.5。对于设备热岛效应明显的机房,冷风比选取相应要小;而对于热负荷比较均匀的机房,冷风比可以相对大些。

3. 机房内部空调气流方式的选择

(1) 室内直吹风气流方式。就是把空调机安装在机房内,通常又称为上侧送风、下侧回风式,从上侧送出的空气先与室内空气相混合,再进入计算机机柜。显然,从空调上侧送出的空气温度低于室内空气温度。此送风方式适用于微机房,也就是机房狭小、计算机设备台数少、设备发热量小的微型计算机房,如 $30m^2$ 左右的微机房。

　　采用这种送风形式,其空气流很可能被机房内的设备阻挡,会出现小区域的涡流,特别是在空气流经的室内工作区会有吹风感。因此在布置设备时为防止设备间空气短路,在空气流路上设备应先低后高排列,发热量大的设备优先得到足够的冷风。

　　(2) 地板下送风气流方式。空气在经专用空调机处理之后,通过计算机机柜下部送进计算机柜内,而经机房上部返回空调机的送风形式,也称为下送上回式。由于下送上回式的冷风是通过保持正压的活动地板下的静压风库送入计算机设备和机房的,并且可以给发热量大的设备单独送风,因此,空调效率高,使机房内温度分布均匀,一般计算机房均采用这种送风形式。在施工时应对地表面进行防尘涂料处理。为了防止地面上产生结露,必须在地面上或在机房下层顶棚上进行隔热措施处理。送风温度一般取 17～19℃。

　　(3) 上送下回方式。就是把经空调机调整了温度和湿度的空气,经过吊顶送进计算机机柜。而后再通过活动地板下返回空调机下部回风口。这种送风形式适用于计算机机柜本身散热方式是从机柜顶部送风,机柜下部或侧下部排风的计算机系统。

　　(4) 风管上送风气流方式。空气在经精密空调机处理之后,通过连接于空调机上部的风管被送进计算机机柜内,而经机房内部空间返回空调机侧面回风口的送风形式,也称为上送风方式。由于上送风方式气流有风管作为导向,所以能将气流送得比较远。这种送风方式比较适用于送风要求远且设备发热比较集中的机房内。

　　(5) 混合式空调方式。就是根据设备和操作人员对空调的不同要求而采用的综合送风形式。其中计算机设备所需要的冷风是经活动地板下送入设备的,而人的舒适则是通过另一系统来实现的。因此,这是一种比较理想的空调方式,设备和人都可以得到比较满意的空气调节。但由于混合式空调造价高、气流组织复杂,在实际工程中应用较少。

6.4　网络系统集成设计

　　本节任务:懂得分层设计的思想,能够通过网络拓扑图分析网络的功能与特点,能够规划园区网 IP 地址。

　　网络系统集成设计是一件复杂的工作,要严格遵循稳定性、可靠性、可用性和扩展性的要求。要保证最大效益下最低的运作成本;要具有较高的整体性能;要易于使用和管理;要具备相应的安全性;要能够适应用户的业务需求。系统集成设计的主要工作是通过分层设计思想融合各种网络技术,设计出符合实际需求的网络逻辑拓扑结构,列出所需的各种互连设备和终端设备,规划好 IP 分配方案。

6.4.1　分层设计思想

　　网络系统集成设计属于网络逻辑设计的范畴,在实际设计中我们一般采用分层化设计,即核心层、汇聚层(或分布层)和接入层,如图 6.22 所示。

1. 核心层

核心层的功能主要是实现骨干网络之间的优化传输。骨干层设计任务的重点通常是冗余能力、可靠性和高速的传输。网络的控制功能最好尽量少在骨干层上实施。核心层一直被认为是所有流量的最终承受者和汇聚者，所以对核心层的设计以及对网络设备的要求十分严格。核心层设备占投资的主要部分。

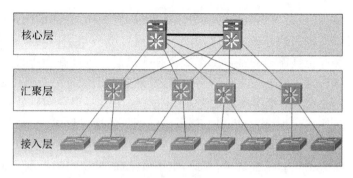

图 6.22　分层化设计

网络核心层的主要工作是交换数据包，对它的设计应该注意四点：

(1) 不要在核心层执行网络策略。所谓策略，就是一些设备支持的标准或系统管理员定制的规划。

(2) 核心层的所有设备应具有充分的可到达性。

(3) 将 Internet 连接置于核心层。

(4) 将分支机构的连接置于核心层。

2. 汇聚层

汇聚层是楼群或小区的信息汇聚点，是连接接入层和核心层的网络设备，为接入层提供数据的汇聚、传输、管理、分发处理。汇聚层为接入层提供基于策略的连接，如地址合并、协议过滤、路由服务、认证管理等。通过网段划分(如 VLAN)与网络隔离于可以防止某些网段的问题蔓延和影响到核心层。汇聚层同时也可以提供接入层虚拟网之间的互连，控制和限制接入层对核心层的访问，保证核心层的安全和稳定。

汇聚层将大量低速的连接(与接入层设备的连接)通过少量宽带的连接接入核心层，以实现通信量的收敛，提高网络中聚合点的效率，同时减少核心层设备路由路径数。

3. 接入层

接入层通常指网络中直接面向用户连接或访问的部分。接入层的目的是允许终端用户连接到网络，因此接入层交换机具有低成本和高端口密度特性。接入交换机是最常见的交换机，它直接与外网联系，使用最广泛，尤其是在一般办公室、小型机房和业务受理较为集中的业务部门、多媒体制作中心、网站管理中心等部门。在传输速度上，现代接入交换机大都提供多个具有 10M/100M/1000M 自适应能力的端口。

在核心层和汇聚层的设计中主要考虑的是网络性能和功能性，我们在接入层设计上主张使用性能价格比高的设备。接入层是最终用户与网络的接口，它应该具备即插即用的特性，同时应该非常易于使用和维护。

这里有一个分层设计的实例如图 6.23 所示，核心层采用两台 H3C S9500 交换机组成双核心网络架构，双出口接入互联网，支持 IPv4 和 IPv6；汇聚层采用三层交换机以及高可靠性的冗余设计；接入层采用二层交换机，每个接入交换机都属于单故障点。核心层与汇聚层之间采用万兆链路，汇聚层到接入层采用千兆链路，接入层到用户端采用百兆链路，核心层和汇聚层实现了全冗余。

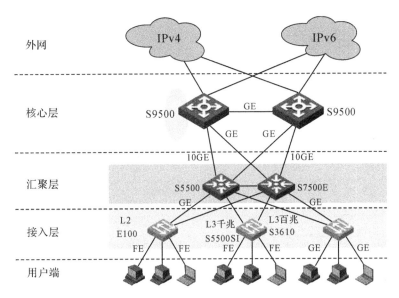

图6.23　分层设计实例

层次化结构具有以下优点：

(1)降低成本,可以为每层选购合适的设备；

(2)每层进行精确的流量规划,减少带宽的浪费；

(3)网络管理职责分布在各层,减少管理成本；

(4)模块化使设计元素简化,从而易于理解；

(5)故障点易隔离；

(6)易实现网络测试；

(7)易于网络的进一步扩展。

层次化网络总体设计原则：

(1)先设计接入层,再是汇聚层,最后为核心层；

(2)根据流量和协议行为来规划层与层之间的互连；

(3)遵循80/20规则。

80/20规则是传统以太网设计必须要遵循的一个原则。它表明一个网段数据流量的80%是在该网段内的本地通信,只有20%的数据流量是发往其他网段的,如图6.24所示。

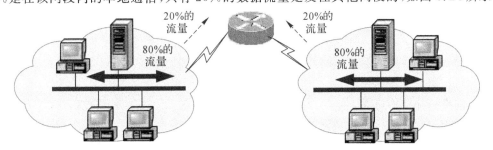

图6.24　80/20规则

6.4.2　局域网结构分析

1. 单核心局域网结构(图 6.25)

结构特征:

(1)由一台核心二层或三层交换设备构建局域网络的核心。

(2)一般通过与核心交换机连接的路由设备接入广域网。

结构分析:

(1)除核心交换设备外,不存在其他三层路由设备。

(2)若采用三层交换设备,可划分多个 VLAN。

(3)网络结构简单,投资金额少。

(4)核心交换机为网络故障单点,易导致整网失效。

(5)扩展能力有限,对核心交换设备端口密度要求高。

(6)规模较大的网络,核心交换机不与 PC 直接相连。

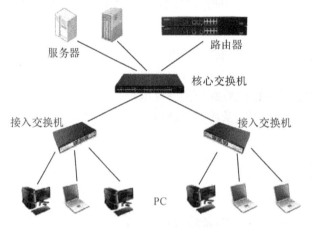

图 6.25　单核心局域网示意图

2. 双核心局域网结构(图 6.26)

结构特征:

(1)由两台核心交换设备构建局域网络的核心。

(2)两台核心交换设备存在物理链路。

结构分析:

(1)核心交换设备间运行负载均衡协议。

(2)路由层面可热切换。

(3)网络拓扑结构可靠。

(4)投资金额较单核心局域网稍高。

3. 环型局域网结构(图 6.27)

结构特征:

(1)由弹性分组数据环(RPR)连接多台核心交换设备与接入设备。

(2)双环结构,双向可用。

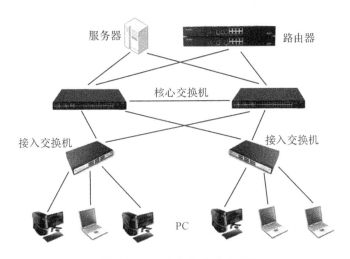

图 6.26　双核心局域网示意图

结构分析：

(1)自愈保护功能,节省带宽资源。

(2)环间组网不便。

(3)设备投资金额较高,适用于规模较大的局域网。

(4)路由冗余设计难度高,易形成路由环路。

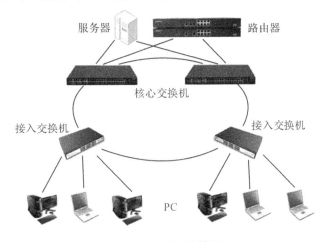

图 6.27　环型局域网

6.4.3　网络拓扑图分析

运行所学知识,仔细观察现有的网络拓扑图,分析该网络采用的网络技术和设计特点。

1. 某初级中学拓扑图分析(图 6.28)

分析：

(1)采用 VLAN 划分区域；

(2)星型拓扑结构,单核心层设计；

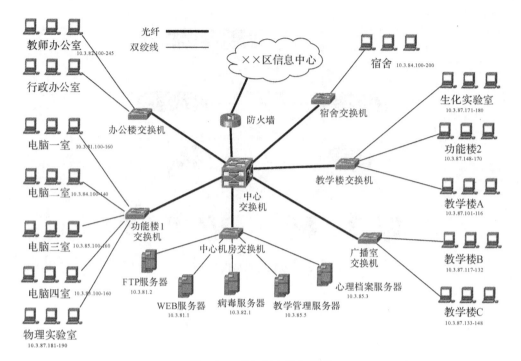

图 6.28　某初级中学拓扑图

(3)主干采用 1000M 光纤,接入层采用 100M 双绞线;

(4)中心机房有 5 个服务器接入核心层,提供 5 种网络服务;

(5)采用 DHCP 动态分配 IP;

(6)采用 NAT 技术(防火墙或路由器);

(7)该校有 5 幢楼接入校园网;

(8)通过××区信息中心接入 Internet。

2. 某公司网络拓扑图分析(图 6.29)

分析:

(1)采用 VLAN 结合三层交换技术,方便管理,避免广播风暴;

(2)采用单核心设计,无汇聚层,星型结构;

(3)部署 DHCP 服务,动态分配 IP 地址;

(4)采用 NAT 技术访问外网;

(5)防火墙是安全重点,要设置各种访问策略;

(6)路由器采用静态路由方式(高效);

(7)各部门上网通过 CA 认证;

(8)采用 VPN 技术连接到"项目部",出差员工可以 VPN 到内网;

(9)内网服务器具有数据冗余备份技术;

(10)外网服务器采用托管方式(远程管理)。

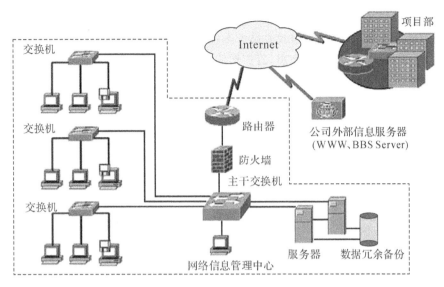

图 6.29　某公司网络拓扑图

3. 某网吧网络拓扑图分析(图 6.30)

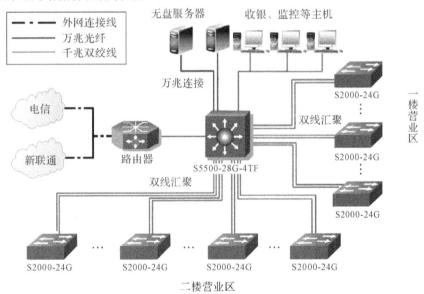

图 6.30　某网吧网络拓扑图

分析:

(1)采用单核心设计,无汇聚层,星型结构;

(2)采用链路聚合技术,解决交换机之间连接的瓶颈;

(3)网吧工作站采用无盘方式,由无盘服务器提供网络启动操作系统服务,因此该服务器采用万兆连接;

(4)部署 DHCP 服务器,动态分配 IP;

(5)采用 NAT 技术访问外网;

(6)采用端口映射技术,使内网服务器可以向外网提供网络服务(扩展功能);

（7）采用电信和联通双线接入，由路由器承担双线路接入功能；

（8）网吧分一楼和二楼两层，布线时已考虑备份布线；

（9）部署网吧管理软件，完成收银、监控功能。

4．某财政局网络拓扑图分析（图 6.31）

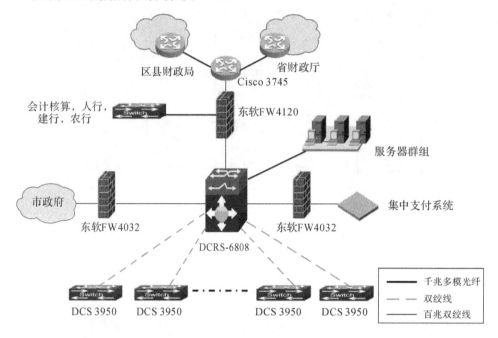

图 6.31　某财政局网络拓扑图

分析：

（1）采用单核心结构；

（2）区县财政局、省财政厅可以有限访问内网；

（3）市政府可以有限访问内网；

（4）集中支付系统可以有限访问内网；

（5）内网服务器群组可被内网用户访问；

（6）内网用户采用静态 IP 地址，并与 MAC 地址相绑定；

（7）划分 VLAN，细化网络管理；

（8）内、外网都可以访问会计核算、银行的规定服务器。

【思考题】

在进行网络系统集成设计时，先设计网络拓扑图，再进行分析，这样做对吗？

6.4.4　IP 地址规划的原则

◉方案总体设计过程

IP 地址的合理规划是网络设计中的重要一环，大型网络必须对 IP 地址进行统一规划并得到实施。IP 地址规划的好坏，会影响网络路由协议算法的效率、网络的性能、网络的扩展以及网络的管理,也必将直接影响到网络应用的进一步发展。

1. IP 地址规划的基本原则

(1)唯一性:一个 IP 网络中不能有两个主机采用相同的 IP 地址。即使使用了支持地址重叠的 MPLS/VPN 技术,也尽量不要规划为相同的地址。

(2)连续性:连续地址在层次结构网络中易于进行路由聚合,可大大缩减路由表,提高路由算法的效率。

(3)扩展性:地址分配在每一层次上都要留有余量,在网络规模扩展时能保证路由聚合所需的连续性。

(4)实义性:好的 IP 地址规划使每个地址都具有实际含义,看到一个地址就可以大致判断出该地址所属的设备。这是 IP 地址规划中最具技巧性和艺术性的部分。

2. IP 地址的分类

(1) Loopback 地址。为了方便管理,会为每一台路由器创建一个 Loopback 接口,并在该接口上单独指定一个 IP 地址作为管理地址,管理员会使用该地址对路由器进行远程登录(telnet)。该地址实际上起到了类似设备名称一类的功能。同时,各种上层协议需要使用TCP 或 UDP 来建立,连接时也需要使用该地址作为源地址。

Loopback 地址规划时,务必使用 32 位掩码的地址,最后一位是奇数的表示路由器,是偶数的表示交换机。越核心的设备,Loopback 地址越小。

(2) 互联地址。是指两台网络设备相互连接的接口所需要的地址。互联地址规划技巧是务必使用 30 位掩码的地址。核心设备使用较小的一个地址。互联地址通常要聚合后发布,在规划时要充分考虑使用连续的可聚合地址。

(3) 业务地址。是连接在以太网上的各种服务器、主机所使用的地址以及网关的地址。业务地址规划技巧是网关地址统一使用相同的末位数字,如 C 类地址中,254 一般表示网关。

3. IP 地址编址方法

确定有以下几类地址要规划:

(1)核心层需要规划的地址;

(2)汇聚层需要规划的地址;

(3)接入层需要规划的地址。

层次化编址原则:

(1)以 C 类地址掩码作为划分子网的最小单位,子网掩码为 255.255.255.0;

(2)并行分支机构应连续编址,形成超网段。

超网段实质上是一种路由聚合技术。路由聚合是让路由选择协议能够用一个地址通告众多网络,旨在缩小路由器中路由选择表的规模,以节省内存,并缩短 IP 对路由选择表进行分析以找出前往远程网络的路径所需的时间。如图 6.32 所示,分别将 3 个网段(C 类掩码)聚合成为 1 个大网段(B 类掩码)。

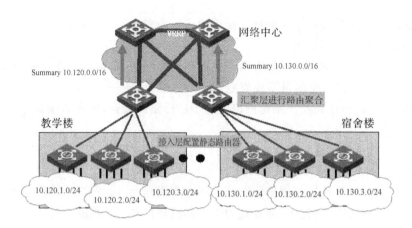

图 6.32   路由聚合

6.4.5   园区网 IP 地址规划步骤

由于局域网 IP 地址资源比较充足,一般建议采用 A、B、C 类标准网段。我们可以根据用户信息点的数量及今后的网络客户端增加趋势,选择使用哪类局域网地址。局域网 IP 地址规划包括以下 3 个步骤。

步骤一:判断网络与主机数量的需求。

根据网络总体设计中物理拓扑设计的参数,确定以下两个主要数据:

(1) 网络中最多可能使用的子网数量;

(2) 网络中现有最大网段和今后可能扩展的主机数量。

步骤二:计算满足用户需求的基本网络地址结构,如表 6.3～表 6.5 所示。

(1) 小型局域网,现有最大网段和今后可能扩展的主机数量小于 254,可以考虑使用 C 类地址。

(2) 中型局域网,可以考虑使用 B 类和 C 类地址。

(3) 大型企业网,可以考虑使用 A 类、B 类和 C 类地址。

表 6.3   A 类地址规划参考实例

0—7								8—15	16—23	24—31
0	0	0	0	1	0	1	0			
固定值:10								子公司标识	部门和 VLAN 标识	用户地址空间

表 6.4   B 类地址规划参考实例

0—15											16—23	24—31
1	0	1	0	1	1	0	0	0	0	0		
固定值:172				子公司标识(16—31)				部门和 VLAN 标识			用户地址空间	

表 6.5　C 类地址规划参考实例

0—15																16—23	24—31
1	1	0	0	0	0	0	0	1	0	1	0	1	0	0	0		
固定值：192.168.0.0																部门和 VLAN 标识	用户地址空间

步骤三：确定子网掩码。

IP 地址最开始是按有类划分的，A、B、C 各类标准网段都只能严格按照规定使用地址，我们称之为有类地址。A、B、C 类子网掩码如下：

A 类：255.0.0.0；

B 类：255.255.0.0；

C 类：255.255.255.0。

根据实际应用需要也可采用无类地址，即变长子网掩码（VLSM），可以自由规划子网的大小和实际的主机数，使得地址资源分配得更加合理，无形中就增大了网络的可拓展性。无类的 IP 子网不使用默认子网掩码，而是可以自由划分网络位和主机位，完全打破了 A、B、C 类这样的固定类别划分。

【例 6-3】　我们要将 192.168.10.0/24 和 192.168.20.0/24 两个网段合并成一个网段，采用最佳的子网掩码是什么？

如果采用 255.255.0.0，也可以将这两个网段合并，但子网合并范围过大了，这显然不是最佳答案。我们知道子网掩码是来区别网络地址与主机地址的，以达到确定网段规模的目的。基于这个原理，我们将 10 与 20 都转化成二进制，来找区别网络地址与主机地址的分界线。

10：00001010

20：00010100

通过观察比较，我们发现这两组二进制数字从左到右前 3 位是相同的，第 4 位开始就不同了。因此前 3 位是属于网络地址，属于子网掩码中置 1 的部分；后 5 位属于主机地址，要置 0。于是得

11100000

综上所述，本题要求的子网掩码为 255.255.224.0。

6.5　网络系统集成设计实训

◉网络拓扑图
分析实训指导

【实训任务】

请根据已提供的如图 6.33 所示某校网络拓扑图，分析该校园网采用技术和特点。

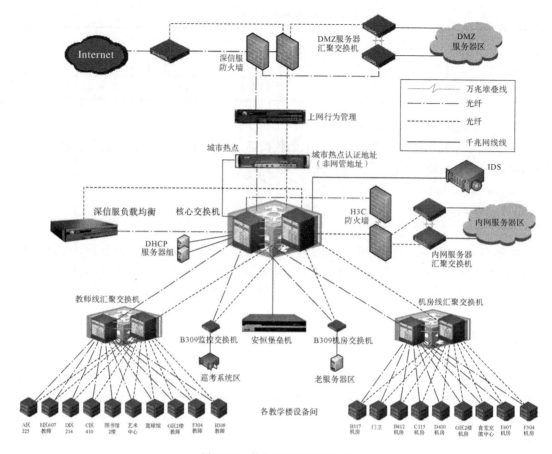

图 6.33 某校网络拓扑图分析

【实训步骤】

(1)分析核心层技术;

(2)分析汇聚层技术;

(3)分析接入层技术;

(4)分析网络的可靠性;

(5)分析网络的安全性;

(6)规划 IP 地址分配方案。

6.6 光纤传输技术

本节任务:了解光纤的基本概念,认识光纤的传输设备。

光纤是光导纤维的简写,是一种由玻璃或塑料制成的纤维,可作为光传导工具。香港中文大学原校长高锟于 1966 年 7 月提出光纤可以用于通信传输的设想,他因此获得 2009 年诺贝尔物理学奖。

6.6.1 了解光纤的基本概念

1. 光纤的结构

光缆(Optical Fiber Cable)主要是由光纤、塑料保护套管及塑料外皮构成,光缆内没有金、银、铜、铝等金属,一般无回收价值。光缆是一定数量的光纤按照一定方式组成缆心,外包有护套,有的还包覆外护层,用以实现光信号传输的一种通信线路。光纤是一种传输光束的细而柔韧的媒质,由三个同心部分组成:纤芯、包层和护套。光纤可由塑料、玻璃或超高纯石英玻璃制成,不同的材料构成的光纤的损耗、传输距离和价格也不同。光缆的结构如图6.34所示。

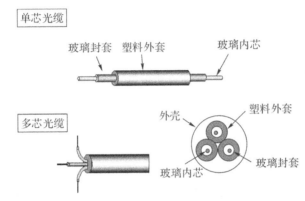

图 6.34 典型的光缆

2. 光纤传输的原理

光纤采用数字传输技术,通过光信号的有无来表示二进制信号0和1。在发送方需要电光转换设备,在接收方有光电转换设备。光纤通信系统是以光波为载体、光导纤维为传输介质的通信方式,起主导作用的是光源、光纤、光发送机和光接收机。

(1)光源:是光波产生的根源。

(2)光纤:是传输光波的导体。

(3)光发送机:负责产生光束,将电信号转变成光信号,再把光信号导入光纤。

(4)光接收机:负责接收从光纤上传输过来的光信号,并将它转变成电信号,经解码后再做相应处理。

光纤通信系统的基本构成如图6.35所示。

图 6.35 光纤通信系统的基本构成

6.6.2 光纤的分类

按光纤的种类分,主要有两大类,即多模光纤和单模光纤。

多模光纤(Multi Mode Fiber,MMF)是在给定的工作波长上,能以多个模式同时传输的光纤。多模光纤的纤芯直径一般为 $50\sim200\mu m$,而包层直径的变化范围为 $125\sim230\mu m$,计算机网络用纤芯直径为 $62.5\mu m$,包层为 $125\mu m$。

单模光纤(Single Mode Fiber,SMF)的纤芯直径很小,在给定的工作波长上只能以单一模式传输,传输频带宽,传输容量大。光信号可以沿着光纤的轴向传播,因此光信号的损耗很小,离散也很小,传播的距离较远。单模光纤在物理介质关联层接口规范中建议芯径为 $8\sim10\mu m$,常见规格为 $8.3\mu m$,包层的直径为 $125\mu m$。

综合布线系统光纤信道应根据实际情况采用多模光纤或单模光纤。多模光纤外体为橘红色,型号有 OM1、OM2、OM3、OM4,标称波长为 850nm 和 1300nm。单模光纤外体为黄色,型号有 OS1 和 OS2,OS1 标称波长为 1310nm 和 1550nm,OS2 标称波长为 1310nm 和 1383nm。

单模光纤具备 $8\sim10\mu m$ 的芯直径,允许单模光束传输,可减除频宽及振模色散的限制,但由于单模光纤芯径太细,较难控制光束传输,故需要昂贵的激光作为光源;而多模光纤可采用 LED 光源。如图 6.36 所示,LED 光源会发出不同频宽的光源,采用折射方式传输,因此多模光纤对色散要求较高。单模光纤相比于多模光纤,可支持更远的传输距离,单模光纤可支持超过 5km 的传输距离。从成本角度考虑,由于单模的光端机较昂贵,故采用单模光纤的成本会比多模光纤的成本高。由于单模光纤的激光光源功率较高,短距离传输容易造成发热量过大,因此短距离传输仍推荐采用多模光纤。

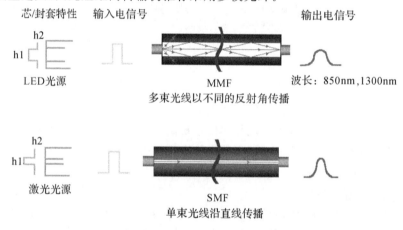

图 6.36　多模光纤与单模光纤比较

单模和多模光缆的选用应符合网络的构成方式、业务的互联方式、以太网交换机端口类型及网络规定的光纤应用传输距离。在楼内宜采用多模光缆,超过多模光纤支持的应用长度或需直接与电信业务经营者通信设施相连时,应采用单模光缆。

6.6.3　光缆的分类

光缆的分类方法有很多,常用的分类方法如下:

1. 按传输性能、距离和用途分类

可分为长途光缆、市话光缆、海底光缆和用户光缆。

2.按光纤套塑方法分类

可分为紧套光缆、松套光缆、束管式光缆和带状多芯单元光缆。

3.按光纤芯数多少分类

可分为单芯光缆、双芯光缆、4 芯光缆、6 芯光缆、8 芯光缆、12 芯光缆和 24 芯光缆等。

4.按加强件配置方法分类

可分为中心加强构件光缆(如层绞式光缆、骨架式光缆等)、分散加强构件光缆(如束管两侧加强光缆和扁平光缆)、护层加强构件光缆(如束管钢丝铠装光缆)和 PE 外护层加一定数量细钢丝的 PE 细钢丝综合外护层光缆。

5.按敷设方式分类

可分为管道光缆、直埋光缆、架空光缆和水底光缆。

6.按护层材料性质分类

可分为聚乙烯护层普通光缆、聚氯乙烯护层阻燃光缆和尼龙防蚁防鼠光缆。

7.按传输导体、介质状况分类

可分为无金属光缆、普通光缆和综合光缆。

8.按结构方式分类

可分为扁平结构光缆、层绞式结构光缆、骨架式结构光缆、铠装结构光缆(包括单、双层铠装)和高密度用户光缆等。

9.按使用环境分类

(1)室(野)外光缆——用于室外直埋、管道、槽道、隧道、架空及水下敷设的光缆。

(2)软光缆——具有优良的曲挠性能的可移动光缆。

(3)室(局)内光缆——适用于室内布放的光缆。

(4)设备内光缆——用于设备内布放的光缆。

(5)海底光缆——用于跨海洋敷设的光缆。

(6)特种光缆——除上述几类之外,作特殊用途的光缆。

6.6.4 光缆的型号

光缆型号由它的型式代号和规格代号构成,中间用一短横线隔开。

1.光缆型式代号

光缆型式代号由五个部分组成,如图 6.37 所示。

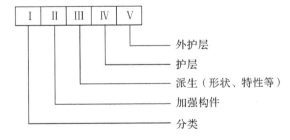

图 6.37 光缆型式代号的规则

(1)分类代号Ⅰ及其意义如下：

GY——通信用室(野)外光缆；　　GR——通信用软光缆；

GJ——通信用室(局)内光缆；　　GS——通信用设备内光缆；

GH——通信用海底光缆；　　　　GT——通信用特种光缆。

(2)加强构件代号Ⅱ及其意义如下：

无符号——金属加强构件；　　　F——非金属加强构件；

G——金属重型加强构件；　　　　H——非金属重型加强构件。

(3)派生特征代号Ⅲ及其意义如下：

D——光纤带状结构；　　　　　　G——骨架槽结构；

B——扁平式结构；　　　　　　　Z——自承式结构。

T——填充式结构。

(4)护层代号Ⅳ及其意义如下：

Y——聚乙烯护层；　　　　　　　V——聚氯乙烯护层；

U——聚氨酯护层；　　　　　　　A——铝-聚乙烯黏结护层；

L——铝护套；　　　　　　　　　G——钢护套；

Q——铅护套；　　　　　　　　　S——钢-铝-聚乙烯综合护套。

(5)外护层的代号及其意义如下：

外护层是指铠装层及其铠装外边的外护层，外护层的代号及其意义如表 6.6 所示。

表 6.6　外护层代号及其意义

代号	铠装层(方式)	代号	外护层(材料)
0	无	0	无
1	无	1	纤维层
2	双钢带	2	聚氯乙烯套
3	细圆钢丝	3	聚乙烯套
4	粗圆钢丝		
5	单钢带皱纹纵包		

2. 光缆规格代号

光缆规格代号由五部分共七项内容组成，如图 6.38 所示。

(1)光纤数目Ⅰ：有 1、2……表示光缆内光纤的实际数目。

(2)光纤类别的代号Ⅱ及其意义。

J——二氧化硅系多模渐变型光纤；

T——二氧化硅系多模突变型光纤；

Z——二氧化硅系多模准突变型光纤；

D——二氧化硅系单模光纤；

X——二氧化硅系纤芯塑料包层光纤；

S——塑料光纤。

(3)光纤主要尺寸参数Ⅲ，用阿拉伯数(含小数点数)及以 μm 为单位表示多模光纤的芯

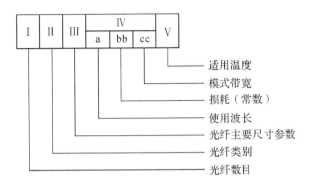

图 6.38　光缆的规格代号组成部分

径及包层直径、单模光纤的模场直径及包层直径。

（4）带宽、损耗、波长表示光纤传输特性的代号由 a、bb 及 cc 三组数字代号构成。

a——表示使用波长的代号，其数字代号规定如下：

1 表示波长在 0.85μm 区域；2 表示波长在 1.31μm 区域；3 表示波长在 1.55μm 区域。

注意，同一光缆适用于两种及以上波长，并具有不同传输特性时，应同时列出各波长上的规格代号，并用"/"划开。

bb——表示损耗常数的代号。两位数字依次为光缆中光纤损耗常数值（dB/km）的个位和十位数字。

cc——表示模式带宽的代号。两位数字依次为光缆中光纤模式带宽分类数值（MHz·km）的千位和百位数字。单模光纤无此项。

（5）适用温度代号 V 及其意义。

A——适用于 -40～+40℃；

B——适用于 -30～+50℃；

C——适用于 -20～+60℃；

D——适用于 -5～+60℃。

光缆中还附加金属导线（对、组）编号，如图 6.39 所示。其符合有关电缆标准中导电线芯规格构成的规定。

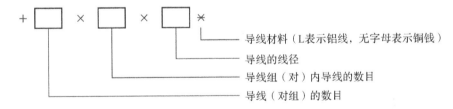

图 6.39　光缆中附加金属导线编号示意图

例如，4 个线径为 0.5mm 的铜导线单线可写成 4×1×0.5；4 个线径为 0.9mm 的铝导线四线组可写成 4×4×0.9L。

【例 6-4】　光缆型号例题。

设有金属重型加强构件、自承式、铝护套和聚乙烯护层的通信用室外光缆，包括 12 根芯径/包层直径为 50/125μm 的二氧化硅系列多模突变型光纤和 5 根用于远供及监测的铜线径为 0.9mm 的四线组,且在 $1.31\mu m$ 波长上,光纤的损耗常数不大于 1.0dB/km,模式带宽不小于 $800MHz \cdot km$;光缆的适用温度范围为 $-20\sim+60℃$。

该光缆的型号应表示为 GYGZL03—12T50/125(21008)C+5×4×0.9。

6.6.5 光缆的结构

1. 层绞式结构光缆

层绞式结构光缆是把经过松套塑的光纤绕在加强芯周围绞合构成的。层绞式结构光缆类似于传统的电缆结构,故又称之为古典光缆。其特点是缆芯制造设备简单、工艺成熟、抗拉强度好、温度特性得以改善。

如图 6.40~图 6.43 所示是目前在市话中继和长途线路上采用的几种层绞式结构光缆的示意图(截面)。

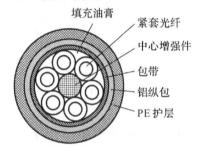

图 6.40 12 芯紧套层绞式光缆

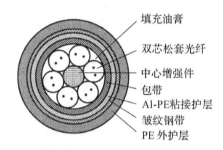

图 6.41 12 芯松套层绞式直埋光缆

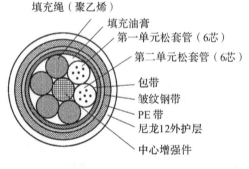

图 6.42 12 芯松套层绞式直埋防蚁光缆图

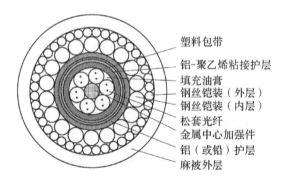

图 6.43 松套层绞式水底光缆

2. 骨架式结构光缆

骨架式结构光缆是把紧套光纤或一次涂覆光纤放入加强芯周围的螺旋型塑料骨架凹槽内构成的。这种结构抗侧压性能好,有利于对光纤的保护。

骨架结构有中心增加螺旋型、正反螺旋型、分散增强基本单元型。目前我国采用的骨架式结构光缆,大都是如图 6.44 所示的结构,图 6.45 为基本单元结构,图 6.46 为采用骨架式结构的自承式架空光缆。

3. 束管式结构光缆

束管式结构光缆是把一次涂覆光纤或光纤束放入大套管中,加强芯配置在套管周围构成的。这种结构重量较轻。

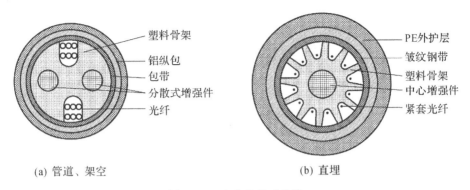

(a) 管道、架空   (b) 直埋

图 6.44 12 芯骨架式光缆

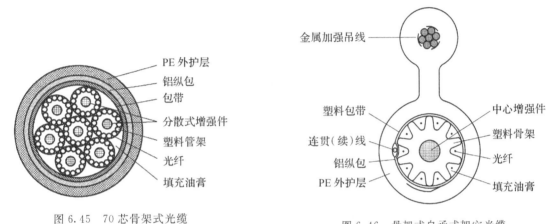

图 6.45 70 芯骨架式光缆

图 6.46 骨架式自承式架空光缆

图 6.47 所示的光缆结构即属于护层增强构件配制方式。

图 6.48、图 6.49 所示是属于分散加强构件配置方式的束管式结构光缆。

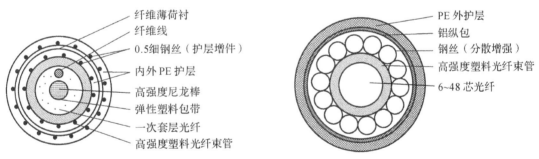

图 6.47 12 芯束管式光缆

图 6.48 6~48 芯束管式光缆

4. 带状结构光缆

带状结构光缆是把带状光纤单元放入大套管中,形成中心束管式结构,如图 6.50 所示;也可把带状光纤单元放入凹槽内或松套管内,形成骨架式或层绞式结构,如图 6.51 所示。它有利于高密度接入网光缆的使用。

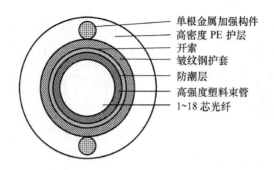

图 6.49　LEX束管式光缆

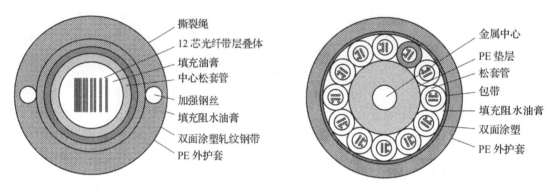

图 6.50　中心束管式带状光缆

图 6.51　层绞式带状光缆

5. 单芯结构光缆

简称单芯软光缆,这种结构的光缆主要用于局内(或站内),或用来制作仪表测试软线和特殊通信场所用特种光缆,以及制作单芯软光缆的光纤,如图 6.52 所示。

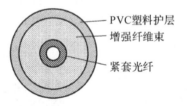

图 6.52　单芯软光缆

6. 特殊结构光缆

特殊结构的光缆,主要有光/电力组合缆、光/架空地线组合缆、海底光缆和无金属光缆。这里只介绍后两种。

(1)海底光缆。有浅海光缆和深海光缆两种,图 6.53 所示为典型的浅海光缆,图 6.54 所示是较为典型的深海光缆。

(2)无金属光缆。是指光缆除光纤、绝缘介质外(包括增强构件、护层)均是全塑结构,适用于强电场合,如电站、电气化铁道及强电磁干扰地带。

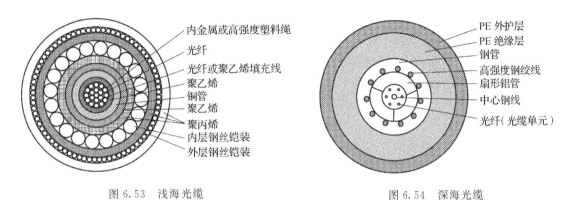

图 6.53 浅海光缆   图 6.54 深海光缆

6.6.6 新型光缆展望

近年来,在国内光纤接入市场呈现出良好的发展势头的情况下,光纤接入已成为光通信领域中的热点。在光纤接入工程中,靠近用户的室内布线是最为复杂的环节,常规室内光缆的弯曲性能、抗拉性能已不能满足 FTTD、FTTH 室内布线的需求。

光纤到桌面(Fiber To The Desktop,FTTD),就是光纤替代传统 5 类线将光纤延伸至用户终端电脑,使用户终端全程通过光纤实现网络接入。FTTD 接入技术是近年来兴起的网络技术,在国外已广泛应用。随着光纤和光纤接入设备价格的持续下降,FTTD 在国内也开始广泛应用于特殊政府部门,如审计、财政、公安、国家安全、法院等。

光纤到户(Fiber to the Home,FTTH),是指将光网络单元(ONU)安装在住家用户或企业用户处,是光接入系列中除 FTTD 外最靠近用户的光接入网应用类型。FTTH 的显著技术特点是不但提供了更大的带宽,而且增强了网络对数据格式、速率、波长和协议的透明性,放宽了对环境条件和供电等要求,简化了安装和维护。

作为光纤在传输线路的最终应用,光缆的产品和技术也越来越成熟,其重要地位已为运营商所关注。根据业务需求开发新的产品、实现自身多元化,出现了许多新式光缆。

1. 微型光缆

近年来国内经常宣传的微型光缆是值得关注的。所谓微型光缆,简称微缆,是尺寸非常小的光缆。微型光缆与气吹敷设技术配合,可以有效提高应用的灵活性,节约投资成本。微型光缆的核心部分为光缆的微束管单元,对微束管单元的材料和工艺的控制,决定着光缆的基本尺寸与性能。现在市场上的微型光缆通常为 48 芯及以下,可以是金属结构或者非金属结构,12 芯的微型光缆可以做到外径大约为 4mm 及以下,比日常用的铅笔的外径还要细很多,可谓名副其实的微型。

2. 雨水管道光缆

雨水管道光缆技术是将光缆敷设在各种直径的雨水管道中。国内由于条件所限,雨水管道光缆主要是一种自承式结构,通过专用金具敷设在雨水管道的顶部。对于雨水管道光缆,从技术上需要考虑光缆的防水、防腐以及防鼠性能,并要通过选用合理的材料,保证光缆的长期可靠性。雨水管道光缆产品及其相关配套技术,为运营商在接入网的光缆线缆建设提供了新的选择,是一项前景较好、相对较新的技术。

3. 路面开槽光缆

路面开槽光缆通常为钢带纵包小型光缆,有着较好的抗侧压性能。开槽浅埋光缆是一种尺寸较小、易于敷设的光缆,其敷设只需要在马路上开一道浅且窄的槽,将光缆埋入槽内,然后回填,恢复原有路面,可十分简单地解决穿越室内外水泥地面、沥青路面、花园草坪等地形时的施工和布放难题,适用于作为引入光缆。

4. 小 8 字形自承式光缆

小 8 字形自承式光缆通常用于用户引入。该光缆将装有单模或多模光纤的松套管和钢丝吊线集成到一个 8 字形的 PE 护套内,形成自承式结构,在敷设过程中无须架设吊线和挂钩,施工效率高,有效降低施工费用,可以十分简单地实现电杆与电杆、电杆与楼宇、楼宇与楼宇之间的架空敷设,在 FTTH 中,适用于室外线杆到楼房、别墅的引入。

5. 接入网用蝶形引入光缆

接入网用蝶形引入光缆广泛用于 FTTH,也叫 FTTH 皮线光缆,适合室内布线。它的外形是光通信单元(光纤)处于中心,两侧放置两根平行非金属加强件(FRP)或金属加强构件,外面采用聚氯乙烯(PVC)或低烟无卤材料(LSZH,低烟,无卤,阻燃)护套,如图 6.55 所示。

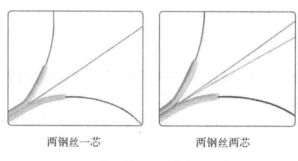

两钢丝一芯　　　　　　　　两钢丝两芯

图 6.55　FTTH 单芯皮线光缆

室内型蝶形光缆有 1 芯、2 芯、3 芯、4 芯等规格,住宅用户接入蝶形入户光缆宜选用单芯缆,商务用户接入蝶形光缆可按 2~4 芯缆设计。

6.6.7　光传输设备

1. 光中继器

中继器(Repeater)是网络物理层上面的连接设备,适用于完全相同的两类网络的互联,主要功能是通过对数据信号的重新发送或者转发,来扩大网络传输的距离。中继器是对信号进行再生和还原的网络设备 OSI 模型的物理层设备。目前中继器广泛应用于光纤传输领域。常见的光纤中继器品牌如图 6.56 所示。

单多模转换器/中继器外形如图 6.57 所示。

多模转换器/中继器外形如图 6.58 所示。

2. 光纤收发器

光纤收发器,是一种将短距离的双绞线电信号和长距离光信号进行互换的以太网传输媒体转换单元,在很多地方也被称为光电转换器(Fiber Converter)。产品一般应用在以太

中继器品牌排行榜

排名	产品LOGO	品牌名称	热度	指数
1	光纤华杰	天地华杰		13852
2	FBit	FiBit		7113
3	Belfan	Belfan		5616
4	波士电子	波士		1497
5	OLYCOM	OLYCOM		1497
6	ANYKEY	Anykey		1123

图 6.56　光纤中继器品牌

图 6.57　单多模转换器/中继器

图 6.58　多模转换器/中继器

网电缆无法覆盖、必须使用光纤来延长传输距离的实际网络环境中,且通常定位于宽带城域网的接入层应用;同时在帮助把光纤"最后一公里"线路连接到城域网和更外层的网络上也发挥了巨大的作用。

(1)按光纤性质来分类,可以分为多模光纤收发器和单模光纤收发器。由于使用的光纤不同,收发器所能传输的距离也不一样,多模收发器一般的传输距离为 2～5km,而单模收发器覆盖的范围可以为 20～120km。

(2)按所需光纤数量分类,可以分为单纤光纤收发器和双纤光纤收发器。

单纤光纤收发器:接收、发送的数据在一根光纤上传输,如图 6.59 所示。顾名思义,单纤设备可以节省一半的光纤,即在一根光纤上实现数据的接收和发送,在光纤资源紧张的地方十分适用。这类产品采用了波分复用技术,使用的波长多为 1310nm 和 1550nm。但由于单纤收发器产品没有统一国际标准,因此不同厂商产品在互联互通时可能会存在不兼容的情况。另外由于使用了波分复用,单纤收发器产品普遍存在信号衰耗大的特点。

双纤光纤收发器:接收、发送的数据在一对光纤上传输,如图 6.60 所示。目前市面上的光纤收发器多为双纤产品,此类产品较为成熟和稳定,但需要更多的光纤。

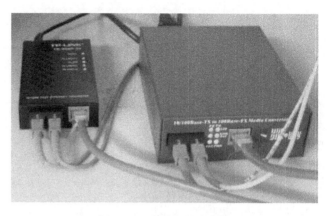

图 6.59　单纤光纤收发器　　　　　　　　　图 6.60　双纤光纤收发器

（3）按光纤收发器结构分类，可以分为桌面式（独立式）光纤收发器和机架式光纤收发器。桌面式光纤收发器适合单个用户使用，如满足楼道中单台交换机的上连。机架式（模块化）光纤收发器适用于多用户的汇聚，如小区的中心机房必须满足小区内所有交换机的上连，使用机架便于实现对所有模块型光纤收发器的统一管理和统一供电。目前国内的机架多为16 槽产品，即一个机架中最多可加插 16 个模块式光纤收发器。

6.6.8　光纤连接器

光纤连接器，也叫光纤接头，其种类繁多但相互之间不可以互用。不是经常接触光纤的人可能会误以为 GBIC 和 SFP 模块的光纤连接器是同一种，其实不是的。SFP 模块接 LC 光纤连接器，而 GBIC 接的是 SC 光纤连接器。下面对网络工程中几种常用的光纤连接器进行详细的说明：

（1）FC 型光纤连接器：外部加强方式是采用金属套，紧固方式为螺丝扣。一般在 ODF 侧采用（配线架上用得最多）。

（2）SC 型光纤连接器：连接 GBIC 光模块的连接器，它的外壳呈矩形，紧固方式是采用插拔销闩式，无须旋转（路由器交换机上用得最多）。

（3）ST 型光纤连接器：常用于光纤配线架，外壳呈圆形，紧固方式为螺丝扣（对于 10Base-F 连接来说，连接器通常是 ST 型）。

（4）LC 型光纤连接器：连接 SFP 模块的连接器，它采用操作方便的模块化插孔（RJ）闩锁机理制成（路由器常用）。

（5）MT-RJ 光纤连接器：收发一体的方形光纤连接器，一头双纤收发一体。MT－RJ 型光纤跳线由两个高精度塑胶成型的连接器和光缆组成。连接器外部件为精密塑胶件，包含推拉式插拔卡紧机构，适用于在电信和数据网络系统中的室内应用。

各型光纤连接器的外形如图 6.61 所示。

ST、SC、FC 光纤接头是早期不同企业开发形成的标准，使用效果一样，各有优、缺点。ST、SC 连接器接头常用于一般网络。ST 连接头插入后旋转半周有一卡口固定，缺点是容易折断；SC 连接头直接插拔，使用很方便，缺点是容易掉出来；FC 连接头由一般电信网络采用，有一螺帽拧到适配器上，优点是牢靠、防灰尘，缺点是安装时间稍长。

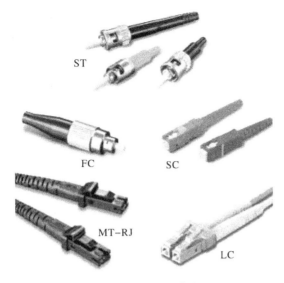

图 6.61 光纤连接器

工作区信息点为光端口,应采用 SC 型或 LC 型光纤连接器件及适配器。

6.6.9 光纤跳线与尾纤

光纤跳线从设备的光模块到光纤布线链路的跳接线,两头都是光纤连接器,线缆外面有较厚的保护层,如图 6.62 所示。一般用在光端机和终端盒之间的连接,应用在光纤通信系统、光纤接入网、光纤数据传输以及局域网等一些领域。将光纤跳线剪断后,就形成了两条尾纤。

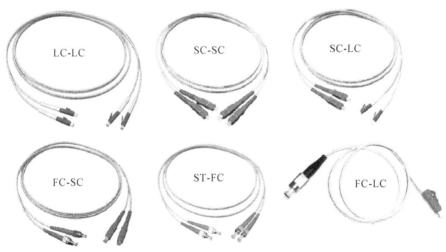

图 6.62 光纤跳线

尾纤又叫作尾线,只有一端有连接头,而另一端是一根光缆纤芯的断头,通过熔接与其他光缆纤芯相连,常出现在光纤终端盒内,用于连接光缆与光纤收发器(之间还要用到耦合器、跳线等)。

6.6.10　光纤耦合器

光纤耦合器(Coupler)又称分歧器(Splitter)、连接器、适配器、光纤法兰盘,是用于实现光信号分路/合路,或用于延长光纤链路的元件,属于光被动元件领域,在电信网路、有线电视网路、用户回路系统、区域网络中都会应用到。

光纤耦合器是光纤与光纤之间进行可拆卸(活动)连接的器件,它是把光纤的两个端面精密对接起来,以使发射光纤输出的光能量能最大限度地耦合到接收光纤中去,并使其介入光链路从而对系统造成的影响减到最小。对于波导式光纤耦合器,一般是一种具有 Y 形分支的元件,由一根光纤输入的光信号可用它加以等分。当耦合器分支路的开角增大时,向包层中泄漏的光将增多,以致增加了过剩损耗,所以开角一般在 30°以内,因此波导式光纤耦合器的长度不可能太短。

光纤耦合器按照耦合的光纤的不同分为 SC 光纤耦合器、LC 光纤耦合器、FC 光纤耦合器和 ST 光纤耦合器。

1.SC 光纤耦合器

SC 光纤耦合器应用于 SC 光纤接口,它看上去与 RJ45 接口很相似,不过 SC 接口更扁些。其明显区别还是里面的触片,如果是 8 条细的铜触片则是 RJ45 接口,如果是 1 根铜柱则是 SC 光纤接口,如图 6.63 所示。

图 6.63　SC-SC 光纤耦合器

2.LC 光纤耦合器

LC 光纤耦合器应用于 LC 光纤接口,连接 SFP 模块的连接器,常用于路由器光纤接口.它采用操作方便的模块化插孔(RJ)闪锁机理制成,如图 6.64 所示。

图 6.64　LC-LC 光纤耦合器

3.FC 光纤耦合器

FC 光纤耦合器应用于 FC 光纤接口,外部加强方式是采用金属套,紧固方式为螺丝扣,如图6.65、图6.66所示。它多用于光纤配线架(Optical Distribution Frame,ODF)上。

图6.65　FC-FC光纤耦合器

图6.66　FC-ST光纤耦合器

4.ST光纤耦合器

ST光纤耦合器应用于ST光纤接口,常用于光纤配线架,外壳呈圆形,紧固方式为螺丝扣,如图6.67、图6.68所示。

图6.67　ST-ST光纤耦合器

图6.68　ST-LC光纤耦合器

6.6.11　光分路器

光分路器又称分光器,是光纤链路中重要的无源器件之一,是具有多个输入端和多个输出端的光纤汇接器件。光分路器按分光原理可以分为熔融拉锥型和平面波导型(PLC型)两种,分路较多的宜采用PLC型,如图6.69、图6.70所示。

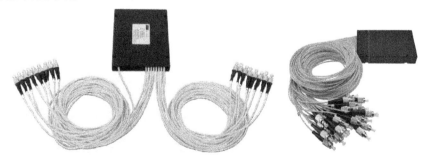

图6.69　光分路器1分16路和1分32路

图 6.70　机架式光分器

1.熔融拉锥型光分路器

熔融拉锥法就是将两根(或两根以上)除去涂覆层的光纤以一定的方法靠拢,在高温加热下熔融,同时向两侧拉伸,最终在加热区形成双锥体形式的特殊波导结构,通过控制光纤扭转的角度和拉伸的长度,可得到不同的分光比例。最后把拉锥区用固化胶固化在石英基片上并插入不锈钢管内,这就是熔融拉锥型光分路器。这种生产工艺因固化胶的热膨胀系数与石英基片、不锈钢管的不一致,在环境温度变化时热胀冷缩的程度就不一致,此种情况容易导致光分路器损坏,尤其是把光分路器放在野外的情况更甚,这也是光分路器容易损坏的最主要原因。对于更多路数的分路器生产可以用多个二分器组成。

2.平面波导型光分路器

PLC 分路器采用半导体工艺(光刻、腐蚀、显影等技术)制作。光波导阵列位于芯片的上表面,分路功能集成在芯片上,也就是在一块芯片上实现 1∶1 等分路;然后,在芯片两端分别耦合输入端以及输出端的多通道光纤阵列并进行封装。

与熔融拉锥式分路器相比,PLC 分路器的优点有:

(1)损耗对光波长不敏感,可以满足不同波长的传输需要。

(2)分光均匀,可以将信号均匀分配给用户。

(3)结构紧凑,体积小,可以直接安装在现有的各种交接箱内,不用留出很大的安装空间。

(4)单只器件分路通道很多,可以达到 32 路以上。

(5)多路成本低,分路数越多,成本优势越明显。

同时,PLC 分路器的主要缺点有:

(1)器件制作工艺复杂,技术门槛较高,目前其芯片被国外几家公司垄断,国内能够大批量封装生产的企业很少。

(2)相对于熔融拉锥式分路器成本较高,特别在低通道分路器方面更处于劣势。

用于 PON 网络的光分路器按功率分配形成规格来看,光分路器可表示为 M×N,也可表示为 M∶N。M 表示输入光纤路数,N 表示输出光纤路数。在 FTTx 系统中,M 可为 1 或 2,N 可为 2、4、8、16、32、64、128 等,本书标准统一用 M×N 表示。

6.7　光纤接入设计

在公用电信网络已实现光纤传输的地区,建筑物内设置用户单元时,通信设施工程必须采用光纤到用户单元的方式建设。光纤到用户单元通信设施工程的设计必须满足电信、移动、联通等多家电信业务提供商平等接入。新建光纤到用户单元通信设施工程的地下通信管道、配线管网、电信间、设备间等通信设施，必须与建筑工程同步建设，因此在建筑工程前要加以规划。

用户接入点应是光纤到用户单元工程特定的一个逻辑点，其设置应符合下列规定：

（1）每一个光纤配线区应设置一个用户接入点。

（2）用户光缆和配线光缆应在用户接入点进行互连。

（3）只有在用户接入点处可进行配线管理。

（4）用户接入点处可设置光分路器。

通信设施工程建设应以用户接入点为界面，电信业务经营者和建筑物建设方各自承担相关的工程量。工程实施应符合下列规定：

（1）规划红线范围内建筑群通信管道及建筑物内的配线管网应由建筑物建设方负责建设。

（2）建筑群及建筑物内通信设施的安装空间及房屋（设备间）应由建筑物建设方负责提供。

（3）用户接入点设置的配线设备建设分工应符合下列规定：

① 电信业务经营者和建筑物建设方共用配线箱时，由建设方提供箱体并安装，箱体内连接配线光缆的配线模块应由电信业务经营者提供并安装，连接用户光缆的配线模块应由建筑物建设方提供并安装；

② 电信业务经营者和建筑物建设方分别设置配线柜时，应各自负责机柜及机柜内光纤配线模块的安装。

（4）配线光缆应由电信业务经营者负责建设，用户光缆应由建筑物建设方负责建设，光跳线应由电信业务经营者安装。

（5）光分路器及光网络单元应由电信业务经营者提供。

（6）用户单元信息配线箱及光纤适配器应由建筑物建设方负责建设。

（7）用户单元区域内的配线设备、信息插座、用户缆线应由单元内的用户或建筑物建设方负责建设。

地下通信管道的设计应与建筑群及园区其他设施的地下管线进行整体布局，并应符合下列规定：

（1）应与光交接箱引上管相衔接。

（2）应与公用通信网管道互通的人（手）孔相衔接。

（3）应与电力管、热力管、燃气管、给排水管保持安全的距离。

（4）应避开易受到强烈震动的地段。

（5）应敷设在良好的地基上。

（6）路由宜以建筑群设备间为中心向外辐射，应选择在人行道、人行道旁绿化带或车行道下。

（7）地下通信管道的设计应符合现行国家标准《通信管道与通道工程设计规范》GB 50373—2006的有关规定。

6.7.1 用户接入点设置

每一个光纤配线区所辖用户数量宜为 70～300 个用户单元。

光纤用户接入点的设置地点应依据不同类型的建筑形成的配线区以及所辖的用户密度和数量确定,并应符合下列规定:

(1)当单栋建筑物作为 1 个独立配线区时,用户接入点应设于本建筑物综合布线系统设备间或通信机房内,但电信业务经营者应有独立的设备安装空间,如图 6.71 所示。

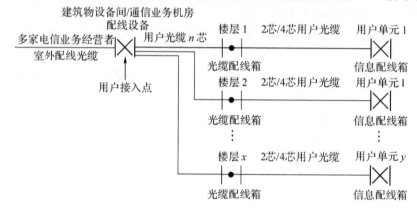

图 6.71 用户接入点设于单栋建筑物内设备间

(2)当大型建筑物或超高层建筑物划分为多个光纤配线区时,用户接入点应按照用户单元的分布情况均匀地设于建筑物不同区域的楼层设备间内,如图 6.72 所示。

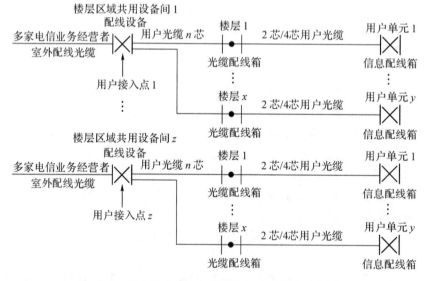

图 6.72 用户接入点设于建筑物楼层区域共用设备间

(3)当多栋建筑物形成的建筑群组成 1 个配线区时,用户接入点应设于建筑群物业管理中心机房、综合布线设备间或通信机房内,但电信业务经营者应有独立的设备安装空间,如图 6.73 所示。

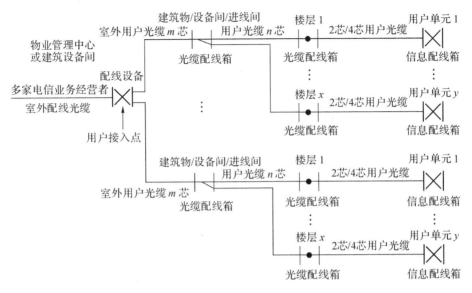

图 6.73　用户接入点设于建筑群物业管理中心机房、综合布线设备间或通信机房

（4）每一栋建筑物形成的 1 个光纤配线区并且用户单元数量不大于 30 个（高配置）或 70 个（低配置）时，用户接入点应设于建筑物的进线间、综合布线设备间或通信机房内，用户接入点应采用设置共用光缆配线箱的方式，但电信业务经营者应有独立的设备安装空间。

6.7.2　光纤用户单元设计要求

建筑红线范围内敷设配线光缆所需的室外通信管道管孔与室内管槽的容量、用户接入点处预留的配线设备安装空间及设备间的面积均应满足不少于 3 家电信业务经营者通信业务接入的需要。多家电信业务经营者的室外配线光缆应接入建筑物进线间或设备间的配线设备，每个楼层设置光缆配线箱，采用 2 芯或 4 芯用户光缆接入光纤用户单元，如图 6.74 所示。

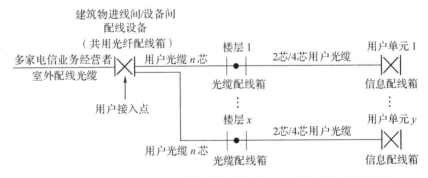

图 6.74　用户接入点设于建筑物的进线间、综合布线设备间或通信机房

光纤到用户单元所需的室外通信管道与室内配线管网的导管与槽盒应单独设置，管槽的总容量与类型应根据光缆敷设方式及终期容量确定，并应符合下列规定：

（1）地下通信管道的管孔应根据敷设的光缆种类及数量选用，宜选用单孔管、单孔管内穿放子管及栅格式塑料管。

（2）每一条光缆应单独占用多孔管中的一个管孔或单孔管内的一个子管。

（3）地下通信管道宜预留不少于 3 个备用管孔。

（4）配线管网导管与槽盒尺寸应满足敷设的配线光缆与用户光缆数量及管槽利用率的要求。

用户光缆采用的类型与光纤芯数应根据光缆敷设的位置、方式及所辖用户数计算，并应符合下列规定：

（1）用户接入点至用户单元信息配线箱的光缆根数、光纤芯数应根据用户单元用户对通信业务的需求及配置等级确定，配置应符合表 6.7 的规定。

表 6.7　光纤与光缆配置

配置	光纤/芯	光缆/根	备注
高配置	2	2	考虑光纤与光缆的备份
低配置	2	1	考虑光纤的备份

（2）楼层光缆配线箱至用户单元信息配线箱之间应采用 2 芯光缆。

（3）用户接入点配线设备至楼层光缆配线箱之间应采用单根多芯光缆，光纤容量应满足用户光缆总容量需要，并应根据光缆的规格预留不少于 10% 的余量。

（4）用户接入点外侧光纤模块类型与容量应按引入建筑物的配线光缆的类型及光缆的光纤芯数配置。

（5）用户接入点用户侧光纤模块类型与容量应按用户光缆的类型及光缆的光纤芯数的50% 或工程实际需要配置。

（6）设备间面积不应小于 10m^2。

（7）每一个用户单元区域内应设置 1 个信息配线箱，并应安装在柱子或承重墙上不被变更的建筑物部位。

6.7.3　缆线与配线设备的选择

（1）光缆光纤选择应符合下列规定：

①用户接入点至楼层光纤配线箱（分纤箱，如图 6.75 所示）之间的室内用户光缆应采用G.652 光纤。G.652 光纤是指零色散、波长在 1.3μm 的单模光纤。

②楼层光缆配线箱（分纤箱）至用户单元信息配线箱之间的室内用户光缆应采用 G.657光纤。G.657 光纤是为了实现光纤到户的目标，在 G.652 光纤的基础上开发的一个最新的光纤品种，这类光纤最主要的特性是具有优异的耐弯曲特性。

（2）室内外光缆选择应符合下列规定：

① 室内光缆宜采用干式、非延燃外护层结构的光缆。

② 室外管道至室内的光缆宜采用干式、防潮层、非延燃外护层结构的室内外用光缆。

（3）光纤连接器件宜采用 SC 和 LC 类型。

（4）用户接入点应采用机柜或共用光缆配线箱，配置应符合下列规定：

图 6.75　光纤配线箱(分纤箱)

① 机柜宜采用 600mm 或 800mm 宽的 19 英寸标准机柜。

② 共用光缆配线箱体应满足不少于 144 芯光纤的终接。

(5) 用户单元信息配线箱的配置应符合下列规定:

① 配线箱应根据用户单元区域内信息点数量、引入缆线类型、缆线数量、业务功能需求选用。

② 配线箱箱体尺寸应充分满足各种信息通信设备摆放、配线模块安装、光缆终接与盘留、跳线连接、电源设备和接地端子板安装以及业务应用发展的需要。

③ 配线箱的选用和安装位置应满足室内用户无线信号覆盖的需求。

④ 当超过 50V 的交流电压接入箱体内电源插座时,应采取强弱电安全隔离措施。

⑤ 配线箱内应设置接地端子板,并应与楼层局部等电位端子板连接。

6.8　光纤熔接实训

光纤连接的方法一般有熔接、活动连接、机械连接三种。在实际工程 ▶光纤熔接实训指导
中基本采用熔接法,因为熔接方法的节点损耗小,反射损耗大,可靠性高。

光缆熔接是一项细致的工作,特别在端面制作、熔接、盘纤等环节,要求操作者仔细观察,周密考虑,操作规范。盘纤时,要求布局合理,光纤的附加损耗小,经得住时间和恶劣环境的考验,可避免因挤压造成的断纤现象。光纤熔接示意图如图 6.76 所示。

【实训任务】

以小组为单位,每人完成 1 芯光纤熔接盘纤任务。要求:
(1)熔接损耗小于 0.01dB;
(2)盘纤时,要求布局合理、美观。

【实训步骤】

(1) 开启光纤熔接机,确认要熔接的光纤是多模光纤还是单模光纤,如图 6.77 所示。
(2) 测量光纤的熔接距离。

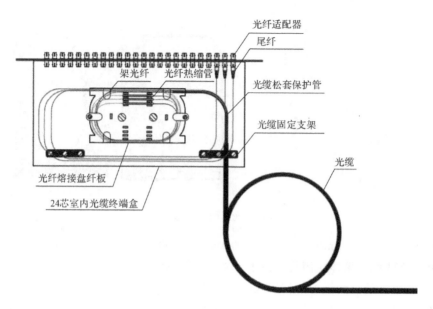

图 6.76　光纤熔接示意图

（3）用开缆工具去除光纤外部护套及中心束管，剪除凯夫拉纤维，除去光纤上的油膏。

（4）用光纤剥离钳剥去光纤涂覆层，其长度由光纤熔接机决定，大多数熔接机规定长度为 2～5cm，如图 6.78 所示。

图 6.77　设置模式

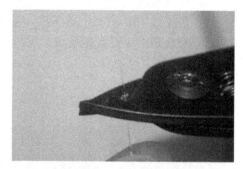

图 6.78　剥离涂覆层

（5）给光纤一端套上热缩套管，如图 6.79 所示。

（6）用酒精擦拭光纤，用切割刀将光纤切到规范长度，如图 6.80 所示。

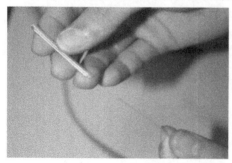

图 6.79　套上热缩套管

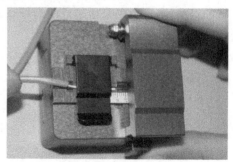

图 6.80　用切割刀进行规范长度的切割

（7）打开电极的护罩,将光纤放入 V 形槽,在 V 形槽内滑动光纤,在光纤端头达到两电极之间时停下来,如图 6.81 所示。

（8）两根光纤放入 V 形槽后,合上电极护罩,熔接机会自动对准光纤,如图 6.83 所示。

图 6.81　光纤放入 V 形槽内

图 6.82　合上电极护罩进行光纤熔接

（9）开始预熔光纤,过高压电弧放电把两光纤的端头熔接在一起。

（10）光纤熔接后测试接头损耗,做出质量判断,如图 6.83 所示。

（11）符合要求后将套管置于加热器中加热,保护接头,如图 6.84 所示。

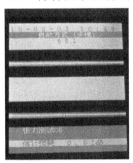

图 6.83　熔接耗损、张力测试

图 6.84　加热热缩套管

（12）将熔接好的尾纤卡进光纤配线架耦合器上,然后将热缩套管固定在配线架上,进行盘纤,如图 6.85、图 6.86 所示。

图 6.85　把熔接好的尾纤固定在配线架上

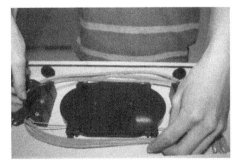

图 6.86　将尾纤盘好在法兰盘内

盘纤完成后的效果图如图 6.87 所示。

盘纤的方法有以下三种:

（1）先中间后两边,即先将热缩后的套管逐个放置于固定槽中,然后再处理两侧余纤。

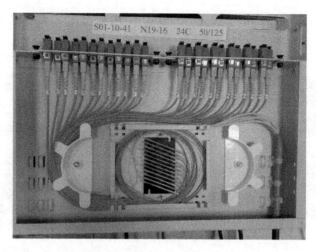

图 6.87　盘纤完成后的效果图

优点：有利于保护光纤接点，避免盘纤可能造成的损害。在光纤预留盘空间小、光纤不易盘绕和固定时，常用此种方法。

（2）从一端开始盘纤，固定热缩管，然后再处理另一侧余纤。优点：可根据一侧余纤长度灵活选择铜管安放位置，方便、快捷，可避免出现急弯、小圈现象。

（3）特殊情况的处理，如个别光纤过长或过短时，可将其放在最后，单独盘绕；带有特殊光器件时，可将其另一盘处理；若与普通光纤共盘时，应将其轻置于普通光纤之上，两者之间加缓冲衬垫，以防止挤压造成断纤，且特殊光器件尾纤不可太长。

6.9　光纤冷接实训

光纤快速接续连接器也叫光纤冷接子，是指不需要熔接机，只通过简　⊳光纤冷接实训指导
单的接续工具，利用机械对准连接技术实现入户光缆直接成端的方式，连
接器现场组装的过程中无须注胶、研磨。光纤快速接续连接器的国际品牌有美国 3M、日本藤仓和韩国 NWC，如图 6.88 所示。

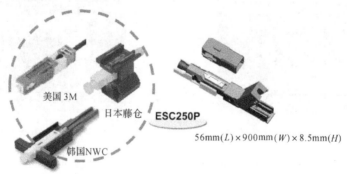

图 6.88　光纤快速接续连接器

　　光纤按快速接续连接器使用技术分为预置光纤和非预置光纤两大类。预置光纤的接续点设置在连接器内部,预置有匹配液;非预置光纤接续点在连接器表面,没有预置匹配液,直接通过适配器与目标光纤相连。非预置光纤接续理论是指现场接续连接器的接续点设置在插芯表面,现场光纤切割表面与标准连接器预研磨光纤球面连接接续,在两根光纤的活动连接之间仅有一个连接点的成端技术。

　　预置光纤接续理论是指现场接续连接器的接续点设置在连接器内部的 V 形槽中,预置光纤胶接在插芯中,V 形槽中放置有折射率近似纤芯的导光材料匹配液,如图 6.89 所示。

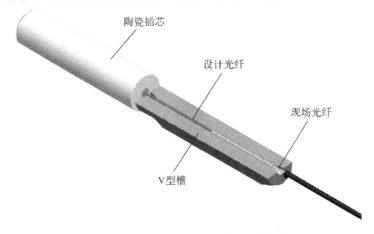

图 6.89　预置光纤接续连接器内部结构

　　匹配液是一种透明无色液体,透光折射率在 1.47 左右,与光纤的折射率大体相当,专门用于光纤接续点,可弥补光纤切割缺陷引起的损耗过大,有效降低菲涅尔反射。预置光纤接续连接器里的匹配液的示意图如图 6.90 所示。

图 6.90　预置光纤接续连接器里的匹配液

　　预置光纤内置点要求为研磨球面,通过球面与现场切割平面的无隙贴合来实现接续性能的优良,其内可以不用匹配液,就能保证较长的使用寿命,如图 6.91 所示。

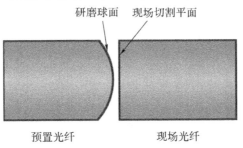

图 6.91　预置光纤内置点要求为研磨球面

大多预置光纤的内置点都采用切割处理,这样就造成了接续性能主要依靠匹配液来弥补间隙。如果匹配液热胀冷缩后流失或受到污染,接续性能将大幅度降低。

【实训任务】

利用 1 根 FTTH 单芯皮线光缆和 2 个光纤冷接子,制作完成一根光纤跳线。

【实训工具】

①酒精、②无尘纸、③光纤切割刀、④记号笔、⑤单芯皮线光缆专用剥线钳(图 6.92)、⑥剪刀、⑦适配器、⑧冷接头。

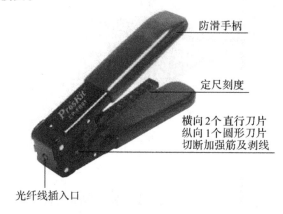

防滑手柄

定尺刻度

横向 2 个直行刀片
纵向 1 个圆形刀片
切断加强筋及剥线

光纤线插入口

图 6.92   单芯皮线光缆专用剥线工具

【实训步骤】

1.安装步骤

第一步,打开冷接头的包装,共有 3 个部件:主体、尾帽、外壳。保留 3M 冷接子的外包装,以备后续使用。

第二步,将外壳和尾帽依次套入 3mm 尾纤或 FRP 光纤入户皮线光缆。

第三步,将外护套剥除约 6cm(请保留 3mm 尾纤中的凯夫拉纤维并临时向后折)。

第四步,去除 $900\mu m$ 紧护套至外护套剥离处。

第五步,根据包装袋上的图示,用记号笔在离外护套剥离处 24mm 的位置做标记,标记在 $250\mu m$ 涂覆层上。

第六步,从 24mm 标记处剥除涂覆层,并用蘸有酒精无纺棉清洁光纤。

第七步,将 3mm 尾纤或 FRP 入户皮线光缆放置于切割适配器内,外护套剥离处与适配器内底部的标线对齐。注意:有些切割刀并不适用于 3M 切割适配器,有时这一步可以直接把光纤放入切割刀进行切割。

第八步,将切割适配器放置于切割刀适配器槽内,进行光纤切割。

第九步,从切割适配器中取出切割好的光纤,并与包装袋上的图示进行对比,确认长度符合要求。

第十步,将光纤切割好的光纤插入冷接头主体,注意将凯夫拉纤维整理在背面。

第十一步,当皮线光缆的外皮到达光缆限位处时,停止进一步插入。在 $250\mu m$ 涂覆层上可以明显观察到弯曲。

第十二步,确认光纤的弯曲,并保持弯曲,按压主体上白色的压接盖到底。

第十三步,释放光纤的弯曲,使其平直。

第十四步,恢复自然方向,并紧靠在冷接头主体背面,将尾帽套上冷接头主体,并旋紧。注意保持光纤始终平直。

第十五步,将外壳从光缆的方向推上主体。

至此操作完成。

2.重复使用冷接子

第一步,将防尘帽套在陶瓷芯上,然后用手指捏紧连接器外壳,向光缆方向用力推动,同时小幅度旋转,取出外壳。

第二步,将尾帽旋松并后退直至脱离冷接头本体。

第三步,取下主体上的防尘帽后,对应3个缝隙位置,将冷接头置在重复开启工具上,用力将主体向重复开启工具上按压,将主体上的压接盖顶起。

第四步,将光纤从冷接头主体内小心轴向抽出,注意在取出的过程中应尽量不要晃动光纤和主体,避免裸纤意外断裂在冷接头内导致无法重复使用。

6.10　校园网工程设计实训

▶园区网工程设计
实训指导

【实训任务】

某高级中学校要新建一个校区,拟在教学楼设置校区网络中心,校区内部骨干带宽1000Mbps,请你完成校园网系统集成设计。

任务一:绘制校园平面布线路由图,参考图6.93。

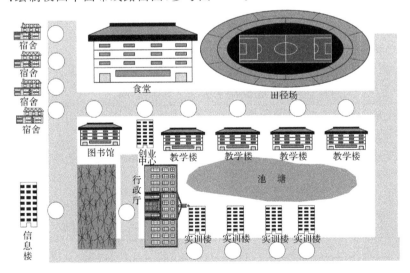

图6.93　某高级中学校园平面图

任务二:在园区网平面图的基础上,绘制光缆路由(图 6.94),并计算光缆的总米数。

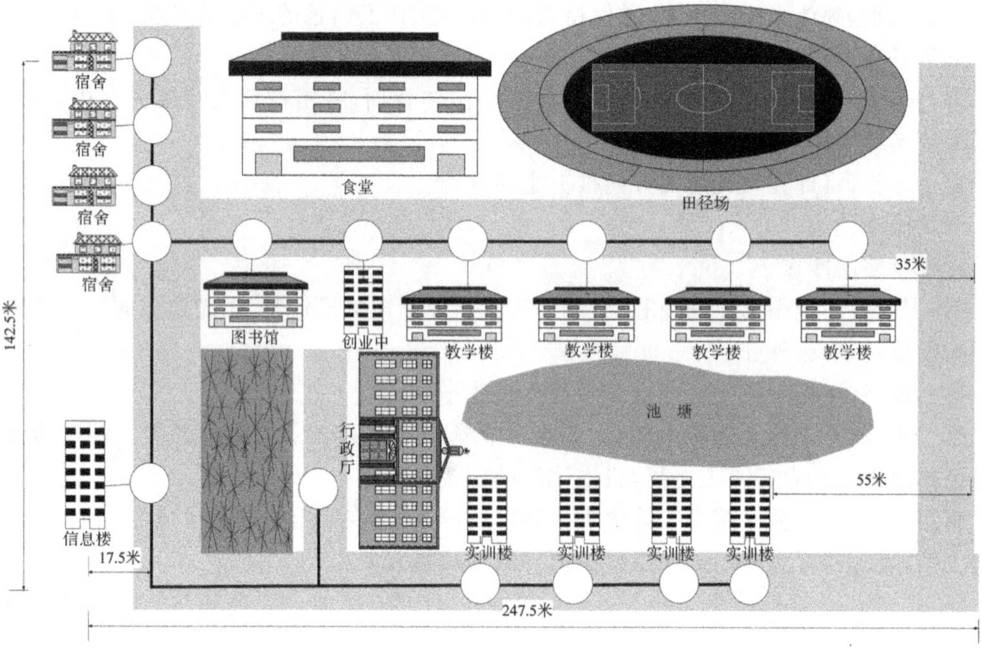

图 6.94 某高级中学校园网平面布线路由图

行政厅共三层,每层 50 间办公室,每间设置 2 个信息点。

教学楼共五层,1—4 层每层 20 间教室,每间设置 2 个信息点。5 层设置 20 个计算机教室,每个教室需要配备 50 台电脑,接入校园网。

学生宿舍共四幢,每幢七层,每层 30 间宿舍,每间设置 4 个网络信息点。

请完成校区校园网的网络工程设计。

1. 业务需求

学校主要的网络应用包括教学管理、学生管理、财务管理、办公 OA 系统,要在网络上完成教学信息的采集、处理、查询、统计,对学校行政、人事、财务、工资、资产、档案、宿舍的管理,以及提供必要的查询,并打印结果。

建立校区独立的 WEB、FTP 服务器,具有备份服务器。

通过电信专线接入 Internet,通过教育专线接入市教育网。

子网分布:教学管理子网,计算机教室子网,财务子网,行政子网,学生宿舍子网。

2. 流量需求

根据不同区域位置分析网络流量,并填入表 6.8 空白处,以便确定主干链路和接入层链路的带宽。

表 6.8 分区域网络流量分析

区域位置	业务类型	流量/Mbps	节点数	利用率	总流量
教学楼					
学生宿舍					
行政厅					

3. 广域网需求

（1）采用光缆接入电信网络，接入带宽为 100Mbps。

（2）采用 VPN 技术接入总校区。

4. 安全机制需求

（1）使用防火墙分割内部网和外部网。

（2）为了保证远程链接的安全，分校区校园网采用 VPN 方式访问总校区，并限制同时的访问量。

（3）限制级别访问内部财务数据，以及 OA 系统。

（4）内部网络使用 VLAN 分段，隔离广播域。

（5）隔离学生宿舍网络，只允许学生宿舍网络访问外部网络和内部课程网站、学生信息系统。

（6）保证行政厅与教学楼之间的冗余链路。

【实训步骤】

（1）要有具体的需求分析和清晰的系统功能介绍。

（2）用 Visio 绘制网络拓扑结构图。

（3）要有设备选型。

（4）要有设备明细和工程预算。

6.11 项目总结

在本项目中，我们了解了 VLAN、VPN、UPS、QoS、链路聚合、生成树、冗余、负载均衡、防火墙、存储、集群服务器、无线企业网等组网技术，懂得分层设计的思想，能够通过网络拓扑图分析网络的功能与特点，能够规划园区网 IP 地址方案，了解了 UPS、精密空调等机房建设知识，能够初步规划设计一个园区网的网络工程方案，并且掌握光纤熔接、冷接、盘纤、园区网图纸绘制等技能。

6.12 习题

1. 综合布线系统的网络连接设备中有哪几种连接转换设备？它们分别工作在 OSI 层次模型的哪一层？

2. 根据光纤两大分类方式，光纤可有哪些种类？

3. 简述单模光纤与多模光纤的区别。

4. 在布线工程中，光缆应如何分类？在综合布线的各个子系统中应分别选用何种光缆？

5. 屏蔽双绞线和非屏蔽双绞线在性能和应用上有什么区别？

6. 光缆与铜缆传输介质相比有哪些优点？

7. 以太网属于"基频"，即在一条传输线路上，同一个时间内只能传送一个数据，其介质取得方法主要是什么？

8. 光纤有哪几种测试方法？应如何使用？

9. 在测试光纤的时候，通常可以使用哪些设备？这些设备应该如何使用？

10. 已知某建筑物其中一楼层采用光纤到桌面的布线方案，该楼层共有 40 个光纤点，每个光纤信息点均布设一根室内 2 芯多模光纤到建筑物的设备间，则设备间的机柜内应选择何种规格的光纤配线架？数量是多少？需要订购多少个光纤耦合器？

11. 已知某校园网分为三个片区，各片区机房需要布设一根 24 芯的单模光纤到网络中心机房，以构成校园网的光纤骨干网络。网管中心机房为管理好这些光缆应配备何种规格的光纤配线架？数量是多少？需要光纤耦合器多少个？需要订购多少根光纤跳线？

项目 7

视频监控系统设计

在本项目中,我们要了解视频监控系统设计的主要技术,了解视频监控系统的主流产品,懂得主要设备的工作原理,了解布线方法,初步掌握设计一个园区的视频监控系统所需的基本技能。

本项目的学习重点:

- 视频监控系统的基本知识;
- 认识视频监控系统的主流产品;
- 根据用户要求设计基本的视频监控系统;
- 数字网络监控技术。

视频监控系统也称闭路电视监控系统,是安全技术防范体系中的一个重要组成部分,是一种先进的、防范能力极强的综合系统。它可以通过遥控摄像机及其辅助设备(镜头、云台等)直接观看被监视场所的一切情况,能实时、形象、真实地反映被监视控制对象的画面,已成为人们在现代化管理中监控的一种极为有效的观察工具。视频监控系统是应用光纤、双绞线、同轴电缆、微波在其闭合的环境内传输电视信号,从摄像到图像显示构成独立完整的电视系统,它能适时、形象、真实地反映被监控对象,不但极大地延长了人眼的观察距离,而且扩大了人眼的机能,它可以在恶劣的环境下代替人工进行长时间监控,让人能够看到被监视现场实际发生的一切情况,通过闭路电视监控系统录像记录下来,更好地保护了人身和财产的安全。闭路电视监控系统既省时间、省费用,又提高了工作效率,实现适时指挥和调度、处理和保存。因此,闭路电视监控系统已被广泛应用于各种场所:工业现场、商业场所、医疗单位、物业小区、道路交通、饭店、超市、文化场所及其他特殊办公地点等。同时它也是一种可以结合多媒体技术和计算机网络技术的系统。

7.1 了解视频监控系统

视频监控系统由摄像部分(有时还有麦克风)、传输部分、记录和控制部分以及显示部分四大块组成。在每一部分中,又含有更加具体的设备或部件。

1.摄像部分

摄像机就像整个系统的眼睛一样,把它监视的内容变为图像信号,传送到控制中心的监视器上。

对于摄像部分来说,在某些情况下,特别是在室外应用的情况下,为了防尘、防雨、抗高低温、抗腐蚀等,对摄像机及其镜头还应加装专门的防护罩,甚至对云台也要有相应的防护措施。

2.传输部分

传输部分就是系统的图像信号通路。我们这里所讲的传输部分,通常是指所有要传输的信号形成的传输系统的总和(电源传输、视频传输、控制传输等)。

在传输方式上,视频监控系统主要有模拟传输及数字传输两大类。模拟视频监控系统中多半采用视频基带传输方式,如果在摄像机距离控制中心较远的情况下,也有采用射频传输方式或光纤传输方式,特殊情况下还可采用无线或微波传输;数字视频监控系统主要采用以太网为载体进行传输,也有利用无线局域网进行传输的。

3.控制部分

总控制台中主要的功能有:视频信号放大与分配、图像信号的校正与补偿、图像信号的切换、图像信号(或包括声音信号)的记录、摄像机及其辅助部件(如镜头、云台、防护罩等)的控制(遥控)等等。

4.显示部分

显示部分一般由几台或多台监视器(或带视频输入的普通电视机)组成。它的功能是将传送过来的图像一一显示出来。

【思考题】

平常的生活中,你在哪些地方看到过监控系统?

◉监控系统的位置

7.2 视频监控系统的主要设备及其原理

7.2.1 摄像机概述

摄像机是拾取图像信号的设备,即被监视场所的画面是由摄像机将其光信号(画面)变为电信号(图像信号),其外形如图 7.1 所示。

目前,无论是彩色摄像机还是黑白摄像机,其光电转换的器件均采用了 CCD 或 CMOS 感光器件,即"电耦合"器件。摄像机通过它的镜头把被监视场所的画面成像在 CCD 或 CMOS 感光器件上,通过 CCD 或 CMOS 本身的电子扫描把成像的光信号变为电信号,再通过放大、整形等一系列信号处理,最后变为标准的视频信号输出。

摄像机的几个重要技术参数如下:

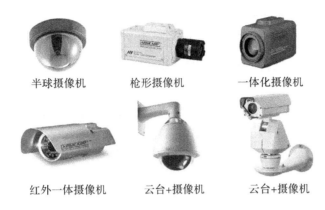

半球摄像机　　　枪形摄像机　　　一体化摄像机

红外一体摄像机　　云台+摄像机　　云台+摄像机

图 7.1　摄像机外形

1. 感光器件的尺寸

感光器件的成像尺寸常用的有 $1/2'$、$1/3'$、$1/4'$ 等,成像尺寸越小的摄像机的体积可以做得更小些。在相同的光学镜头下,成像尺寸越大,视场角越大,画质越好。

2. 分辨率

评估摄像机分辨率的指标是水平分辨率,其单位为线对,即成像后可以分辨的黑白线对的数目。常用的黑白摄像机的分辨率一般为 420~650 线对,彩色为 380~530 线对,其数值越大成像越清晰。一般的监视场合,用 420 线对左右的黑白/彩色摄像机就可以满足要求;而对于医疗、图像处理等特殊场合,用 600 线对的摄像机能得到更清晰的图像;数字摄像机的分辨率目前可达 1080 线对甚至更高。

3. 成像灵敏度(照度)

通常用最低环境照度要求来表明摄像机灵敏度,黑白摄像机的灵敏度大约是 0.02~0.5lx,彩色摄像机多在 1lx 以上。0.1lx 的摄像机用于普通的监视场合;在夜间使用或环境光线较弱时,推荐使用 0.02lx 的摄像机。与近红外灯配合使用时,也必须使用低照度的摄像机。

4. 电子快门

电子快门的时间在 1/50~1/100000s,摄像机的电子快门一般设置为自动电子快门方式,可根据环境的亮暗自动调节快门时间,得到清晰的图像。有些摄像机允许用户自行手动调节快门时间,以适应某些特殊应用场合。

7.2.2　摄像机的分类

1. 根据工作原理分类

根据工作原理可分为数字摄像机和模拟摄像机。数字摄像机是通过双绞线传输压缩的数字视频信号;模拟摄像机是通过同轴电缆传输模拟信号。数字摄像机与模拟摄像机的区别除了传输方式之外还有清晰度,数字摄像机像素可达到百万高清效果。

2. 根据外观分类

根据摄像机外观可分为枪机、半球、球机等。枪机多用于户外,对防水、防尘等级要求较高;半球多用于室内,一般镜头较小,可视范围广;球机可以 360°无死角监控。

3.根据摄像机功能分类

根据摄像机功能可分为宽动态、强光抑制、道路监控专用、红外摄像机、一体机等。应根据安装环境的具体需求选择合适的监控摄像机。

4.根据特殊环境应用分类

根据特殊环境应用,监控摄像机还可分为针孔摄像机、摄像笔、烟感摄像机等。主要适用于特殊环境下的图像采集。

7.2.3 摄像机镜头

摄像机镜头是视频系统最关键的设备,它的质量(指标)优势直接影响摄像机的整机指标。镜头相当于人眼的晶状体,如果没有晶状体,人眼看不到任何物体;如果没有镜头,那么摄像头所输出的图像就是白茫茫的一片,没有清晰的图像输出,这与我们家用摄像机和照相机的原理是一致的。摄像机镜头的外形如图 7.2 所示。

图 7.2 摄像机镜头

1.按结构分类

摄像机镜头按结构可分为固定光圈定焦镜头、手动光圈定焦镜头、自动光圈定焦镜头、手动光圈变焦镜头和自动光圈电动变焦镜头等。

(1)固定光圈定焦镜头。

镜头只有一个可以手动调整的对焦调整环,左右旋转该环可调节成像在感光器件上的图像的清晰度。因没有光圈调整环,其光圈不能调整,使进入镜头的光通量不能通过改变镜头因素而改变,只能通过改变视场的光照度来调整。结构简单,价格便宜。

(2)手动光圈定焦镜头。

手动光圈定焦镜头比固定光圈定焦镜头增加了光圈调整环,光圈范围一般从 F1.2 或F1.4 到全关闭,能方便地适应被摄现场的光照度,光圈调整是通过手动人为进行的。光照度比较均匀,价格较便宜。

(3)自动光圈定焦镜头。

在手动光圈定焦镜头的光圈调整环上增加一个齿轮啮合传动的微型电机,并从驱动电路引出 3 芯或 4 芯屏蔽线,接到摄像机自动光圈接口座上。当进入镜头的光通量变化时,摄像机感光器件上产生的电荷发生相应的变化,从而使视频信号电平发生变化,产生一个控制信号,传给自动光圈镜头,从而使镜头内的电机做相应的正向或反向转动,完成调整大小的任务。

(4)手动光圈变焦镜头。

焦距可变,有一个焦距调整环,可以在一定范围内调整镜头的焦距,其可变比一般为 2～

3 倍,焦距一般为 3.6~8mm。实际应用中,通过手动调节镜头的变焦环,可以方便地选择被监视地市场的市场角。但是当摄像机安装位置固定后,再频繁地手动调整变焦是很不方便的。因此,工程完工后,一般很少调整手动变焦镜头的焦距,仅起定焦镜头的作用。

(5) 自动光圈电动变焦镜头。

与自动光圈定焦镜头相比增加了两个微型电机,其中一个电机与镜头的变焦环合,当其转动时可以控制镜头的焦距;另一电机与镜头的对焦环合,当其受控转动时可完成镜头的对焦。但是,由于增加了两个电机且镜片组数增多,镜头的体积也相应增大。

(6) 电动 3 可变镜头。

与自动光圈电动变焦镜头相比,只是将对光圈调整电机的控制由自动控制改为由控制器来手动控制。

2.按场合分类

摄像机镜头按场合可分为:标准镜头、小视场镜头、普通镜头(约 50°左右)、广角镜头和特广角镜头(100~120°)等。

(1) 标准镜头。

视角约 50°,也是人单眼在头和眼不转动的情况下所能看到的视角。5mm 相机的标准镜头的焦距多为 40mm、50mm 或 55mm。120 相机的标准镜头焦距多为 80mm 或 75mm。感光器件的尺寸越大,则标准镜头的焦距越长。

(2) 广角镜头。

视角为 90°以上,适用于拍摄距离近且范围大的景物,又能刻意夸大前景表现强烈远近感,即透视。35mm 相机的典型广角镜头是焦距 28mm,视角为 72°。120 相机的 50mm 和 40mm 的镜头便相当于 35mm 相机的 35mm 和 28mm 的镜头。

(3) 长焦距镜头。

适于拍摄距离远的景物,景深小容易使背景模糊、主体突出,但体积笨重且对动态主体对焦不易。35mm 相机长焦距镜头通常分为三级,135mm 以下称中焦距,135~500mm 称长焦距,500mm 以上称超长焦距。120 相机的 150mm 的镜头相当于 35mm 相机的 105mm 镜头。由于长焦距的镜头过于笨重,所以有望远镜头的设计,即在镜头后面加一负透镜,把镜头的主平面前移,便可用较短的镜体获得长焦距的效果。

(4) 反射式望远镜头。

是另一种超望远镜头的设计,利用反射镜面来构成影像,但因设计的关系无法装设光圈,仅能以快门来调整曝光。

(5) 微距镜头(Marco Lens)。

除用作极近距离的微距摄影外,也可远摄。

在镜头规格(镜头规格一般分为 1/3″、1/2″和 2/3″等)一定的情况下,镜头焦距与镜头视场角的关系为镜头焦距越长,其镜头的视场角就越小;在镜头焦距一定的情况下,镜头规格与镜头视场角的关系为镜头规格越大,其镜头的视场角也越大。所以由以上关系可知:在镜头物距一定的情况下,随着镜头焦距的变大,在系统末端监视器上所看到的被监视场景的画面范围就越小,但画面细节越来越清晰;而随着镜头规格的增大,在系统末端监视器上所看到的被监视场景的画面范围就增大,但其画面细节越来越模糊。

7.2.4 云台与防护罩

云台是承载摄像机进行水平和垂直两个方向转动的装置,如图7.3所示。云台内装两个电动机:一个负责水平方向的转动,另一个负责垂直方向的转动。水平转动的角度一般为350°,垂直转动角度则为±45°、±35°和±75°等。水平及垂直转动的角度大小可通过限位开关进行调整。

图 7.3　云台

室内及室外云台:室内云台承重小,没有防雨装置;室外云台承重大,有防雨装置,有些高档的室外云台除有防雨装置外,还有防冻加温装置。

承重:为适应安装不同的摄像机及防护罩,云台的承重应是不同的。应根据选用的摄像机及防护罩的总重量来选用合适承重的云台。

控制方式:一般的云台均属于有线控制的电动云台。控制线的输入端有五个,其中一个为电源的公共端,另外四个分为上、下、左、右控制端。

防护罩是保证摄像机在有灰尘、雨水、高低温等情况下正常使用的防护装置,如图7.4所示。

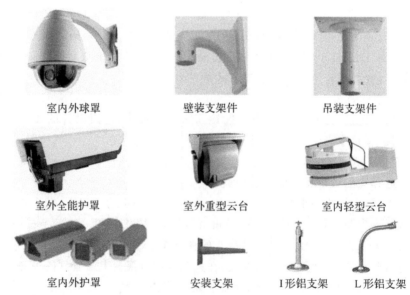

室内外球罩　　　　　壁装支架件　　　　　吊装支架件

室外全能护罩　　　　室外重型云台　　　　室内轻型云台

室内外护罩　　　安装支架　　Ⅰ形铝支架　　L形铝支架

图 7.4　云台防护罩及支架

室内用防护罩价格便宜,其主要功能是防止摄像机落灰并有一定的安全防护作用,如防盗、防破坏等。

室外防护罩一般为全天候防护罩,即无论刮风、下雨、下雪、高温、低温等恶劣情况,都能使安装在防护罩内的摄像机正常工作。为了在雨雪天气仍能使摄像机正常摄取图像,可在全天候防护罩上安装可控制的雨刷。

7.2.5 解码器

解码器(Decoder)是一种能将数字视、音频数据流解码还原成模拟视、音频信号的硬件/软件设备。在闭路电视监控系统工程中,解码器是属于前端设备的,有外置解码器与内置解码器之分,如图 7.5 所示。

室外型(外置解码器)　　　智能球(内置解码器)

图 7.5　外置解码器与内置解码器

外置解码器一般安装在配有云台及电动镜头的摄像机附近,有多芯控制电缆直接与云台及电动镜头相连,另有通信线(通常为 2 芯护套线或 2 芯屏蔽线)与监控室内的系统主机相连。同一系统中有很多解码器,所以每个解码器上都有一个拨码开关,它决定了该解码器在该系统中的编号(即 ID 号),在使用解码器时首先必须对拨码开关进行设置。在设置时,必须跟系统中的摄像机编号一致。如不一致,会出现操作混乱。例如:当摄像机的信号连接到主机第一视频输入口,即 CAM1,而相对应的解码器的编号应设为 1。否则,操作解码器时很可能在监视器上看不见云台的转动和镜头的动作,甚至可能认为此解码器有故障。

7.2.6 画面分割器

画面分割器有四分割、九分割、十六分割等,可把多个影像同时显示在一个屏幕上。可以在一台监视器上同时显示 4、9、16 台摄像机的图像,也可以单独显示某一画面的全屏,如图 7.6 所示。

四分割是最常用的设备之一,其性能价格比也较好,图像的质量和连续性可以满足大部分要求。九分割和十六分割价格较贵,而且分割后每路图像的分辨率和连续性都会下降,录像效果不好。大部分分割器除了可以同时显示图像外,也可以显示单幅画面,可以叠加时间和字符,设置自动切换、联接报警等。

图 7.6　画面分割器与四分割画面

7.2.7　矩阵切换器

矩阵切换器主要是配合电视墙使用,其最基本功能就是把任何一个通道的图像显示在任何一个监视器上,且相互不影响,又称"万能切换",现在一般还增加了更多的如序列切换、分组切换、群组切换、图像巡游等功能。一般用专用键盘控制矩阵的切换、云台的转动、变焦等,三维键盘可用摇杆直接控制云台的变焦功能。矩阵切换器的外形如图 7.7 所示。

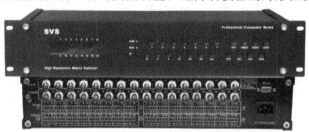

图 7.7　矩阵切换器

视频监控系统中使用的矩阵切换器主要分为传统矩阵主机和网络矩阵主机两类。传统矩阵主机主要是配合电视墙使用,完成画面切换的功能,不具备录像功能;网络数字矩阵是依据开放式网络视频监控系统的实际需求研制的新型数字矩阵系统,专为液晶电视墙系统设计。它可以实现传统模拟矩阵的全部切换功能,还可以实现 NVR 的录像功能。VGA 数字矩阵可以任意连接系统内的任意前端摄像机通道,连接到系统的视频通道信息(如网点信息、摄像机位置等)可以实时获得,同时可以根据需要选择可以录像的数字矩阵。对数字矩阵的操作可以利用鼠标或主控键盘在矩阵本机操作,也可以利用主控终端或管理中心进行远程操作,数字矩阵解码通道可以实现自动、手动切换、轮巡或组(群)切换。可以实现单画面或多画面的显示效果,支持报警自动放大显示等,单机可支持 64CIF 或 16 路 D1 解码通道,可支持 720P 或 1080P 高清解码,支持万能解码,不受前端编码设备限制。所谓 32 路进5 路出是指可以接 32 路视频输入,5 路视频输出。

7.2.8 数字视频录像机

数字视频录像机(Digital Video Recorder, DVR)一般采用硬盘录像, 故俗称硬盘录像机。它是一套进行图像存储处理的计算机系统, 具有对图像/语音进行长时间录像、录音、远程监视和控制的功能。其外形如图 7.8 所示。

图 7.8 监控录像机

DVR 采用的是数字记录技术, 在图像处理、图像存储、检索、备份以及网络传递、远程控制等方面也远远优于模拟监控设备。DVR 代表了电视监控系统的发展方向, 是模拟视频监控系统的首选产品。

硬盘录像机的原理是将视频信号送入计算机中, 通过计算机内的视频采集卡, 完成 A/D 转换, 并按照一定的格式进行存储。

有单路和多路硬盘录像机, 按照工作方式, 有嵌入式和独立系统两种。在高速公路监控系统中, 主要是独立系统的硬盘录像机。

主要的技术指标: 同时录制的路数, 每秒录制的帧数, 每帧的分辨率, 最长的录制时间等。

网络硬盘录像机(Network Video Recorder, NVR), 即网络视频录像机, 主要功能是通过网络接收网络摄像机(IPC)设备传输的数字视频码流, 并进行存储、管理, 从而实现网络化带来的分布式架构优势。简单来说, 通过 NVR, 可以同时观看、浏览、回放、管理、存储多个网络摄像机, 摆脱了电脑硬件的牵绊, 再也不用面对安装软件的烦琐。如果要实现所有摄像机网络化, 那么其必由之路就是要出现一个集中管理核心。

NVR 的产品形态可以分为嵌入式 NVR 和 PC 式 NVR(PC Based NVR)。嵌入式 NVR 的功能是通过固件进行固化, 基本上只能接入某一品牌的 IP 摄像机, 这样的 NVR 表现为一个专用的硬件产品。PC 式 NVR 的功能灵活强大, 这样的 NVR 更多地被认为是一套软件。

7.3 视频监控系统的主要配线

1. 电源线

电视监控系统中的电源线一般都单独布设, 在监控室安置总开关, 以实现对整个监控系统直接控制。一般情况下, 电源线是按交流 220V 布线, 在摄像机端再经适配器转换成直流

12V,这样做的好处是可以采用总线式布线且不需很粗的线,当然在防火安全方面要符合规范(穿钢管或阻燃 PVC 管),并离开信号线一定的距离。

有些小系统也可采用 12V 直接供电的方式,即在监控室内用一个大功率的直流稳压电源对整个系统供电。在这种情况下,电源线就需要选用线径较粗的线,且距离不能太长,否则就不能使系统正常工作。

电源线一般选用:RVV2×0.5、RVV2×0.75、RVV2×1.0 等。

2. 视频电缆

视频电缆选用 75Ω 的同轴电缆,通常使用的电缆型号为 SYV-75-3 和 SYV-75-5。它们对视频信号的无中继传输距离一般为 300～500m,当传输距离更长时,可相应选用 SYV-75-7、SYV-75-9 或 SYV-75-12 的粗同轴电缆(在实际工程中,粗缆的无中继传输距离可达 1km 以上),当然也可考虑使用视频放大器。一般来说,传输距离越长则信号的衰减越大,频率越高则信号的衰减也越大,线径越粗则信号衰减越小。当长距离无中继传输时,由于视频信号的高频成分被过多地衰减而使图像变模糊(表现为图像中物体边缘不清晰,分辨率下降),而当视频信号的同步头被衰减得不足以被监视器等视频设备捕捉到时,图像便不能稳定地显示了。

视频同轴电缆的结构,其中外导体用铜丝编织而成。不同质量的视频电缆其编织层的密度(所用的细铜丝的根数)是不一样的,如 80 编、96 编、120 编、128 编等。

3. 双绞线(网线)及光缆

在网络硬件中,主要的传输介质是铜缆双绞线以及光缆。双绞线是一种柔性的通信电缆,包含着成对的绝缘铜线,它的特点是价格便宜,所以被广泛应用。根据最大传输速率的不同,双绞线可分为 3 类、5 类、超 5 类、6 类以及 7 类。5 类双绞线的速率可达 100Mbps,而超 5 类则高达 155Mbps 以上,可以适合未来多媒体数据传输的需求,所以监控系统中使用的双绞线推荐采用 5 类甚至超 5 类双绞线。光纤光缆是新一代的传输介质,与铜质介质相比,光纤无论是在安全性、可靠性还是网络性能方面都有了很大的提高。光纤传输的带宽大大超出铜质线缆,而且其支持的最大连接距离达数千米以上,是组建较大规模网络的必然选择。数字视频监控系统中往往采用光缆作为其核心网络的主要传输介质。

4. RS-485 通信

RS-485 通信的标准通信长度约为 1.2km,如增加双绞线的线径,则通信长度还可延长。实际应用中,用 RVVP2×1.0 的 2 芯护套线作为通信线,其通信长度可达 2km。

5. 音频电缆

音频电缆通常选用 2 芯屏蔽线,虽然普通 2 芯线也可以传输音频,但长距离传输时易引入干扰噪声。在一般应用场合下,屏蔽层仅用于防止干扰,并于中心控制室内的系统主机处单端接地;但在某些应用场合,也可用于信号传输,如用于立体声传输时的公共地线(2 芯线分别对应于立体声的两个声道)。

常用的音频电缆有 RVVP2×0.3 或 RVVP2×0.5。

6. 控制电缆

控制电缆通常指的是用于控制云台及电动 3 可变镜头的多芯电缆,它一端连接于控制器或解码器的云台、电动镜头控制接线端,另一端则直接接到云台、电动镜头的相应端子上。由于控制电缆提供的是直流或交流电压,而且一般距离很短(有时还不到 1m),基本上不存在干扰问题,因此不需要使用屏蔽线。常用的控制电缆大多采用 6 芯电缆或 10 芯电缆,如 RVV-6/0.2、RVV-10/0.12 等。其中 6 芯电缆分别接于云台的上、下、左、右、自动、公共 6 个接线端。10 芯电缆除了接云台的 6 个接线端外,还包括电动镜头的变倍、聚焦、光圈、公共 4 个接线端。

7.4　传统视频监控系统的主要结构

1.硬盘录像监控

硬盘录像监控需要安装多台摄像机,要求在监视的同时进行录像,其监控结构如图 7.9 所示。

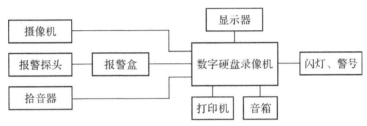

图 7.9　单监视器监控系统结构图

2.多监视器监控

多监视器监控方案包括多台摄像机,需要安装多台监视器同时监视不同的摄像机信号,其监控结构如图 7.10 所示。

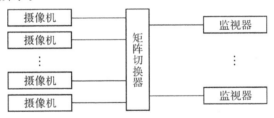

图 7.10　多监视器监控系统结构图

3.云台、镜头控制监控

云台、镜头控制监控包括多台摄像机,需要控制摄像机的方位以及调节摄像机镜头,其监控结构如图 7.11 所示。

4.大型综合模拟视频监控

大型模拟视频监控系统中,采用的摄像机数量比较多,为了能够对视频信号进行显示和录像,需要在视频监控系统加入硬盘录像机和视频矩阵切换器,并集中在电视监控墙上进行显示和切换,其监控结构如图 7.12 所示。

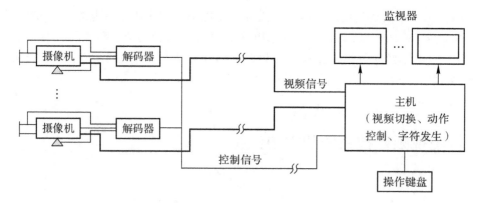

图 7.11　云台、镜头控制监控

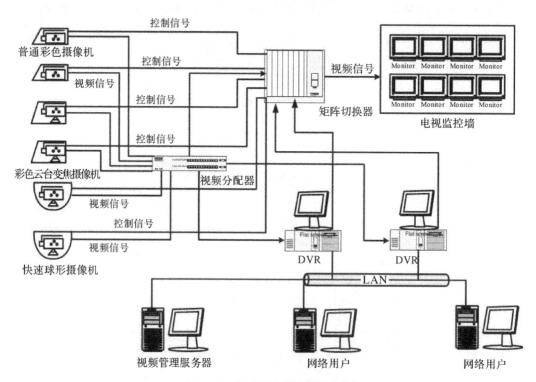

图 7.12　大型综合模拟视频监控

7.5　数字网络视频监控系统

　　网络化视频监视系统,也称为 IP 网络监视系统,基于标准的 TCP/IP 协议,能够通过局域网/无线网/互联网传输;采用开放式架构,可与门禁、报警、巡更、语音、MIS 等系统无缝集成;基于嵌入式技术,性能稳定,无须专人管理;灵活性大大提高,监控场景可以实现任意组合,任意调用。网络化视频监控系统的出现,使高清化、智能化视频监控及其大规模应用成为可能。

数字网络视频监控系统主要由网络硬盘录像机、网络摄像机、数字网络视频监控系统组成。

1. 网络硬盘录像机

网络硬盘录像机(Network Video Recorder,NVR)最主要的功能是通过网络接收网络摄像机(IP Camera,IPC)设备传输的数字视频码流,并进行存储、管理,从而实现网络化带来的分布式架构优势。简单来说,NVR 是一台专用计算机,采用嵌入式系统,无须维护软、硬件,通过 NVR 可以同时观看、浏览、回放、管理、存储多个网络摄像机,集中管理视频监控系统。NVR 的部署结构如图 7.13 所示。

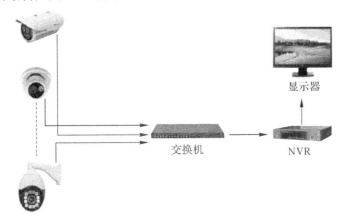

显示器

交换机 NVR

图 7.13 NVR 部署结构

2. 网络摄像机

网络摄像机通常也被称为 IP 摄像机,是一种高度集成化的产品,可以看作一台摄像机和一台微型服务器的结合体,是完全数字化的产品。

视频图像由其摄像机部分进行采集,即将组成图像的各种光信号转化为电信号,同时还进行曝光控制、快门控制、白平衡调整、亮度色度调整以及背光补偿等常见的图像调整工作;采集来的视频图像通过嵌入在网络摄像机内部的视频压缩/处理芯片进行压缩、编码并通过网络进行传输,同时芯片也可以实现相应的智能分析、报警事件管理安全防护和加密等数字化功能,以及提供 HTTP、TCP、SNMP 等多种网络服务。

由于视频图像在网络摄像机中直接完成了数字化处理,并通过标准的网络协议进行传输,因此无须再进行其他的模数转换,从而能够充分保持图像的清晰度。用户只需通过电脑连接到网络就可以观看视频图像,而录像设备也只需要直接获取相应的数字化视频信息并进行存储即可,从而大大方便了视频数据的共享、存储和与其他系统的集成。

视频监控显示中心主要采用网络数字视频矩阵为中心,利用数字视频矩阵的内在功能实现监控信息的集中显示,实现轮询、分组循环切换、多画面监视等功能,并实现多显示屏的拼接显示和突出显示等功能。网络数字视频监控的录像主要依靠网络视频录像机 NVR 实现,并结合流媒体服务器实现网络视频信息的显示、传输和存储功能。在视频信息的基础上,往往添加了更多高级的安防功能,如移动侦测、画面拼接、遗留物检测、特征识别等等。

3.数字网络视频监控系统

数字网络视频监控系统一般采用有源以太网供电(Power over Ethernet,POE)。POE指的是在现有的以太网5类布线基础架构不做任何改动的情况下,利用双绞线白棕-棕线对在为一些基于IP的终端(如IP电话机、无线局域网接入点AP、网络摄像机等)传输数据信号的同时,提供直流供电的技术。POE技术能在确保现有结构化布线安全的同时保证现有网络的正常运作,最大限度地降低成本。

数字网络视频监控系统POE供电设备为POE交换机,POE交换机端口支持输出功率达15.4W或30W,符合IEEE 802.3af/802.3at标准,通过网线供电的方式为标准的POE终端设备供电,免去额外的电源布线。符合IEEE 802.3at的POE交换机,端口输出功率可以达到30W,受电设备可获得的功率为25.4W。通俗地说,POE交换机就是支持网线供电的交换机,其不但可以实现普通交换机的数据传输功能,还能同时对网络终端进行供电。

7.6 视频监控系统设计步骤

7.6.1 明确设计目标与内容

通过需求分析,了解视频监控系统的基本功能要求。

(1)视频安防监控系统能对需要进行监控的建筑物内(外)的主要公共活动场所、通道、电梯厅、重要部位和区域等进行有效的视频探测与监视,以及图像显示、记录与回放。

(2)前端采集设备的最大视频(音频)探测范围能满足现场监视覆盖范围的要求,摄像机灵敏度与环境照度相适应,监视和记录图像效果满足有效识别目标的要求,并与环境相协调。

(3)系统的信号传输设计保证图像质量、数据的安全性和控制信号的准确性。

(4)系统控制功能设计要保证对现场发生的图像、声音信息的及时响应,监视图像信息和声音信息具有原始完整性,并满足管理要求。

(5)图像记录功能设计要考虑记录图像的回放效果能满足资料的原始完整性,视频存储容量应满足记录时间要求,回放带宽与检索能力满足管理要求。

(6)系统监视或回放的图像应清晰、稳定,显示方式和图像帧率(回放帧率)应满足安全管理要求。

(7)数字视频系统支持网络用户依据权限远程访问实时和历史图像,并能通过网络实现远程管理。

(8)系统具有与其他系统联动的接口,能够响应其他系统的联动信号或向其他系统发出联动信号。

(9)具有视频移动报警的系统,能任意设置视频警戒区域和报警触发条件,并能启动录像。

7.6.2   计算视频存储容量

设计视频监控系统时,必须计算网络硬盘录像机的容量,该容量与摄像头数量、摄像时间、保存天数、录像质量以及磁盘的冗余空量有关。其计算公式如下:

$$R = \frac{L \times T \times D \times Q}{\eta}$$

式中:R——视频存储容量(字节),实际计算机可换算成 MB/GB/TB;

L——视频摄像头的数量(个);

T——每天的摄像时间(时/天);

D——摄像视频保存天数(天);

Q——视频存储质量(字节/时);

η——容量冗余率,0.8~0.9,一般取 0.9,即冗余 10%。

视频存储质量一般分为四档:CIF(352×288)码率约为 512Kbps,D1(704×576)约为 2Mbps,720P(1280×720)约为 4Mbps,1080P(1920×1080)约为 8Mbps。

【例 7-1】   如果需要对 100 路视频进行 24 小时记录,保存时间为 30 天,图像存储质量为 CIF(每路按 512Kbps 计算),容量冗余设计考虑为 10%,计算硬盘容量应为多少 TB?

解:

1h=3600s;512Kbps=512bit/s;1Byte=8bit

视频存储质量 Q=512×3600/8=0.5×450=225(MB/h)

R=100×24×30×225/0.9=18000000(MB)=17.17TB

7.6.3   视频监控系统的图纸绘制

1.绘制系统原理图

图纸应符合国家制图相关标准规定,系统原理图应包括:主要设备类型及配置数量;信号传输方式、系统和设备连接关系;供电方式;接口方式(含与其他系统的接口关系);其他必要的说明。

2.绘制安装、施工用图

安装施工平面布线路由图绘制要求:前端设备安装图可根据需要提供安装说明和安装大样图;系统及分系统接线图应说明系统各部件的连接关系;各类有关的防范区域,应根据平面布线路由图明显标出,以检查防范的方法以及区域是否符合设计要求。相同的平面、相同的防范要求,可只绘制一层或单元一层平面,局部不同时,应按轴线绘制局部平面布线路由图。

设备器材安装部位的标注要求:前端设备布防图应正确表明设备器材安装位置和安装方式、设备编号、设备布置的位置力求准确,墙面或吊顶上安装的器件要标出距地面的高度(即标高)。凡施工图中未注明或属于共性的情况,以及图中表达不清楚者,均需加以补充说明。

3.绘制监控中心布局图

监控中心布局图的绘制要根据监控区域的物理平面布局绘制,要注明监控系统相关的各种设备的名称及型号;电视墙及操作台结构图的绘制要明确电视墙及操作台的外形尺寸、规格型号;设备等电位联结图的绘制要按照国家标准图集《等电位联结安装》(02D501-2)绘制,要标记各个设备防间接接触电击和防电磁干扰的等电位联结的位置。

4.绘制管线、桥架敷设图

管线、桥架敷设图的绘制要求:

(1)管线敷设图可根据需要提供管路敷设的局部布置图。

(2)管线走向设计应对主干管路的路由等进行说明。

标注线缆的方法和要求:管线敷设图应标明管线的敷设安装方式、型号、路由、数量、末端出线盒的位置等。分线箱应根据需要标明线缆的走向、端子号。

7.7 小型视频监控系统设计实训

▶小型视频监控系统
设计实训指导

【实训任务】

某小型超市计划实施监控系统,具体说明如下:

1.微型、小型超市等商铺简单监控系统概况

小型超市等零售业经营面积较小、环境简单,经营者在视频监控方面投入不会太多,因此小型超市等零售业网络视频监控系统还是以经济性为主,实现现场监视、记录、查询、报警等功能即可。要求用价格便宜、功能适中、性能价格比高的网络视频监控设备。

2.应用需求

(1)预防威慑作用:零售业网络视频监控系统建设后,摄像头会威慑一些有不法企图的顾客。

(2)防盗作用:店内顾客较多时,营业人员可以通过现场显示,直接发现顾客偷窃行为而制止,从而减少盗窃的发生。

(3)解决纷争作用:顾客或多或少总要与小型超市等零售业收银人员发生有关钱币的纷争,零售业网络视频监控系统可以为快速解决纷争提供依据。

(4)应对突发事件:夜间是犯罪的高发时间,系统可以记录下任何对小型超市等零售业的不法行为,为公安机关侦破案件提供直接而有力的证据。

(5)远程视频管理作用:通过远程视频监控管理,使经营者很方便地了解店内员工的工作面貌、服务态度、收银情况,为考核员工绩效提供依据。

3.摄像机布局及小型商铺示意图

摄像机布局及小型商铺如图7.14所示。

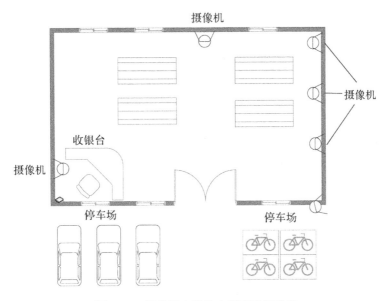

图 7.14　摄像机布局及小型商铺示意图

【实训步骤】

（1）根据微型、小型超市等商铺的特点，要求对收银台加入声音监听，要求用拾音器进行声音监听。

（2）根据上述实验概述材料，结合具体情况，室内监控所用摄像机均采用半球摄像头，要求能在微弱灯光照明条件下使用；室外停车场要求采用枪型摄像机，并加上相应的防护罩。

（3）其他监控设备请根据场地及实际情况，选用合适产品。

（4）利用 Visio 等软件绘制本工程的视频监控系统拓扑结构图，要求层次清晰，连线准确。

（5）完成主要设备的设备选型，含配套的辅助设施，并完善设备清单列表（表 7.1）。

表 7.1　监控设备清单

序号	设备名称	品牌规格	单价	数量	特征
	设备总价				

7.8　项目总结

在本项目中,我们了解了视频监控系统的基本知识及其主流产品;学会了根据用户要求设计基本的视频监控系统;能够结合课程前期知识进行综合布线设计。通过学习我们了解了视频监控系统设计与网络工程的联系与区别,进一步实践了综合布线技术的应用。

7.9　习题

1. 硬盘录像机成像的结构是什么?
2. 数字视频监控的优点是什么?
3. 监控中有哪几种主要的分辨率?
4. 球机中,常用的几种波特率是如何设置的?
5. 为什么要使用矩阵切换器?
6. 为什么要使用画面分割器?
7. 怎样判断视频编码器出现死机状态? 怎么处理?
8. CMOS 和 CCD 摄像机的区别? 现监控大多使用哪类摄像机?
9. 数字网络视频监控系统布线能和计算机网络布线一起施工吗? 为什么?
10. 如果需要对 28 路视频进行 24 小时记录,保存时间为 25 天,图像存储质量为720P,容量冗余设计考虑为 10%,计算硬盘容量应为多少 TB?

工程管理与竣工验收

在本项目中,我们要学习工程管理的知识,包括材料管理、施工管理、质量管理、安全管理、文档管理、客户关系管理和技术管理等内容,了解工程监理的工作过程,了解工程建设资质的申报流程。

本项目的学习重点:

- 项目管理;
- 质量管理;
- 工程监理;
- 工程建设资质;
- 工程竣工验收。

8.1 工程项目管理

工程项目管理是指工程项目的管理人员在有限的资源约束下,运用系统的观点、方法和理论,对项目涉及的全部工作进行有效管理,即从项目的投资决策开始到项目结束的全过程进行计划、组织、指挥、协调、控制和评价,以实现项目的目标。工程项目管理的组织机构如图 8.1 所示。

项目经理人也就是项目负责人,负责项目的组织、计划及实施过程,以保证项目目标的成功实现。项目经理人应具备以下素质:

(1)有管理经验,是一个精明而讲究实际的管理者;

(2)拥有成熟的个性,具有个性魅力,能够使项目小组成员快乐且有生气;

(3)与高层领导有良好的关系;

(4)有较强的技术背景;

(5)有丰富的工作经验,曾经在不同岗位、不同部门工作过,与各部门之间的人际关系较好,这样有助于他展开工作;

(6)具有创造性思维;

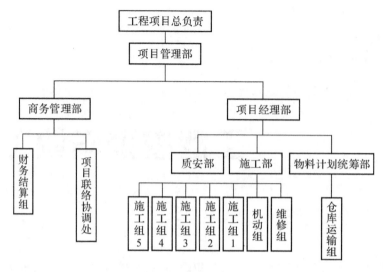

图 8.1　项目组织机构

（7）具有灵活性，同时具有组织性和纪律性。

网络工程的项目管理可以分为材料管理、施工管理、质量管理、安全管理、客户关系管理、技术管理和文档管理等七部分内容。

8.1.1　材料管理

材料管理是很多项目经理都会忽略的问题，但实际上由于系统集成的物料非常多，又一般无法用计算机进行管理，而工程的每一件材料直接影响到系统的顺利实施，这就要求项目经理一定要重视对现场材料管理，必须达到以下几点：正确、及时、专人负责。要做到正确、及时，现场材料管理也必须事事有记录，即供料有记录，取料有记录，换料有记录，这实际上是材料管理中的文档问题。

1. 工作要点

（1）进行材料入库前的检查验收。

（2）填写材料进库凭入库单，如图 8.2(a)所示。

（3）填写材料出库凭出库单，如图 8.2(b)所示。

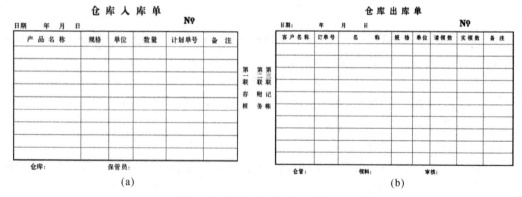

（a）　　　　　　　　　　　　　　　　　（b）

图 8.2　仓库入库单、出库单参考

2.工作措施

(1)加强现场管理,合理安排材料进场和堆放,减少二次搬运和损耗。

(2)加强材料的管理工作,做到不错发、错领材料,不丢弃遗失材料,施工班组要合理使用材料,做到材料精用。在敷设线缆时,既要留有适量的余量,还应力求节约,不予浪费。

(3)材料管理人员要及时组织使用材料的发放,以及施工现场材料的收集工作。

8.1.2 施工管理

施工管理要建立正确的项目实施流程,工程实施流程的确立,明确了工程实施各步骤的顺序。凡事预则立,不预则废,工程实施一定要有计划。工程要求有工程计划,有月计划,有周计划,又要有总结。工程计划推荐使用甘特图。

甘特图(Gantt Chart)又叫横道图、条状图(Bar Chart)。它是以图示的方式通过活动列表和时间刻度形象地表示出任何特定项目的活动顺序与持续时间。甘特图是在第一次世界大战时期发明的,以亨利·L.甘特先生的名字命名。他制定了一个完整地用条形图表进度的标志系统。甘特图内在思想简单,基本是一条线条图,横轴表示时间,纵轴表示活动(项目),线条表示在整个期间上计划和实际的活动完成情况,能直观地表明任务计划在什么时候开始,什么时候结束,能反映出实际进展与计划要求的对比。管理者由此能极为便利地弄清一项任务(项目)还剩下哪些工作要做,并可评估工作进度。

常见的甘特图的设计软件有 Microsoft Office Project、Gantt Project、OpenProj、LiveProject Viewer 等等。设计出来的甘特图如图 8.3 所示。

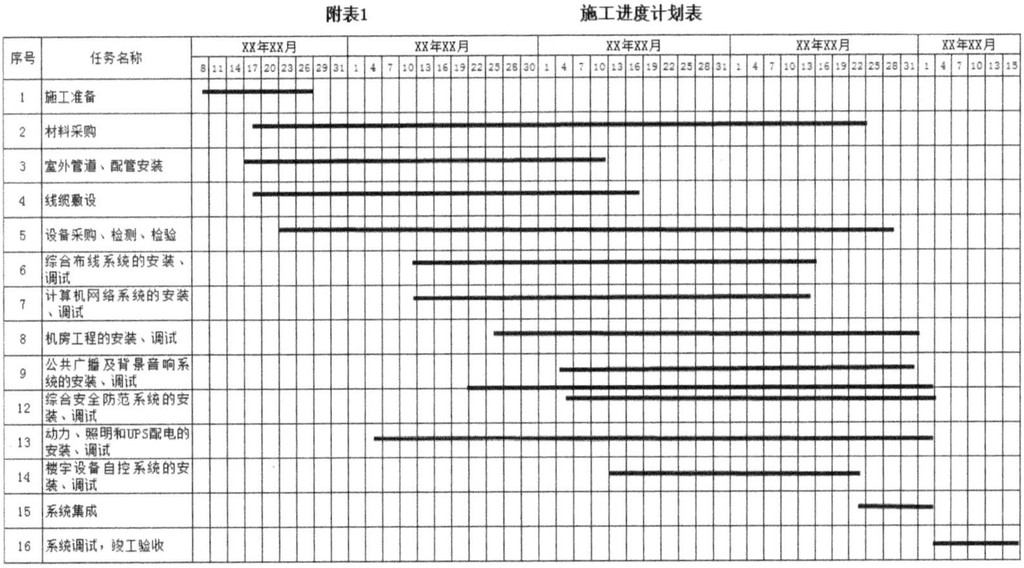

图 8.3　施工进度计划

在计划管理中一定要注意以下几点:

(1)科学安排施工程序,搞好劳动力、机具、材料的综合平衡,向管理要效益。平时施工现场由1~2人巡视了解土建进度和现场情况,做到有计划性和预见性。当具备预埋条件时,应采取见缝插针,集中人力预埋的办法,节省人力、物力。

(2)合理组织工序穿插,缩短工期,减少人工、机械及有关费用的支出。

(3)系统集成中影响进度的因素较多,要求计划不能一成不变,要不断随具体情况调整。

(4)制订计划要各部门共同参与,因为系统集成一般需要多种学科的配合,可能各人不了解其他人的工作内容,这就要求关键人物都要参与计划的制订。

(5)整个项目组一定要共同了解和掌握工程进度,要求做到步调一致。

在综合布线工程施工前必须先编制施工进度计划,安排好前后序作业和平行作业的工序,其次序如下:

① 与土建工程同时进行的布线工程,首先检查竖井、水平管槽、桥架、信息插座底盒是否已安装到位,布线路由是否全线贯通,设备间、电信间是否符合要求,对于需要安装桥架的布线工程来说,首先需要安装竖井垂直桥架、水平桥架以及信息插座底盒等。

② 完成主干子系统——光缆、双绞线或大对数电缆布线。

③ 完成配线子系统——双绞线水平布线。

④ 安装用户端口模块和信息插座底盒面板。

⑤ 为各设备间安装机柜及配线架。

⑥ 为各设备间的跳线设备做端接。

⑦ 做全面性的测试,包括光纤及双绞线,并提供报告给用户。

8.1.3 质量管理

工程质量的好坏,关系到企业的生死存亡。要发展就要把质量放在首位,更要将其落实到企业的每一名员工心中,形成牢固的质量意识;求品质,更要注重细节,从小事做起,要像呵护生命一样呵护产品质量。

国家标准(GB/T 19001－2008)对质量下的定义为,质量是用户对一个产品(包括相关的服务)满足程度的度量。质量是产品或服务的生命。质量受企业生产经营管理活动中多种因素的影响,是企业各项工作的综合反映。要保证和提高产品质量,必须对影响质量的各种因素进行全面而系统的管理。

全面质量管理(Total Quality Management,TQM)就是企业组织全体职工和有关部门参加,综合运用现代科学和管理技术成果,控制影响产品质量的全过程和各因素,经济地研制生产和提供用户满意的产品的系统管理活动。

质量管理体系(Quality Management System,QMS),ISO 9001:2005 其的标准定义为"在质量方面指挥和控制组织的管理体系",通常包括制定质量方针、目标以及质量策划、质量控制、质量保证和质量改进等活动。实现质量管理的方针目标,有效地开展各项质量管理活动,必须建立相应的管理体系,这个体系就叫质量管理体系。其图标和证书如图 8.4、图8.5 所示。

质量管理体系是企业内部建立的、为保证产品质量或质量目标所必需的、系统的质量活动。它根据企业特点选用若干体系要素加以组合,加强从设计研制、生产、检验、销售、使用全过程的质量管理活动,并予以制度化、标准化,成为企业内部质量工作的要求和活动程序。在现代企业管理中,质量管理体系最新版本的标准是 ISO 9001:2008,是企业普遍采用的质

图 8.4　质量管理体系图标

图 8.5　质量管理体认证证书

量管理体系。

在网络工程中,现场作业的质量控制显得非常重要。对质量的追求是无止境的,并且是有代价的,现场作业管理应有明确的程序和质量保证体系。程序和质量保证体系的建设应以 ISO 9001 的作业标准来进行。根据工程实施流程,建立质量保证体系,对工程进行检查,跟踪质量保证体系运作过程和分析造成不良工程的主要因素,制定相应的措施和制度,明确质检和整改责任人,使工程的质量一直处于闭环控制状态。因此必须将对质量的要求以标准形式固定下来,每一道工序应有人检查,每一个工作应有人负责整改。只有达到了标准才算通过,不达标准就要返工。

8.1.4　安全管理

工程安全在世界各国都是一个受到普遍关注的重要问题。广义的工程安全包含两个方面的含义:一方面是指工程建筑物本身的安全,即质量是否达到了合同要求、能否在设计规定的年限内安全使用,设计质量和施工质量直接影响到工程本身的安全,两者缺一不可;另一方面则是指在工程施工过程中人员的安全,特别是合同有关各方在现场工作人员的生命安全。

1. 从思想上增强安全意识

安全生产体现了“以人为本、关爱生命”的思想。随着社会化大生产的不断发展,劳动者在生产经营活动中的地位不断提高,人的生命价值也越来越受到重视。从业人员要对国家颁布的法律、法规及部门规章,施工安全技术标准进行学习,并在生产过程中依法办事,不断提高安全意识,提高从业人员的安全素质,才能把人的不安全因素和事故隐患降至最低限度,从而做到预防事故,减少人身伤亡。

2. 从物质上增强安全条件

在作业过程中,除了要增强安全意识,提高必要的安全条件也是实现安全生产的物质基础。施工单位应当将施工现场的办公、生活区与作业区分开设置,并保持安全距离。在进入不同区域时要有明显标志,如进入作业区,必须头戴安全帽。在施工起重机械、临时用电设施、脚手架、出入通道口、楼梯口、电梯井口等都要有设置不同的安全警示标志。高空作业或井下作业都要提供必要的安全设备,方可进行工作。

3. 从制度上增强安全保障

在安全保障管理过程中,靠人管人很难做到有效管理,只有通过建立规章制度,才能真正落实实施。施工单位应当在施工现场建立安全生产、消防安全责任制度。施工单位应当为施工现场从事危险作业的人员办理意外伤害保险。施工单位应当制定生产安全事故应急救援预案,并定期组织操练。建立安全生产责任制,要对各级负责人、各职能部门以及各类施工人员在管理和施工过程中应当承担的责任做出明确的规定。组织有关人员集中检查和日常检查相结合的制度。

具体措施有:

(1)建立安全生产岗位责任制;

(2)安全专员须每半月在工地现场举行一次安全会议;

(3)进入施工现场必须严格遵守安全生产纪律,严格执行安全生产规程;

(4)项目施工方案要分别编制安全技术措施;

(5)严格执行安全用电制度;

(6)电动工具必须要有保护装置和良好的接地保护地线;

(7)注意安全防火;

(8)登高作业时,一定要系好安全带,并有人进行监护;

(9)建立安全事故报告制度。

8.1.5 客户关系管理

客户关系管理(Customer Relationship Management,CRM)是一个不断加强与顾客交流,不断了解顾客需求,并不断对产品及服务进行改进和提高以满足顾客的需求的连续的过程。它是企业利用信息技术(IT)和互联网技术实现对客户的整合营销,是以客户为核心的企业营销的技术实现和管理实现。客户关系管理注重的是与客户的交流,企业的经营是以客户为中心,而不是传统的以产品或以市场为中心。为方便与客户的沟通,客户关系管理可以为客户提供多种交流的渠道。客户关系管理可以借助软件平台来实现,将移动 Web 应用、呼叫中心、邮件服务都整合到软件平台中,通过大数据分析更直接、高效地得到客户的需求,如图 8.6 所示。

客户关系管理是客户满意度管理的一部分。客户满意度(Consumer Satisfactional),也叫客户满意指数。

系统集成要求以用户需求为导向,对客户关系的管理也紧紧围绕它展开。系统集成本身就是一个系统工程,它不像一个具体的产品,比如冰箱,如果客户买了一个冰箱,他只能用冰箱现有的几项功能,但这些功能是大众化的,若这个客户有一些具体的特别的需求就无法满足。可是系统集成就不一样,首先要知道客户的需求,和客户达成一致的意见,最后才能设计和实施。

在客户关系管理中要注意:

(1)什么是客户的真正需求?

图8.6 客户关系管理

(2)哪些是客户需求中的重要部分,哪些是客户需求中的次要部分?

(3)与客户做好沟通,实现客户的需求,对客户超出系统功能的需求给予合理解释。

(4)与客户互通系统的标准,做好客户的培训。

(5)明白客户的决策链,做好系统验收工作。

8.1.6 技术管理

工程技术管理是对工程的全部技术活动所进行的管理工作。其基本任务是贯彻国家技术政策、执行标准、规范和规章制度,明确划分技术责任,保证工程质量,开发施工新技术,提出施工技术水平。

由于系统集成的创造性及多学科参与的特点,系统集成在现场有许多非标问题要解决。各学科一定要协调配合,才能产生最佳结果。因此,系统集成的技术管理就显得非常重要。项目经理不但要懂得管理知识,还要通晓各学科专业知识,要注意各环节的配合,在技术管理中要注意以下几点:

(1)重视每一种学科在项目中的应用。多学科的配合往往有超出传统技术解决问题的办法。

(2)重视技术文档的作用,要求技术文档要及时、具体、明白,特别是一些非标的工作,更要详细留档,以便今后的审查和改进。

(3)对项目组技术人员的管理与对施工人员的管理不一样,技术人员往往只关心自己的技术,不愿意干涉项目中的各种协调等,对他们应创造出适合其工作的环境,应尊重并及时表彰他们的科研成果,应造就出项目目标明确、积极向上的团体精神。

技术管理的具体工作主要有图纸会审、技术交底、工程变更等。

1. 图纸会审

图纸会审是指工程各参建单位(建设单位、监理单位、施工单位)在收到设计院施工图设计文件后,对图纸进行全面细致的熟悉,审查出施工图中存在的问题及不合理情况并提交设计院进行处理的一项重要活动。图纸会审由建设单位组织并记录。通过图纸会审可以使各参建单位特别是施工单位熟悉设计图纸、领会设计意图、掌握工程特点及难点,找出需要解决的技术难题并拟定解决方案,从而将因设计缺陷而存在的问题消灭在施工之前。

2. 技术交底

技术交底，是在某一单位工程开工前，或一个分项工程施工前，由技术主管向参与施工的人员进行的技术性交代。其目的是使施工人员对工程特点、技术质量要求、施工方法与措施和安全等方面有一个较详细的了解，以便于科学地组织施工，避免技术质量等事故的发生。这一过程主要交代工程项目的功能与特点、设计意图与要求，介绍施工中可能遇到的问题，和经常性犯错误的部位，要使施工人员明白该怎么做和操作规范是什么。

3. 工程变更

工程变更是指按照合同约定的程序对部分或全部工程在材料、工艺、功能、构造、尺寸、技术指标、工程数量及施工方法等方面做出的改变。变更是指承包人根据监理签发设计文件及监理变更指令进行的、在合同工作范围内各种类型的变更，包括合同工作内容的增减、合同工程量的变化，因不可抗力引起的设计更改，根据实际情况引起的结构物尺寸、标高的更改，以及合同外的任何工作的变更等。

8.1.7　文档管理

工程文档管理是对工程资料的系统性管理，这在工程建设中非常重要。工程资料是工程建设全过程中形成并收集汇编的文件或资料的统称，是工程建设及竣工交付使用的必备文件，也是对工程进行检查验收、管理、维护、改建、扩建的依据。并且工程资料的验收应与工程竣工验收同步进行，工程资料不符合要求，不得进行工程竣工验收，因此要保证工程资料的完整性、准确性及可追溯性。

资料管理员对工程资料进行收集、整理，并主要对资料提供人员提供资料的正确性和时间进行监督性检查，但不负责资料内容正确性的主要检查。

按照 ISO 9000 的要求制定文档模板并组织实施。文档是过程的踪迹，文档管理要做到及时、真实、符合标准。及时指的是文档制作要及时，归档要及时；真实指的是文档中的数据必须是真实有效的；符合标准指的是文档的格式和填写必须规范。

工程管理文档都有专门的格式，例如项目验收申请书、项目验收意见书、项目目标（需求）变更申请表、项目延期申请表等格式如下：

项 目 验 收 申 请 书

_____（委托方）：

由您方委托我方_____进行的开发项目_____，已经按照双方签订的合同（技术、功能）要求完成。现项目组对该项目提出验收申请，以便项目顺利结项，请给予支持。如我方工作有需要改进和整改之处，请及时提出，以便尽早地为您服务和完善我方工作。望您方在收到申请书一周内给予答复，并返回"项目验收意见书"，超期未返回"项目验收意见书"，我方将按照"项目开发委托合同"有关规定办理。

谢谢合作！

承 担 方：_____

项目经理：_____

年　　　月　　　日

项目验收意见书

项目名称			
项目起止时间		项目经理	
委托方		承担方	

验收意见及结论:(可以增加附页)

委托方负责人签字:

年   月   日

项目目标(需求)变更申请表

项目编号		项目名称			
项目经理		立项时间		计划结项时间	
项目承担方		项目委托方		延期结项时间	
提出变更方					
变更类型		□ 目标变更 □ 需求变更			
项目需要变更的目标(需求)	删除				
	修改前				
项目变更后目标(需求)	修改后				
	新增				
项目目标(需求)变更原因					
本次变更引起的其他变更		□ 延期申请 □ 经费调整申请 □人员异动申请			
项目目前状态					

项目目标(需求)变更审批意见

项目委托方意见	项目承担方意见	项目管理部意见	技术委员会审核意见
签名: 日期:	签名: 日期:	签名: 日期:	签名: 日期:

附件:

注:提出变更方指初始变更的提出方;变更内容过多时,可以附件形式提交。

填表日期: 项目经理(签字):

项目延期申请表

项目编号		项目名称			
项目经理		立项时间	[项目审批表中项目开始时间]	计划结项时间	[项目审批表中计划的结项时间]
延期次数	[项目结项时间延期的总次数,含本次延期]	申请延期时间	[本次延期希望的结项时间]	上次延期时间	[上次项目延期申请的结项时间]
项目组成员					

延期原因：

本阶段进展情况：

本阶段未完成的阶段成果：

本阶段计划完成时间	[阶段延期申请才填写本栏]	本阶段延期完成时间	[阶段延期申请才填写本栏]

项目延期审批意见

项目委托方意见	项目承担方意见	项目管理部意见	技术委员会审核意见
签名： 日期：	签名： 日期：	签名： 日期：	签名： 日期：

附表：修改后的"项目开发计划"电子文档。

注：此表在延期发生一周内完成申请审批有效,阶段延期无须委托方签字。

填表日期：　　　　　　　　　　　　　　　　　项目经理(签字)：

8.2　工程监理

工程监理工作的依据是工程承包合同和监理合同。监理的职责就是在贯彻执行国家有关法律、法规的前提下,促使甲、乙双方签订的工程承包合同得到全面履行。工程监理具有"四控、两管、一协调"职能。"四控"是指工程建设的投资控制、建设工期控制、工程质量控制和安全控制;"两管"是指进行信息管理、工程建设合同管理;"一协调"是指协调有关单位之间的工作关系。

建设工程监理按监理阶段可分为设计监理和施工监理。设计监理是在设计阶段对设计项目所进行的监理,其主要目的是确保设计质量和时间等目标满足业主的要求;施工监理是在施工阶段对施工项目所进行的监理,其主要目的在于确保施工安全、质量、投资和工期等满足业主的要求。

8.2.1　工程监理的组织及人员

监理人员应包括总监理工程师、专业监理工程师和监理员,必要时可配备总监理工程师代表。项目监理机构的监理人员应专业配套,数量满足工程项目监理工作的需要。

项目监理机构的组织形式和规模,应根据委托监理合同规定的服务内容、服务期限、工程类别、规模、技术复杂程度、工程环境等因素确定。工程监理的组织机构如图 8.7 所示。

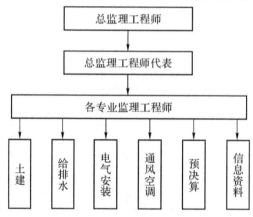

图 8.7　监理项目组织机构

总监理工程师:由监理单位法定代表人书面授权,全面负责委托监理合同的履行、主持项目监理机构工作的监理工程师。

总监理工程师代表:经监理单位法定代表人同意,由总监理工程师书面授权,代表总监理工程师行使其部分职责和权力的项目监理机构中的监理工程师。

监理工程师:取得国家监理工程师执业资格证书并经注册的监理人员。

专业监理工程师:根据项目监理岗位职责分工和总监理工程师的指令,负责实施某一专业或某一方面的监理工作,具有相应监理文件签发权的监理工程师。

监理员:经过监理业务培训,具有同类工程相关专业知识,从事具体监理工作的监理人员。

总监理工程师应由具有三年以上同类工程监理工作经验的人员担任;总监理工程师代表应由具有两年以上同类工程监理工作经验的人员担任;专业监理工程师应由具有一年以上同类工程监理工作经验的人员担任。

8.2.2　监理执业资格

监理执业资格分为监理员和监理工程师两种。监理员是经过监理业务培训,具有同类工程相关专业知识,从事具体监理工作的监理人员。监理工程师是指经全国统一考试合格,取得监理工程师资格证书并经注册登记的工程建设监理人员。

1. 监理员执业资格

凡具备中专以上文化程度(含高中学历),从事建筑装饰装修现场质检工作两年以上实践者,都可以报考监理员。监理员执业资格由各省住房和城乡建设厅核发,其下属部门或委托单位组织培训和考核。监理员执业资格证书按照各省的规定在全国范围内一般不通用,只在本省有效。监理员按专业分为"工业与民用建筑""给排水及其设备安装工程""暖通及其设备安装工程""电气安装工程""道路与桥梁工程"五个专业。

2. 监理工程师执业资格

监理工程师执业资格考试由建设部和人事部共同负责组织协调和监督管理。其中建设部负责组织拟定考试科目,编写考试大纲、培训教材和命题工作,统一规划和组织考前培训。人事部负责审定考试科目、考试大纲和试题,组织实施各项考务工作;会同建设部对考试进行检查、监督、指导和确定考试合格标准。

注册监理工程师,是指经考试取得中华人民共和国监理工程师资格证书,并按照本规定注册,取得中华人民共和国注册监理工程师注册执业证书和执业印章,从事工程监理及相关业务活动的专业技术人员。未取得注册证书和执业印章的人员,不得以注册监理工程师的名义从事工程监理及相关业务活动。

凡中华人民共和国公民,遵纪守法并具备以下条件之一者,均可申请参加全国监理工程师执业资格考试:

(1) 工程技术或工程经济专业大专以上学历(含大专),按照国家有关规定,取得工程技术或工程经济专业中级职务,并任职满三年;

(2) 按照国家有关规定,取得工程技术或工程经济专业高级职务;

(3) 1970 年以前(含 1970 年)工程技术或工程经济专业中专毕业,按照国家有关规定,取得工程技术或工程经济专业中级职务,并任职满三年。

考试报名工作一般在上一年 12 月至考试当年 1 月进行,具体报名时间请查阅各省人事考试中心网站公布的报考文件。符合条件的报考人员,可在规定时间内登录指定网站在线填写提交报考信息,并按有关规定办理资格审查及缴费手续,考生凭准考证在指定的时间和地点参加考试。

考试设"建设工程监理基本理论与相关法规""建设工程合同管理""建设工程质量、投资、进度控制""建设工程监理案例分析"共 4 个科目。其中,"建设工程监理案例分析"为主观题,采用网络阅卷,在专用的答题卡上作答。

8.2.3　工程监理工作程序

1. 确定项目总监理工程师,成立项目监理机构

监理单位应根据建设工程的规模、性质、业主对监理的要求,委派称职的人员担任项目总监理工程师。总监理工程师是一个建设工程监理工作的总负责人,他对内向监理单位负责,对外向业主负责。

监理机构的人员构成是监理投标书中的重要内容,是业主在评标过程中认可的。总监理工程师在组建项目监理机构时,应根据监理大纲内容和签订的委托监理合同内容组建,并在监理规划和具体实施计划执行中及时进行调整。

2. 编制建设工程监理规划及实施细则

建设工程监理规划是开展工程监理活动的纲领性文件。监理规划应由总监理工程师主持,专业监理工程师参加编制。监理规划应在签订委托监理合同及收到设计文件后开始编制,完成后必须经监理单位技术负责人审核批准,并应在召开第一次工地会议前报送建设单位。编制监理规划要依据建设工程的相关法律、法规及项目审批文件,要依据建设工程项目有关的标准、设计文件、技术资料,还要依据监理大纲、委托监理合同文件以及与建设工程项目相关的合同文件。

由各专业工程师负责编写本专业监理实施细则,经总监理工程师批准后实施。对重大及技术含量高的项目,监理细则须经公司技术部门批准后方可实施。监理细则应符合监理规划的要求,并应结合工程项目的特点,做到详细具体,具有可操作性。

3. 施工准备阶段监理

监理工作如图 8.8 所示。

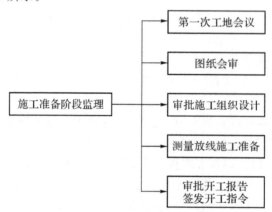

图 8.8　施工准备阶段监理流程

(1) 召开第一次工地会议。建设单位主持召开第一次工地会议,建立施工、监理、设计、建设单位之间的沟通渠道。各方项目负责人(合同指定的人选)必须参加。

建设单位、施工单位和监理单位分别介绍各自驻场组织机构、人员及其分工;建设单位

介绍工程开工准备情况(主要是场地、报建手续、外部环境、设计图纸到位等);建设单位根据委托监理合同宣布对项目总监理工程师的授权;施工单位介绍对本工程施工准备情况(人员、设备、材料、临时设施、技术等);建设单位和总监理工程师对施工准备情况提出相关意见和要求;总监理工程师介绍监理规划和有关监理工作程序的主要内容。

(2)测量放线施工准备。核对建设单位需提供的条件;查阅合同签订情况;核实相关施工条件;检查资金到位情况、施工许可证;以及建设单位针对本工程项目的组织情况。

(3)图纸会审。由建设单位或监理公司主持,施工单位记录整理。主要审查是否存在无证设计或越级设计;图纸是否经设计单位正式签署;设计图纸与说明是否齐全;几个设计单位共同设计的图纸相互间有无矛盾;专业图纸之间、平立剖面图之间有无矛盾;标注有无遗漏;建筑结构与各专业图纸本身是否有差错及矛盾;是否符合制图标准;预埋件是否表示清楚;图纸中所要求的条件能否满足;材料来源有无保证,能否代换,新材料、新技术的应用有无问题;各种管道、电气线路、设备装置、运输道路与建筑物之间或相互间有无矛盾,布置是否合理;施工安全、环境卫生有无保证。

(4)审批施工组织设计。对施工单位的工程资质、组织机构、质量管理体系进行审核;对专项施工方案进行审核;对施工单位人员到位情况进行审核;对施工单位的施工设备及原材料到位情况进行审核。

(5)审批开工报告,签发开工指令。施工单位在具备开工条件后,提出开工申请,填写相应表格报监理公司,总监签署意见后报建设单位,建设单位同意后由总监签署"开工令",开始计算工期。

4.施工阶段监理

施工阶段监理工作如图 8.9 所示。

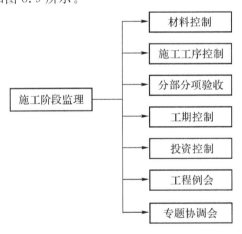

图 8.9　施工阶段监理流程

(1)材料控制。对检验不合格的产品,监理有权要求施工单位清理退场。

① 材料供应:合同中指定的品牌按合同采购;合同中未指定的,由施工单位提前提供若干符合设计要求的产品报建设单位选择。

② 材料检验:对进场材料,施工单位除了需提供出厂的合格证明文件外,还需在监理的现场监督下按规定比例送检。

(2)施工工序控制。可能危及生命安全及造成重大财产损失时,或者施工质量严重失当经警示施工单位拒不改正时,监理将发出停工指令。除非紧急情况,监理将事先询问建设单位意见再发出停工令。隐患消除后,施工单位填写表格申请复工,监理检查无误后报建设单位,建设单位同意后下达复工指令。"停工令"及"复工令"必须由总监签发。

① 对组织及施工人员的控制:管理员及其效率;技术人员的到位情况;人员的持证上岗,技术熟练程度;施工交底情况。

② 施工方案:施工单位除了总体施工方案外,还必须在施工之前编制专项施工方案,专业监理工程师审核后由总监审定批准执行。

③ 旁站及巡视监理:对重要及重点部位以及隐蔽项目,监理将派员旁站监理,监督施工全过程。其他情况采用巡视的办法,定时或不定时现场巡查。

(3) 分部分项验收。验收不合格的项目责令施工单位返工修补或重做。

① 子项的验收:施工单位自检合格后提出申请,监理知会建设单位参加子项验收。建设单位不参加时,由监理直接验收。子项验收由总监或总监指定的专业工程师负责并签署文件。重要子项的验收应知会设计单位与质监站,由其决定是否派员参加。

② 分部验收:由总监组织施工、设计、建设等单位共同验收,质监站派员参加,重要分部施工单位须事先按质监站的规定申报,质监站批准后方可验收。

(4) 工期控制:项目监理机构依据合同条件对施工工期进行控制。

(5) 投资控制:项目监理机构依据合同条件对投资进行控制。

(6) 工程例会:施工过程中,总监理工程师依照第一次工地会议约定的时间、地点、内容、参加人员定期召开工地例会。例会通常包括以下内容:检查上次会议事项的落实情况,分析未完事项原因;施工单位汇报工程质量、进度、投资情况;监理及建设单位对当前情况的指示;对施工单位提出问题的答复;其他需要协商的事宜。

(7) 专题协调会:专题协调会是监理机构对日常施工过程中相关方的工作不衔接、存在矛盾或有摩擦,进行协调和落实,使相关方的活动步调一致,密切配合而召开的会议。例如土建施工与设备安装的协调;消防、通信的协调;技术难度较大的设计变更协调;工程延期和索赔等,总监或专业监理工程师应根据需要及时组织专题会议,协调解决。此外,各参建单位均可向监理机构书面提出召开专题协调会议的动议。动议内容包括:协调事项,与会单位、人员,召开时间。经总监理工程师与有关单位协商取得一致意见后,由总监理工程师签发召开专题协调会的书面通知。

5. 竣工验收阶段的监理工作

施工单位施工完毕后,须做好自检及资料整理工作,然后经监理审查同意后,由监理组织初步验收,其后按备案制的要求由建设单位组织竣工验收。在预验收中发现的问题,应及时与施工单位沟通,提出整改要求。监理单位应参加业主组织的工程竣工验收,签署监理单位意见。

建设工程监理工作完成后,监理单位向业主提交的监理档案资料应在委托监理合同文件中约定。如在合同中没有做出明确规定,监理单位一般应提交设计变更、工程变更资料,监理指令性文件,各种签证资料等档案资料。

6. 保修期阶段的监理工作

当工程进入保修期,施工单位已撤离现场,而监理单位则根据工程项目的大小,宜在参加该项目施工阶段监理工作的监理人员中保留必要的人员。监理单位要与业主方密切联系,关注工程使用状况是否正常,随时听取用户意见。同时,与有关承包商保持电话联系,并且要求承包商指定一名联系人。组织承包商对工程使用情况进行回访,一般每半年进行一次为宜。听取建设单位的意见和要求,对建设单位(或使用单位)提出的工程缺陷原因及责任进行调查,分析和确认并协助进行管理体制,回访应做好记录并存档。

8.3 工程建设资质

国家建设部《建设工程企业资质管理规定》指出,企业按照资质标准规定要求申请相应资质,经审查合格并取得资质证书后,方可在其资质许可的范围内从事相应的建设工程勘察、设计、施工、监理等活动。

一般说来,"资质"是指能区分在特定的工作岗位和组织环境中的工作绩效的个人(单位)的特质。这些特质既包括知识、技能、规模等表层特质,又涵盖了深层的特性、价值观念、内驱力等方面的内容。工程建设资质常常针对一个单位来讲,它是一系列符合上述条件的各种特质的结构化组合,资质的内容和评判、资质水平高低的等级划分都有明确的描述和界定。

在建设工程中,建设工程企业资质包括建设工程勘察、设计、施工、监理企业资质。建设工程勘察分为三个序列,即综合、专业、劳务资质;工程设计分为四个序列,即综合、行业、专业、专项资质;工程施工分为三个序列,即施工总承包、专业承包、劳务分包资质;工程监理资质设若干专业工程类别。

建设工程设计活动,是指根据建设工程要求,对建设工程所需的技术、经济、资源、环境等条件进行综合分析、论证,编制建设工程设计文件的活动。

建设工程施工活动,是指建设工程的新建、扩建、改建、维修(护)、拆除活动。

建设工程监理活动,是指监理单位受建设单位委托,依据法律、法规以及有关技术标准、设计文件和建设工程承包合同,在建设工程施工质量和安全、建设工期、费用等方面,代表建设单位对承包单位实施监督的活动。

8.3.1 通信工程施工资质

住房与城乡建设部将通信工程施工总承包企业资质分为一级、二级、三级。一级企业可承担各类通信信息网络工程的施工,二级企业可承担工程造价 3000 万元及以下的各类通信信息网络工程的施工,三级企业可承担工程造价 1000 万元及以下的各类通信信息网络工程的施工。

通信信息网络系统集成企业资质等级标准(2001 年 3 月 8 日起施行)如下:

1. 一级资质标准

(1)企业近 5 年承担过下列 7 项中的 5 项及以上所列工程的施工总承包,工程质量合格。

① 年完成 800 公里以上的长途线路或 20 万对公里以上的本地网电缆线路或 2000 条公

里以上的本地网光缆线路及 1200 孔公里以上通信管道工程；

② 年完成 20 万门以上电话交换工程；

③ 年完成 10 个以上卫星地球站工程；

④ 年完成 50 个以上移动通信基站工程；

⑤ 年完成 2000 公里以上微波通信工程；

⑥ 年完成 100 端以上传输设备的安装、调测工程；

⑦ 年完成 10 个节点以上的数据通信及计算机网络工程。

（2）企业经理具有 10 年以上从事工程管理工作经历或具有高级职称；总工程师具有 10 年以上从事施工技术管理工作经历并具有本专业高级职称；总会计师具有高级会计职称；总经济师具有高级职称。企业有职称的工程技术和经济管理人员不少于 180 人，其中有线通信、无线通信、计算机网络、通信电源等专业的工程技术人员不少于 120 人；专业工程技术人员中，具有高级职称的人员不少于 10 人，具有中级职称的人员不少于 60 人。企业具有的一级资质项目经理不少于 15 人。

（3）企业注册资本金 3000 万元及以上，企业净资产 4000 万元及以上。

（4）企业近 3 年最高年工程结算收入 1.5 亿元及以上。

（5）企业具有与承包工程范围相适应的施工机械和质量检测设备。

2. 二级资质标准

（1）企业近 5 年承担过下列 7 项中的 5 项及以上所列工程的施工总承包，工程质量合格。

① 年完成 300 公里以上的长途线路或 10 万对公里以上的本地网电缆线路或 1000 条公里以上的本地网光缆线路及 500 孔公里以上通信管道工程；

② 年完成 10 万门以上电话交换上程；

③ 年完成 4 个以上卫星地球站工程；

④ 年完成 30 个以上移动通信基站工程；

⑤ 年完成 800 公里以上微波通信工程；

⑥ 年完成 40 端以上传输设备的安装、调测工程；

⑦ 年完成 8 个节点以上数据通信及计算机网络工程。

（2）企业经理具有 8 年以上从事工程管理工作经历或具有中级以上职称；技术负责人具有 8 年以上从事施工技术管理工作经历并具有本专业高级职称；财务负责人具有中级以上会计职称。企业有职称的工程技术和经济管理人员不少于 100 人，其中有线通信、无线通信、计算机网络、通信电源等专业的工程技术人员不少于 60 人；专业工程技术人员中，具有高级职称的人员不少于 5 人，具有中级职称的人员不少于 30 人。企业具有的二级资质以上项目经理不少于 10 人。

（3）企业注册资本金 1500 万元及以上，企业净资产 2000 万元及以上。

（4）企业近 3 年最高年工程结算收入 8000 万元及以上。

（5）企业具有与承包工程范围相适应的施工机械和质量检测设备。

3. 三级资质标准

（1）企业近 5 年承担过下列 3 项中的 2 项及以上通信工程施工总承包，工程质量合格。

① 年完成 120 公里以上的长途线路或 5 万对公里以上的本地网电缆线路或 500 条公里

以上本地网光缆线路及 200 孔公里以上通信管道工程;

　　② 年完成 4 万门以上电话交换工程;

　　③ 年完成 3 个节点以上的数据通信及计算机网络工程。

　　(2) 企业经理具有 5 年以上从事工程管理工作经历或具有中级以上职称;技术负责人具有 5 年以上从事施工技术管理工作经历并具有本专业中级以上职称;财务负责人具有初级以上会计职称。企业有职称的工程技术和经济管理人员不少于 50 人,其中有线通信、计算机、通信电源等专业的工程技术人员不少于 30 人;专业工程技术人员中,具有中级以上职称的人员不少于 15 人。企业具有的三级资质以上项目经理不少于 8 人。

　　(3) 企业注册资本金 800 万元及以上,企业净资产 1000 万元及以上。

　　(4) 企业近 3 年最高年工程结算收入 5000 万元及以上。

　　(5) 企业具有与承包工程范围相适应的施工机械和质量检测设备。

8.3.2　工程监理资质

　　住房与城乡建设部将工程监理企业资质分为综合资质、专业资质和事务所资质。其中,专业资质按照工程性质和技术特点划分为若干工程类别。综合资质、事务所资质不分级别。专业资质分为甲级、乙级;其中,房屋建筑、水利水电、公路和市政公用专业资质可设立丙级。

　　综合资质可以承担所有专业工程类别建设工程项目的工程监理业务。专业甲级资质可承担相应专业工程类别建设工程项目的工程监理业务。专业乙级资质可承担相应专业工程类别二级以下(含二级)建设工程项目的工程监理业务。专业丙级资质可承担相应专业工程类别三级建设工程项目的工程监理业务。事务所资质可承担三级建设工程项目的工程监理业务。

　　工程监理企业资质等级标准如下:

　　1. 综合资质标准

　　(1) 具有独立法人资格且注册资本不少于 600 万元。

　　(2) 企业技术负责人应为注册监理工程师,并具有 15 年以上从事工程建设工作的经历或者具有工程类高级职称。

　　(3) 具有 5 个以上工程类别的专业甲级工程监理资质。

　　(4) 注册监理工程师不少于 60 人,注册造价工程师不少于 5 人,一级注册建造师、一级注册建筑师、一级注册结构工程师或者其他勘察设计注册工程师合计不少于 15 人次。

　　(5) 企业具有完善的组织结构和质量管理体系,有健全的技术、档案等管理制度。

　　(6) 企业具有必要的工程试验检测设备。

　　(7) 申请工程监理资质之日前一年内没有本规定第十六条禁止的行为。

　　(8) 申请工程监理资质之日前一年内没有因本企业监理责任造成重大质量事故。

　　(9) 申请工程监理资质之日前一年内没有因本企业监理责任发生三级以上工程建设重大安全事故或者发生两起以上四级工程建设安全事故。

　　2. 专业资质标准

　　(1) 甲级:

　　① 具有独立法人资格且注册资本不少于 300 万元。

② 企业技术负责人应为注册监理工程师,并具有 15 年以上从事工程建设工作的经历或者具有工程类高级职称。

③ 注册监理工程师、注册造价工程师、一级注册建造师、一级注册建筑师、一级注册结构工程师或者其他勘察设计注册工程师合计不少于 25 人次;其中,相应专业注册监理工程师不少于"专业资质注册监理工程师人数配备表"中要求配备的人数,注册造价工程师不少于 2 人。

④ 企业近 2 年内独立监理过 3 个以上相应专业的二级工程项目,但是具有甲级设计资质或一级及以上施工总承包资质的企业申请本专业工程类别甲级资质的除外。

⑤ 企业具有完善的组织结构和质量管理体系,有健全的技术、档案等管理制度。

⑥ 企业具有必要的工程试验检测设备。

⑦ 申请工程监理资质之日前一年内没有因本企业监理责任造成重大质量事故。

⑧ 申请工程监理资质之日前一年内没有因本企业监理责任发生三级以上工程建设重大安全事故或者发生两起以上四级工程建设安全事故。

(2) 乙级:

① 具有独立法人资格且注册资本不少于 100 万元。

② 企业技术负责人应为注册监理工程师,并具有 10 年以上从事工程建设工作的经历。

③ 注册监理工程师、注册造价工程师、一级注册建造师、一级注册建筑师、一级注册结构工程师或者其他勘察设计注册工程师合计不少于 15 人次。其中,相应专业注册监理工程师不少于"专业资质注册监理工程师人数配备表"中要求配备的人数,注册造价工程师不少于 1 人。

④ 有较完善的组织结构和质量管理体系,有技术、档案等管理制度。

⑤ 有必要的工程试验检测设备。

⑥ 申请工程监理资质之日前一年内没有因本企业监理责任造成重大质量事故。

⑦ 申请工程监理资质之日前一年内没有因本企业监理责任发生三级以上工程建设重大安全事故或者发生两起以上四级工程建设安全事故。

(3) 丙级:

① 具有独立法人资格且注册资本不少于 50 万元。

② 企业技术负责人应为注册监理工程师,并具有 8 年以上从事工程建设工作的经历。

③ 相应专业的注册监理工程师不少于"专业资质注册监理工程师人数配备表"中要求配备的人数。

④ 有必要的质量管理体系和规章制度。

⑤ 有必要的工程试验检测设备。

3. 事务所资质标准

(1) 取得合伙企业营业执照,具有书面合作协议书。

(2) 合伙人中有 3 名以上注册监理工程师,合伙人均有 5 年以上从事建设工程监理的工作经历。

(3) 有固定的工作场所。

(4) 有必要的质量管理体系和规章制度。

(5) 有必要的工程试验检测设备。

8.3.3　网络系统集成企业资质

工业和信息化部将通信信息网络系统集成企业资质分为甲、乙、丙三级。乙级、丙级通信信息网络系统集成企业资质认定工作委托各省、自治区、直辖市通信管理局负责实施。各省、自治区、直辖市通信管理局应当将审批结果报工信部备案,由工信部颁发"通信信息网络系统集成企业资质证书"。审批流程如图 8.10、图 8.11 所示。

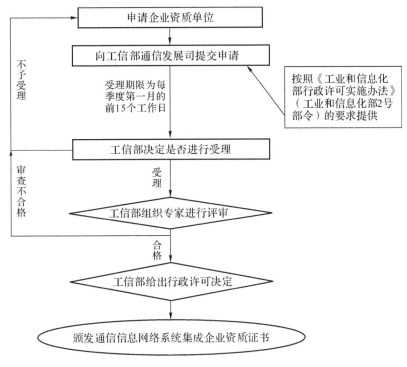

图 8.10　甲级资质审批流程

通信信息网络系统集成企业资质等级标准如下:

1. 甲级

(1) 有关负责人资历:企业负责人应当具有中级以上(含中级)职称或者同等专业水平;企业技术负责人应当有 6 年以上从事通信信息网络系统集成工作经验,并具有通信及相关专业高级技术职称或者同等专业水平。

(2) 工程技术、经济管理人员的要求:企业具有通信及相关专业初级以上(含初级)职称或者同等专业水平的工程技术和经济管理人员不少于 80 人,其中高级工程师不少于 15 人,工程师不少于 35 人,具有初级技术职称的人员或者技术员不少于 25 人,具有初级以上(含初级)经济系列职称的人员不少于 5 人。在各类专业技术人员中,具有通信建设工程概预算资格证书的人员不少于 20 人。

(3) 安全生产管理人员的要求:企业主要负责人应当取得工业和信息化部或者省、自治区、直辖市通信管理局核发的"安全生产考核合格证书"(A 类),人数不少于 4 人;企业项目负责人应当取得工业和信息化部或者省、自治区、直辖市通信管理局核发的"安全生产考核

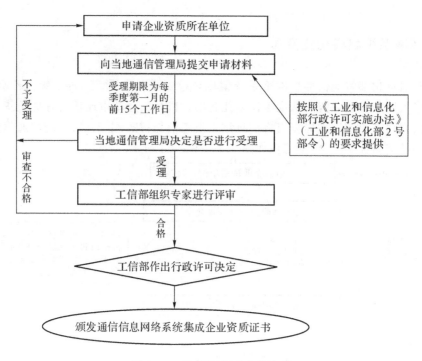

图 8.11　乙、丙级资质审批流程

合格证书"(B类),人数不少于 30 人;企业专职安全生产管理人员应当取得工业和信息化部或者省、自治区、直辖市通信管理局核发的"安全生产考核合格证书"(C类),人数不少于 8 人。

(4) 注册资本:注册资本不少于人民币 1000 万元。

(5) 业绩:企业近 2 年内完成 2 项投资额 2000 万元及以上或者 4 项投资额 1000 万元及以上的通信信息网络系统集成工程项目。

2. 乙级

(1) 有关负责人资历:企业负责人应当具有中级以上(含中级)职称或者同等专业水平;企业技术负责人应当有 4 年以上从事通信信息网络系统集成工作经验,并具有通信及相关专业中级以上(含中级)技术职称或者同等专业水平。

(2) 工程技术、经济管理人员的要求:企业具有通信及相关专业初级以上(含初级)职称或者同等专业水平的工程技术和经济管理人员不少于 60 人,其中高级工程师不少于 10 人,工程师不少于 25 人,具有初级技术职称的人员或者技术员不少于 20 人,具有初级以上(含初级)经济系列职称的人员不少于 5 人。在各类专业技术人员中,具有通信建设工程概预算资格证书的人员不少于 15 人。

(3) 安全生产管理人员的要求:企业主要负责人应当取得工业和信息化部或者省、自治区、直辖市通信管理局核发的"安全生产考核合格证书"(A类),人数不少于 3 人;企业项目负责人应当取得工业和信息化部或者省、自治区、直辖市通信管理局核发的"安全生产考核合格证书"(B类),人数不少于 15 人;企业专职安全生产管理人员应当取得工业和信息化部或者省、自治区、直辖市通信管理局核发的"安全生产考核合格证书"(C类),人数不少于 6 人。

（4）注册资本：注册资本不少于人民币 500 万元。

（5）业绩：企业近 2 年内完成 2 项投资额 1000 万元及以上或者 5 项投资额 400 万元及以上通信信息网络系统集成工程项目，但首次申请乙级资质的除外。

3. 丙级

（1）有关负责人资历：企业负责人应当具有中级以上（含中级）职称或者同等专业水平；企业技术负责人应当有 2 年以上从事通信信息网络系统集成工作经验，并具有通信及相关专业中级以上（含中级）技术职称或者同等专业水平。

（2）工程技术、经济管理人员的要求：企业具有通信及相关专业初级以上（含初级）职称或者同等专业水平的工程技术和经济管理人员不少于 35 人，其中高级工程师不少于 3 人，工程师不少于 15 人，具有初级技术职称的人员或者技术员不少于 15 人，具有初级以上（含初级）经济系列职称的人员不少于 2 人。在各类专业技术人员中，具有通信建设工程概预算资格证书的人员不少于 8 人。

（3）安全生产管理人员的要求：企业主要负责人应当取得工业和信息化部或者省、自治区、直辖市通信管理局核发的"安全生产考核合格证书"（A 类），人数不少于 2 人；企业项目负责人应当取得工业和信息化部或者省、自治区、直辖市通信管理局核发的"安全生产考核合格证书"（B 类），人数不少于 10 人；企业专职安全生产管理人员应当取得工业和信息化部或者省、自治区、直辖市通信管理局核发的"安全生产考核合格证书"（C 类），人数不少于 4 人。

（4）注册资本：注册资本不少于人民币 300 万元。

（5）业绩：企业近 2 年内完成 5 项投资额 200 万元以上通信信息网络系统集成工程项目，但首次申请丙级资质的除外。

8.4 工程验收

8.4.1 验收标准及依据

（1）首先必须以标书、工程合同、设计方案、设计修改变更单为依据；

（2）布线链路性能测试应符合 YD/T 926.1－2009；YD/T 926.2－2009；YD/T 926.3－2009《大楼通信综合布线系统》的要求，对于该规范未规定的新线缆部分可遵照 TIA/EIA 568B 或 ISO/IEC 11801:2002 来执行。

（3）工程验收项目的内容和方法，应按 GB/T 50312－2016 的规定来执行。

（4）由于综合布线系统工程涉及面广，因此还会涉及通信、机房、防雷、防火等多项技术规范，如下：

《通信管道工程施工及验收规范》（GB S0374－2006）；

《建筑物防雷设计规范》（GB 50057－2010）；

《计算机场地通用规范》（GB/T 2887－2011）；

《建筑设计防火规范》(GB 50016－2014)；

《建筑内部装修设计防火规范》(GB 50222－1995)。

(5) 当遇到上述各种规范未包括的技术标准和技术要求时,可按有关设计规范和设计文件的要求办理。

(6) 建筑群区域内电、光缆与各种设施之间的间距要求按《通信线路工程验收规范》(YD 5121－2010)中的相关规定执行。

8.4.2　验收组织

按照综合布线行业国际惯例,大、中型综合布线系统工程的验收主要由中立的有资质的第三方认证服务提供商来提供测试验收服务。

就我国目前的情况而言,综合布线系统工程的验收小组应包括工程双方单位的行政负责人、相关项目主管、主要工程项目监理人员、设计施工单位的相关技术人员、第三方验收机构或相关技术人员组成的专家组。主要有施工单位自己组织验收、施工监理机构组织验收、第三方测试机构组织验收。

8.4.3　验收方式

综合布线系统工程验收一般采用分阶段验收和竣工总验收相结合的方式,一般应包括开工前检查、随工验收、初步验收和竣工总验收等验收过程。

(1)开工前检查:包括环境检查和设备材料检验。

(2)随工验收:主要应对工程的隐蔽部分进行边施工边验收,以便及早发现工程质量问题,避免造成人力、物力和财力的大量浪费。

(3)初步验收:为保证竣工验收顺利进行,对大、中型工程项目在竣工验收前一般应安排初步验收,由建设单位组织设计、施工、监理、建设等单位的人员参加。初步验收包括检查工程质量、审查竣工资料等,对发现的问题提出处理意见,并组织相关责任单位落实解决。

(4)竣工总验收:是工程建设的最后一个环节。竣工验收的内容包括:

①确认各阶段测试检查结果;

②验收组认为必要的项目的复验;

③设备的清点核实;

④全部竣工图纸、文档资料审查等;

⑤工程评定和签收。

8.4.4　验收项目及内容

综合布线系统工程检测验收应按表 8.1 所列项目、内容进行检验。

表 8.1 综合布线系统工程检验项目及内容

阶段	验收项目	验收内容	验收方式
施工前检查	1.环境要求	(1)土建施工情况:地面、墙面、门、电源插座及接地装置; (2)土建工艺:机房面积、预留孔洞; (3)施工电源; (4)地板铺设; (5)建筑物入口设施检查	施工前检查
	2.器材检验	(1)外观检查; (2)型式、规格、数量; (3)电缆及连接器件电气特性测试; (4)光纤及连接器件特性测试; (5)测试仪表和工具的检验	
	3.安全、防火要求	(1)消防器材; (2)危险物的堆放; (3)预留孔洞防火措施	
设备安装	1.电信间、设备间、设备机柜、机架	(1)规格、外观; (2)安装垂直、水平度; (3)油漆不得脱落,标志完整齐全; (4)各种螺丝必须紧固; (5)抗震加固措施; (6)接地措施	随工检验
	2.配线模块及8位模块式通用插座	(1)规格、位置、质量; (2)各种螺丝必须拧紧; (3)标志齐全; (4)安装符合工艺要求; (5)屏蔽层可靠连接	
电、光缆布放(楼内)	1.电缆桥架及线槽布放	(1)安装位置准确; (2)安装符合工艺要求; (3)符合布放缆线工艺要求; (4)接地	
	2.缆线暗敷(包括暗管、线槽、地板下等方式)	(1)缆线规格、路由、位置; (2)符合布放缆线工艺要求; (3)接地	隐蔽工程签证
电、光缆布放(楼间)	1.架空缆线	(1)吊线规格、架设位置、装设规格; (2)吊线垂度; (3)缆线规格; (4)卡、挂间隔; (5)缆线的引入符合工艺要求	随工检验

续表

阶段	验收项目	验收内容	验收方式
电、光缆布放（楼间）	2. 管道缆线	(1)使用管孔孔位； (2)缆线规格； (3)缆线走向； (4)缆线的防护设施的设置质量	隐蔽工程签证
	3. 埋式缆线	(1)缆线规格； (2)敷设位置、深度； (3)缆线的防护设施的设置质量； (4)回土夯实质量	
	4. 通道缆线	(1)缆线规格； (2)安装位置、路由； (3)土建设计符合工艺要求	
	5. 其他	(1)通信路线与其他设施的间距； (2)进线室设施安装、施工质量	随工检验或隐蔽工程签证
缆线终接	1. 8位模块式通用插座	符合工艺要求	随工检验
	2. 光纤连接器件	符合工艺要求	
	3. 各类跳线	符合工艺要求	
	4. 配线模块	符合工艺要求	
系统测试	1. 工程电气性能测试	(1)连接图； (2)长度； (3)衰减； (4)近端串音； (5)近端串音功率和； (6)衰减串音比； (7)衰减串音比功率和； (8)等电平远端串音； (9)等电平远端串音功率和； (10)回波损耗； (11)传播时延； (12)传播时延偏差； (13)插入损耗； (14)直流环路电阻； (15)设计中特殊规定的测试内容； (16)屏蔽层的导通	竣工检验
	2. 光纤特性测试	(1)衰减； (2)长度	

阶段	验收项目	验收内容	验收方式
管理系统	1.管理系统级别	符合设计要求	竣工检验
	2.标识符与标签调设置	(1)专用标识符类型及组成； (2)标签设置； (3)标签材质及色标	
	3.记录和报告	(1)记录信息； (2)报告； (3)工程图纸	
工程总验收	1.竣工技术文件	清点、交接技术文件	
	2.工程验收评价	考核工程质量,确认验收结果	

在验收中发现不合格的项目,应由验收机构查明原因,分清责任,提出解决办法。

综合布线系统工程如果采用计算机进行管理和维护工作,应按专项进行验收。

8.4.5　验收基本要求

1.一般要求

(1)应使用专用测试仪器对系统的各条链路进行检测,评定系统的信号传输技术指标及工程质量;

(2)工程施工前应按 GB/T 50312—2016 中的有关规定,对交接间、设备间、工作区的建筑和环境条件进行检查;

(3)采用专用计算机进行管理和维护工作的综合布线工程应按专项进行验收;

(4)建筑群主干光缆支持的距离大于 GB 50311—2016 中规定的传输距离时,应按光纤传输系统的要求进行检测和验收;

(5)设备材料的进场检测验收应执行 GB/T 50312—2016 中的规定。

2.线缆敷设和终接的检测

(1)线缆的弯曲半径应符合规定:

①非屏蔽和屏蔽 4 对双绞线电缆的弯曲半径不应小于电缆外径的 4 倍;

②主干对绞电缆的弯曲半径不应少于电缆外径的 10 倍;

③光缆的弯曲半径应至少为光缆外径的 15 倍。

(2)电源线与综合布线系统线缆应分隔布放,线缆间的最小净距应符合设计要求,应按 GB/T 50312—2016 中的规定检测。

(3)建筑物内电、光缆暗管敷设及与其他管线的最小净距应符合 GB/T 50312—2016 中的规定。

(4)双绞线电缆芯线终接应符合要求:

①终接时,每对双绞线应保持扭绞状态,扭绞松开长度对于 5 类线不应大于 13mm。

②双绞线在与 8 位模块式通用插座相连时,必须按色标和线对顺序进行卡接;在同一布线工程中两种连接方式不应混合使用。

③卡入跳线架连接块内的单根线缆色标应和线缆的色标相一致,大对数电缆按标准色谱的组合规定进行排序。

④端接于 RJ45 口的配线架的线序及排列方式按有关国际标准规定的两种端接标准之一(T568A 或 T568B)进行端接,但必须与信息插座模块的线序排列使用同一种标准。

⑤屏蔽双绞线电缆的屏蔽层与接插件终结处的屏蔽罩必须以可靠的 360°圆周接触,接触长度不宜小于 10mm。

(5)线缆一般应按下列要求敷设:

①线缆的型号、规格应与设计规定相符。

②线缆在各种环境中的敷设方式、布放间距均应符合设计要求。

③线缆的布放应自然平直,不得产生扭绞、打圈、接头等现象,不应受到外力的挤压和损伤。

④线缆两端贴有标签,应标明编号,标签书写应清晰、端正和正确,标签应选用不易损坏的材料。

⑤线缆在布放路由中不得出现线缆接头。

(6)线缆终接的一般要求如下:

①线缆两端贴有标签。

②线缆标签内容正确、清晰、端正。

③标签应选用不易损坏的材料。

④线缆终接处必须牢固,接触良好。

⑤线缆终接后,应有余量。设备间双绞线电缆预留长度宜为 3～5m,电信间双绞线电缆预留长度宜为 0.5～2.0m,工作区为 30～60mm。

⑥光缆布放宜盘留,预留长度宜为 3～5m,有特殊要求的应按设计要求预留长度。光缆在配线柜处预留长度应为 3～5m,楼层配线箱处光纤预留长度应为 1.0～1.5m,配线箱终接时预留长度不应小于 0.5m。光缆纤芯在配线模块处不做终接时,应保留光缆施工预留长度。

(7)光缆芯线终接应符合下列要求:

①采用光纤连接盒对光纤进行连接、保护。在连接盒中,光纤的弯曲半径应符合安装工艺要求。

②光纤熔接处应加以保护和固定,使用连接器以便于光纤的跳接。

(8)各类跳线的连接应符合下列规定:

①各类跳线与接插件间接触应良好,线位无误,标志齐全;跳线选用类型应符合系统设计的要求。

②各类跳线长度应符合设计要求,一般对绞电缆跳线不应超过 5m,光缆跳线不应超过 10m。

3.机柜、机架、配线架安装的检验

(1)机柜、机架安装完毕后,垂直偏差度应不大于 3mm。

(2)机柜、机架上的各种零件不得脱落或碰坏,有脱落的漆面应予以补漆,各种标志应完整、清晰。

(3)机柜、机架的安装应牢固,有抗震要求时,应按施工图的抗震设计进行加固。

（4）机柜不宜直接安装在活动地板上，宜按设备的底平面尺寸制作底座，底座直接与地面固定，机柜固定在底座上，然后敷设活动地板。

（5）安装机架面板，架前应预留有 800mm 空间，机架背面离墙距离应大于 600mm，以便于安装和施工，背板式配线架可直接由背板固定于墙面上。

（6）壁挂式机柜距地面宜为 1200mm。

（7）桥架或线槽应直接进入机架或机柜内。

（8）各直列垂直倾斜误差不应大于 3mm，底座水平误差每平方米不应大于 2mm。

（9）接线端子各种标志应齐全。

（10）背架式跳线架应经配套的金属背板及线缆管理架安装在可靠的墙壁上，金属背板与墙壁应紧固。

4. 信息插座和光缆芯线终端安装的检验

（1）信息插座安装在活动地板或地面上时，接线盒应严密防水、防尘。

（2）信息插座的安装要求如下：

①安装在墙体上，底边离地面 300mm，如果地面采用活动地板时，应加上活动地板内净高尺寸，面板应保持在一个水平面上。

②安装在活动地板或地面上的信息插座，应固定在接线盒内；接线盒盖可开启，盖面应与地面齐平。

③面板安装螺丝必须拧紧，不应产生松动现象。

④信息插座应有标签，以颜色、图形、文字表示所接终端设备的类型。

（3）光缆芯线终端的连接盒面板应有标志。

8.5　工程竣工

8.5.1　竣工基本条件

相关专业验收完毕，应符合以下要求：

（1）设备间、交接间、工作区土建工程已全部竣工。房屋地面平整、光洁，门的高度和宽度应不妨碍设备和器材的搬运，门锁和钥匙齐全。

（2）配线间的面积，环境温度、湿度、清洁度均应符合 GB 50311－2016 中的有关规定。

（3）中心机房的环境应符合国家标准《电子信息系统机房设计规范》（GB 50174－2008）和《民用建筑电气设计规范》（JGJ 16－2008）第 24 章的要求。

（4）房屋预留的地槽、暗管、孔洞的位置、数量、尺寸应符合设计要求。

（5）布线系统工程施工单位应将工程实施过程中的各项随工检验的详细记录和各种技术资料准备充分，并在竣工验收前移交给建设单位。

8.5.2　竣工技术资料

1. 综合布线系统图

系统图应反映整个布线系统的物理连接拓扑结构,图中应注明光缆的数量、类别、路由,每根光缆的芯数,垂直布线对绞电缆的数量、类别、路由,每楼层水平布线双绞线电缆的数量、类别、信息端口数;各配线区在建筑物中的楼层位置。

2. 综合布线系统平面布线路由图

平面布线路由图应反映每楼层信息点在房间中的位置、类别及编号,不能使用的信息端口位置也应予以标出。

3. 综合布线系统机架图

机架图应反映电缆布线,各配线区双绞线电缆的数量、类别,配线连接硬件的数量、类别、进出线位置、编号及色标;光缆布线,各配线区内光端口的编号,连接硬件的数量,光纤的数量、类别。若已连接跳线,还要反映跳线的走向。

4. 信息端口与配线架端口位置的对应关系表

表中应严格给出信息端口编号与配线架端接位置编号之间的一一对应关系。

5. 综合布线系统性能测试报告

测试报告应反映整个系统中的每一条链路,即每个信息点及其水平布线电缆(信息点)、垂直布线电缆的每一对,以及光缆布线的每芯光纤通过测试与否的情况,未通过测试的,应在测试报告中注明。

8.5.3　性能检测判据

1. 单项合格判据

(1)对绞线电缆布线某一个信息端口及其水平布线电缆(信息点)按 GB/T 50312—2016 中附录 B 指标要求,有一个项目不合格,则该信息点判为不合格;垂直布线电缆某线对按连通性、长度要求、衰减和串扰等进行验收,有一个项目不合格,则判该线对不合格。

(2)光缆布线测试结果不满足 GB/T 50312—2016 中附录 B 指标要求,则该光纤链路为判不合格。

(3)允许未通过检测的信息点、线对、光纤链路经修复后复验一次。

2. 综合合格判据

(1)光缆布线全部检测时,如果系统中有一条光纤链路无法修复,则判为不合格。

(2)双绞线电缆布线全部检测时,如果无法修复的信息点或线对数目中有一项超过不合格信息点或线对数目总数的 1%,则判为不合格。

(3)双绞线电缆布线抽样检测时(允许以不低于 10% 的比例进行随机抽样检测,抽样点必须包括最远布线点),被抽样检测点(线对)不合格比例不超过 1%,则视为抽样检测通过,不合格点(线对)必须予以修复并复验。被抽样检测点(线对)不合格比例超过 1%,则视为一次抽样检测不通过,应进行加倍抽样;加倍抽样不合格比例不超过 1%,则视为抽样检测通过。如果不合格比例仍超过 1%,则视为抽样检测不通过,应进行全部检测,并按全部检测的要求进行判定。

（4）全部检测或抽样检测的结论为合格，则竣工检测的最后结论为合格；全部检测的结论为不合格，则竣工检测的最后结论为不合格。

最后，验收机构进行竣工检测并做出评价，各项测试和评价应有详细记录，作为竣工资料的组成部分，并作为判定系统是否合格的重要依据。竣工检测合格判据包括单项合格判据和综合合格判据。

8.5.4　工程文档归档

文档资料是布线工程结算、开通和维护的重要依据，应包括电缆的编号、信息插座的编号、交接间配线电缆与干线电缆的跳接关系、配线架与交换机端口的对应关系以及施工记录资料等。最好建立电子文档，便于以后的维护管理。

具体如下：

1. 工程竣工技术资料

（1）综合布线系统图；

（2）综合布线系统平面布线路由图；

（3）综合布线系统各机架图；

（4）信息端口与配线架端口位置的对应关系表；

（5）综合布线系统性能测试报告。

2. 综合布线系统技术档案材料

（1）安装工程量；

（2）工程说明；

（3）设备、器材明细表；

（4）竣工图纸（为施工中更改后的施工设计图）；

（5）测试记录（宜采用中文表示）；

（6）工程变更、检查记录，以及施工过程中需更改设计或采取相关措施时，建设、设计、施工、监理等单位之间的洽商记录；

（7）随工验收记录；

（8）隐蔽工程签证；

（9）工程决算。

8.5.5　工程质量鉴定

综合布线系统工程的鉴定是对综合布线系统工程施工质量的评价，要遵循国家建设部制定的《建设工程质量检测管理办法》，工程质量鉴定由工程建设单位委托具有相应资质的检测机构进行检测，委托方与被委托方应当签订书面合同。鉴定小组由专家、教授组成，用户只能向鉴定小组客观地反映使用情况，鉴定小组组织人员对新系统进行全面的考察，写出工程竣工验收鉴定书或工程质量鉴定报告提交业主方和上级主管部门备案。

8.6 项目总结

在本项目中,我们学习了工程管理方面的知识,了解了综合布线系统工程的验收与竣工的相关知识。了解了网络工程的项目管理可以分为材料管理、施工管理、质量管理、安全管理、文档管理、客户关系管理和技术管理等七部分内容。了解了工程监理是一个职业方向,工作职责就是在贯彻执行国家有关法律、法规的前提下,促使甲、乙双方签订的工程承包合同得到全面履行,了解工程监理的工作程序。了解了建设工程承揽的企业资质,以及获得资质的渠道。综合布线系统工程的验收是多方人员对工程质量和投资的认定,确认工程是否达到了原来的设计目标,质量是否符合要求。综合布线系统的质量将直接影响网络系统集成项目的运行,所以一定要重视综合布线系统的验收与鉴定工作。

8.7 习题

1. 网络工程的项目管理的主要组成部分有哪些?
2. 材料管理的关键点是什么?
3. 综合布线施工管理中如何做好施工进度管理?
4. 请你设计一份反映施工进程的甘特图。
5. 企业质量管理有哪些认证项目?
6. 对于工程项目来说,工程监理的作用是什么?
7. 为什么要想方设法取得企业资质?
8. 如何申报企业资质?
9. 如何组织工程验收?
10. 综合布线验收标准有哪些?
11. 弱电工程验收分哪些项目?
12. 弱电工程竣工的基本条件有哪些?
13. 弱电工程竣工的文档有哪些要归档?
14. 弱电工程性能判定依据包括哪些内容?
15. 如何鉴定综合布线工程质量?

课程设计报告模板

课程设计报告

学　　号＿＿＿＿＿＿　姓　　名＿＿＿＿＿＿＿

班　　级　＿＿＿＿＿＿＿＿＿＿＿＿＿＿＿

题　　目　＿＿＿＿＿＿＿＿＿＿＿＿＿＿＿

指导老师　＿＿＿＿＿＿＿＿＿＿＿＿＿＿＿＿＿

目 录

第1章 概 述

注意：

在本书的配套资料中已提供电子文档，所有格式已定义为文档"样式"，学生可以在"样式"工具栏中查到，课程设计报告要严格按本模板的格式撰写本课程设计报告。

课程设计报告的标题（包括一级标题、二级标题、三级标题）在本模板中已有规定，若要调整一级标题、二级标题名称，应征求指导老师同意，三级标题可自行调整。

课程设计报告的中文字符应在 5000 字以上，不含英文字符及标点。

1.1 课程设计任务

本节主要介绍课程设计任务。

课程设计任务是设计与实现一个园区网络的网络工程，包括实地调研与需求分析，网络拓扑结构的设计，网络设备选型，综合布线设计，综合布线材料的计算等内容，也可以描述施工的过程和测试验收过程。

1.2 课程设计进程

这里要介绍课程设计分阶段完成的时间表，以及各阶段的工作内容。

先划分阶段，再描述各阶段的主要工作内容，并注明这些工作的完成时间。

第2章　需求分析

2.1　委托单位简介

这里要介绍业主单位或客户单位的具体情况,这些情况与设计的内容最好具有一定的内在联系。比如:主要业务是什么? 有几幢楼? 有多少员工? 有多少电脑? 现有网络情况是怎么样的?

并提供较为详细的园区平面布线路由图。范例如图 2-1 所示。

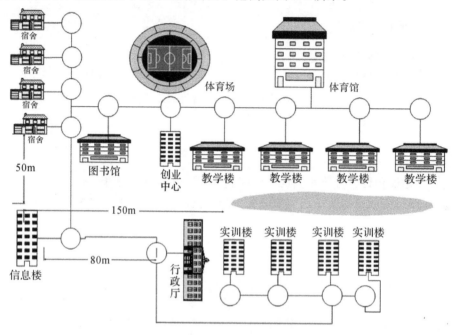

图 2-1　园区平面图

介绍图中主要建筑的情况,例如建筑物面积、层数、层高,建筑物的用途等等。

2.2　需求调查

这里要介绍业主方(用户)对工程建设的具体要求。要注意,这里调查的主体是业主方的领导、员工和客户。推荐使用问卷调查表,可参考本书项目 2 的需求调查实训。

要组织调查人员专门与业主方进行访问。

要开展实地测量与勘探。

要对调查到的数据进行统计、汇总。

2.2.1　业务需求

业务需求主要内容是企业组织结构(建议具体到功能)、网络系统地理位置分布(包括各主要部分面积)、人员组成分布(包括各部门的人员和位置分布)、外网连接(外网连接类型和方式)、企业与行业特点、发展状况(可分当前和未来 3～5 年内两方面介绍)、现有可用资源(包括设备资源和数据资源两部分)、投资预算(最好包括各主要部分的细化预算)等。

2.2.2　应用需求

应用需求调查的主要内容是期望的操作系统、办公系统、数据库系统、打印、传真和扫描业务、邮件系统主要应用、网站系统主要应用、内网主要应用、外网主要应用、所用的应用系统及要求(可仅指出所需功能主要模块)等。考虑一些关键应用系统,如财务系统、营销系统、MIS 信息管理系统等。

2.2.3　性能需求

用户性能需求调查的主要内容:接入速率需求(包括广域网接入速率需求,分不同的关键节点说明)、扩展性需求(从网络结构、服务器组件配置等方面具体说明)、吞吐速率需求(分不同的关键节点说明)、响应时间需求(分不同的关键节点说明)、并发用户数需求(对不同服务系统写出具体需求)等。

2.3　可行性分析

2.3.1　技术可行性
在技术层面上分析该工程是否能够实现,可对关键技术或热点技术进行介绍。

2.3.2　经济可行性
对涉及的软、硬件产品的市场供求情况进行预测,确定是否可行,包括:

(1)是否能采购到?

(2)价格变化趋势如何?

(3)工程立项预算的资金是否满足?

2.3.3　其他约束条件
政策约束:是否符合国家法律、法规、行业规定。

时间约束:是否能在规定时间内完工。

自然条件约束:自然条件是否影响工程建设。

2.4　系统功能

从技术的角度,将业主方的具体要求转化为网络工程要实现的功能。

通过需求调查与可行性分析后,确定该工程要实现的主要功能。最好能画出系统的功能模块结构图,并简要介绍各功能模块。例如:语音功能、广播功能、视频监控功能等等。

如果网络的可靠性要求较高,应写明冗余功能,这将关系到布线冗余链路的数量。

从网络的性能要求出发,应写明哪些链路采用光纤,哪些链路采用 6 类线,哪些链路采用超 5 类线。

对电信间、设备间及布线材料和设备有什么特殊要求,在这里都要注明。

课程设计接下来的工作就是设计与实现这些功能。如果后面的设计与这里指定的功能不相符,这份设计方案就是"跑题"了,会严重影响最终成绩。

第3章   总体设计

3.1   系统设计思想

这里要介绍系统总体设计思想、原则,以及参照的相关行业标准。

3.1.1   工程设计原则

3.1.2   工程设计标准

3.2   网络架构设计

根据要实现的网络功能设计网络拓扑图,范例如图 3-1 所示。并能对拓扑图中核心技术进行文字说明。

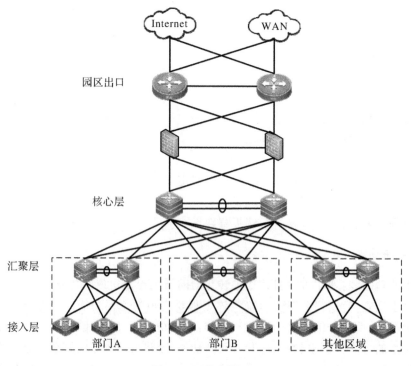

图 3-1   网络拓扑图

例如:本例中必须重点说明为什么要做冗余设计? 冗余设计的关键技术是什么?

3.3   综合布线系统结构设计

根据用户需求以及网络拓扑图的逻辑思想设计建筑群子系统。范例如图 3-2 所示。

确定建筑物配线架 BD 与建筑群配线架 CD 之间的连接介质(例如光缆的型号),并计算光缆的数量。

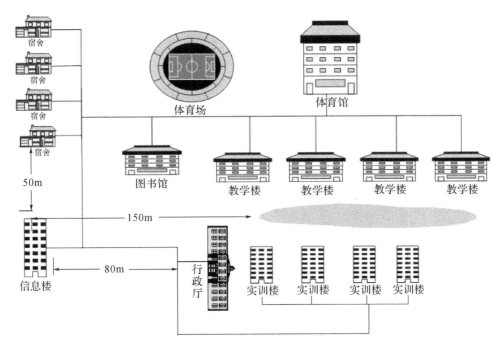

图 3-2　建筑群光缆布线示意图

绘制建筑群子系统的布线系统图。范例如图 3-3 所示。

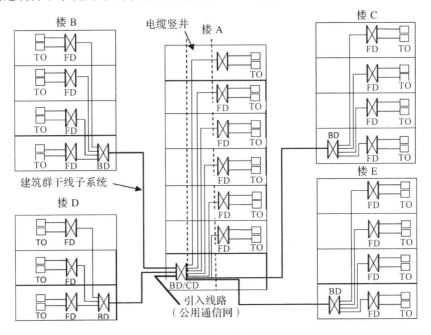

图 3-3　综合布线系统图

3.4　信息点统计

根据用户需求,统计每幢建筑物的信息点数量,并填入信息点分布统计表。范例如表

3-1所示。

表 3-1 信息点分布统计表

建筑物	数据信息点	语音信息点	摄像头	广播	小计
教学楼					
办公楼					
宿舍楼					
合　计					

第4章　详细设计

这里要详细介绍各幢建筑的设计内容,至少介绍两幢建筑。

4.1　学生宿舍楼(或员工宿舍楼)

4.1.1　工作区

首先要绘制工作区的平面布置图(要有详细的标尺)。范例如图4-1所示。

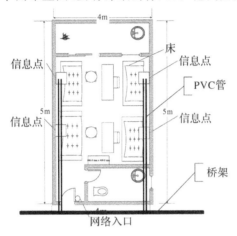

图4-1　学生寝室平面布置图

如果工作区房间的布局有多种样式,则需要绘制多个工作区平面布置图。

这一步的主要任务是:

(1)确定PVC线管(线槽)型号;

(2)计算PVC线管(线槽)数量;

(3)统计该大楼各层的PVC线管(线槽)总数量(单位:米)。

其次要统计该楼各楼层的信息点分布情况,并将统计结果填入对应统计表。范例如表4-1所示。

表4-1　学生宿舍信息点统计

电信间位置	楼层	数据信息点	语音信息点	小计
109室(电信间)	1层			
209室(电信间)	2层			
309室(设备间)	3层			
409室(电信间)	4层			
合计				

这一步的主要任务是：

(1)确定信息点面板数量(分别确定单口面板、双口面板的数量)；

(2)确定该大楼暗盒总数量；

(3)确定该大楼 RJ45 或其他模块总数量。

4.1.2　配线子系统

要绘制各楼层的平面布线路由设计图(要有详细的标尺)，如果各楼层的信息点分布或房间布局不同，则需提供各楼层的平面布线路由设计图。范例如图 4-2 所示。

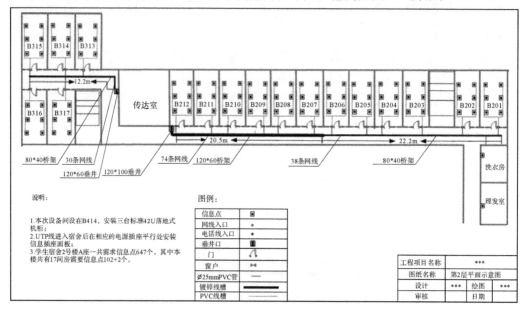

图 4-2　楼层的平面布线路由图

这里的主要任务是：

(1)要确定桥架的规格型号；

(2)计算桥架的数量(单位：米)；

(3)计算机各层所需双绞线的箱数，并求出总箱数。

先计算该楼层需要的数量，再计算整幢大楼的总数量。

4.1.3　干线子系统

这里的主要任务是：

(1)确定设备间与电信间的楼层及位置；

(2)画出本大楼的综合布线系统图，范例如图 4-3 所示；

(3)确定竖井的位置、竖井的尺寸，以及垂直桥架的规格及长度；

(4)确定干线子系统中采用的互连介质，例如光缆、六类双绞线、25 对大对数线。

4.1.4　设备间与电信间

这里的主要任务是：

(1)计算出设备间与各层电信间的配线架的数量；

(2)统计出交换机等网络设备的数量，并列出设备清单(表格)；

(3)确定设备间与电信间的机柜的规格型号与数量；

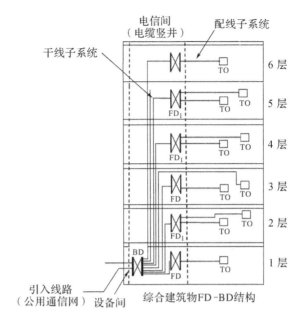

图 4-3 大楼综合布线系统图

(4)计算出机柜的投影面积,计算设备间占地面积;

(5)画出设备间与电信间的机架图;

(6)确定进线间的位置以及建筑群子系统的进线方式;

(7)确定设备间与电信间的位置。

4.1.5 管理

这里的主要任务是:

(1)确定双绞线采用什么样的线序,网络配线架采用什么样的线序,110 配线架采用什么样的线序;

(2)确定各种跳线、交接场的色标及接线方法;

(3)确定机柜、配线架、信息点的编号规则;

(4)确定标签标识的规则。

4.2 教学楼(或办公楼)

与 4.1 的设计要求相一致。

第 5 章 工程材料及费用

根据中关村在线、太平洋电脑、京东、淘宝网的实时行情,确定单价,计算金额。

5.1 设备材料清单

汇总各建筑物建设所需的设备、型号、材料数量,制作表格,范例如表 5-1 所示。

表 5-1 网络工程设备清单

序号	建筑物	设备、材料名称	品牌	型号	单位	单价	数量	金额
1								
2								
3								
4								
5								
6								
…								
合计								

5.2 施工费用

综合布线工程项目的造价由材料费、施工费、设计管理费等构成。预算员可以由网络工程设计人员兼任。施工费可以按施工材料的消耗情况来统计,也可以按每个信息点的单价来计算,这些单价是按照当地的劳动力成本确定的,因此相对比较稳定。范例如表 5-2 所示。

表 5-2 综合布线施工费

序号	分项工程名称	单位	数量	单价	金额
1	PVC 槽敷设	米			
2	双绞线敷设	米			
3	跳线制作	条			
4	配线架安装	个			
5	机柜安装	台			
6	信息点模块安装	套			
7	竖井打孔	个			
8	光纤敷设	米			
9	光纤熔接	个			
总计					

5.3 附加费用

网络工程的设计费由设计部门收取,管理费由施工部门收取,测试费由第三方检测单位收取。根据造价的不同,中小工程的设计费取造价的 $1.6\%\sim4.5\%$ 不等,造价越高,费率越低;中小工程的管理费一般为造价的 25%;测试一般由质量技术检测中心来完成,检测费用要按照检测合同支付。利润比例视实际情况确定。范例如表 5-3 所示。

表 5-3 网络工程附加费

序号	费用名称	计算方法	金额	备注
1	设计费	(施工费＋材料费)×3%		
2	管理费	(施工费＋材料费)×25%		
3	测试费	(施工费＋材料费)×5%		
4	利润	(施工费＋材料费)×12%		
合计				

第 6 章　课程设计总结

阐述课程设计与课程的联系性。

阐述课程设计过程中自己的收获。

阐述课程设计过程中解决问题的经验。

参考文献

[1]吴柏钦,侯蒙.综合布线设计与施工[M].北京:人民邮电出版社,2009

[2]王庆,胡卫,程博雅,等.光纤接入网规划设计手册[M].北京:人民邮电出版社,2009

[3]贺平.网络综合布线技术[M].2版.北京:人民邮电出版社,2010

[4]邓文达,唐铁斌.网络工程与综合布线[M].北京:清华大学出版社,2015

[5]中国移动通信集团设计院有限公司.综合布线系统工程设计规范 GB 50311－2016[S].北京:中国计划出版社,2016

[6]黎连业,陈光辉,黎照,等.网络综合布线系统与施工技术[M].4 版.北京:机械工业出版社,2011